樹皮・葉でわかる

菱山忠三郎 監修

樹木図鑑

成美堂出版

樹皮・葉でわかる 樹木図鑑 もくじ

本書の使い方 3

樹木解説
樹高・樹形 4
樹皮 5
葉の形 6
花の形・つき方 8
樹木用語集 9
樹皮もくじ 10
葉っぱもくじ 17
樹高もくじ 24

学名さくいん 298
和名さくいん 300

樹木図鑑
被子植物
ヤマモモ科 32
クルミ科 33
ヤナギ科 35
カバノキ科 42
ブナ科 58
ニレ科 76
クワ科 82
モクレン科 87

シキミ科 94
クスノキ科 95
フサザクラ科 105
カツラ科 106
メギ科 107
アケビ科 109
マタタビ科 112
ツバキ科 113
スズカケノキ科 120
マンサク科 121

ユキノシタ科 124
トベラ科 128
バラ科 129
マメ科 152
トウダイグサ科 159
ユズリハ科 161
ミカン科 162
センダン科 166
ウルシ科 167
カエデ科 172

ムクロジ科 186
トチノキ科 187
アワブキ科 188
モチノキ科 189
ニシキギ科 195
ミツバウツギ科 200
ツゲ科 201
ブドウ科 202
ホルトノキ科 205
シナノキ科 206

2

本書の使い方

インデックス

インデックスは以下のように分類しています。
詳しくは P.4 からの樹木解説を参照してください。

樹高

 落葉高木／常緑高木

 落葉小高木／常緑小高木

 落葉低木／常緑低木

 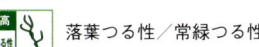 落葉つる性／常緑つる性

樹皮

  縦模様　横模様

 なめらか　深・浅裂

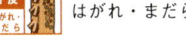 はがれ・まだら

葉形

 単葉　複葉

  針葉　鱗片葉

葉序

 互生　対生

束生・輪生

樹木名・漢字名
和名または、よく使われている名前を使用しています。漢字名があるものは【 】内に表記します。

データ

学名
その植物の学名を表します。

科属名
その植物の科属名を表します。

分布
日本で分布している地域を記しています。日本原産でないものはその原産地を紹介します。

花期
樹木の花をつける時期を表記します。

樹形
樹形を10のタイプに分類しました。詳しくはP.4を確認してください。

樹木写真
樹形や樹皮、花や果実、葉の写真を掲載。樹皮については、基本的に成木の写真を選び、樹皮の変化がわかるように幼木や老木の写真もいくつか掲載しました。

		裸子植物
アオギリ科 208	カキノキ科 239	
グミ科 209	エゴノキ科 240	イチョウ科 272
イイギリ科 211	ハイノキ科 242	マツ科 273
キブシ科 212	モクセイ科 244	スギ科 283
ミソハギ科 213	キョウチクトウ科 253	コウヤマキ科 286
ザクロ科 214	アカネ科 254	ヒノキ科 287
ミズキ科 215	ムラサキ科 255	マキ科 293
ウコギ科 223	クマツヅラ科 256	イチイ科 295
リョウブ科 230	ゴマノハグサ科 258	
ツツジ科 231	スイカズラ科 259	

樹木解説①
樹高・樹形

樹木の大きさは、地表からの樹木の高さ「樹高」で表します。樹高数m以下のものを低木、数m〜10m以下までは小高木、10m以上は高木と呼びます。また、幹、枝、葉によって形づくられる、樹木全体の形を「樹形」といいます。

樹高と樹形は、適した環境で生育した樹木を見分けるポイントとなりますが、自生する樹木の場合は、環境の影響を大きく受けるため、ひとつの樹種でもその樹形は一定しません。また、人の手が入る庭木などでは樹高、樹形ともにあまり参考になりません。

冬に葉を落とすものを「落葉樹」、1年中葉があるものを「常緑樹」として区別します。

樹高
じゅこう

樹高は地表からの樹木の高さのこと。以下の4つのタイプに分類できる。樹高は環境の影響によって変化する。

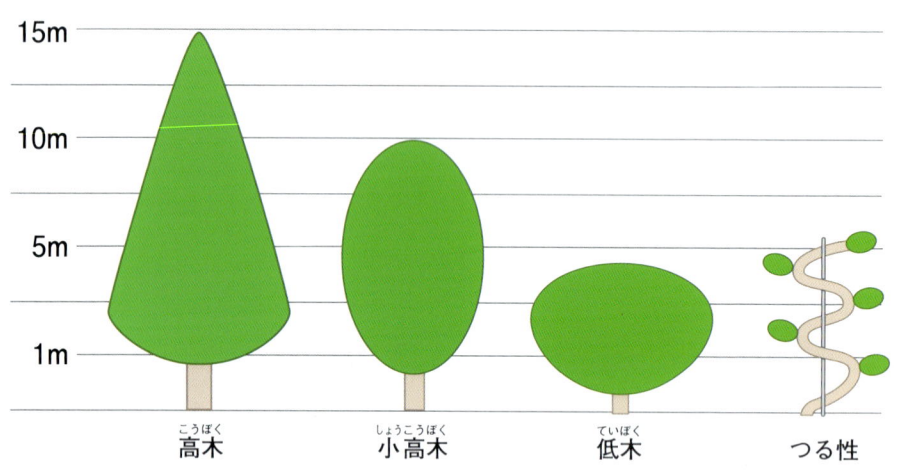

落葉樹
らくようじゅ

落葉樹の葉は薄いものが多く、紅葉して冬に葉を落とす。写真はケヤキ (P.78)

樹形
じゅけい

樹形は以下の10個のタイプに分類。自生する樹木は、樹形が一定しないことがあるため、以下のタイプにあてはまらない場合がある。

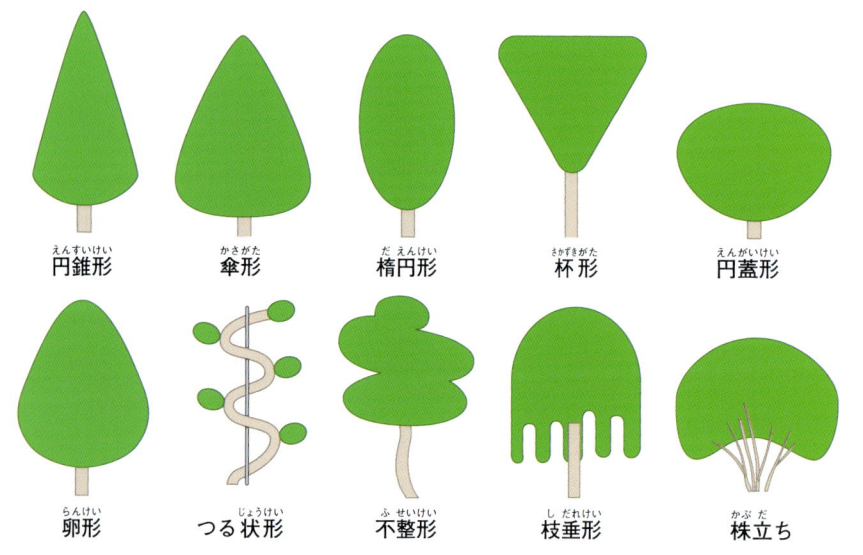

常緑樹
じょうりょくじゅ

常緑樹の葉は厚くて光沢のあるものが多く、新しい葉が出ると古い葉が落ちる。写真はアラカシ (P.70)。

樹木解説②
樹皮

樹木の幹は樹種ごとに模様が異なり、この幹の模様を「樹皮」と呼びます。樹皮はその樹木の特徴がよく現れる部分のひとつで、特徴がわかれば見分ける手がかりとなります。

樹皮の表面には気体が出入りして、樹木が呼吸するための「皮目」という器官があります。皮目は、点状、線状、菱形などさまざまな形を持ち、樹皮の模様をつくる重要な要素です。

また、皮目以外に、樹皮が裂けたり、はがれ落ちて模様ができることも、その樹木の特徴のひとつです。

ただし、樹皮は幼木、成木、老木で変化するものも多いので注意します。

樹皮のタイプ

本書では樹皮を以下の6つに分類した。はがれ・まだらについてはどちらもはがれ落ちるので1つの項目とする。

縦模様
皮目が縦長になったものや筋などが縦に入ったもの。写真はクマシデ（P.55）

横模様
皮目や筋が横に入ったもの。サクラの仲間に多い特徴。写真はウダイカンバ（P.46）

なめらか
樹皮の凹凸や筋が目立たず、皮目が点状、小さい。写真はエノキ（P.77）

深・浅裂
縦や網目状などに深く、または浅く裂けるもの。写真はクヌギ（P.62）

はがれ
樹皮が繊維状あるいは紙のようにはがれる。写真はダケカンバ（P.47）

まだら
樹皮が小さくはがれて、模様のようになる。写真はサルスベリ（P.213）

樹木解説③
葉の形

葉の形は、1枚の葉身からなる「単葉」といくつもの小さな葉に分かれる「複葉」、針のように細長い「針葉」、うろこのような小さな葉がつく「鱗片葉」の4つに分けられます。
さらに、単葉にはカエデのように切れ込みの入るものがあり、複葉には「羽」のようにつく羽状複葉、「てのひら」のようにつく掌状複葉、「3つの葉」が出る3出複葉があります。
また、葉が規則正しく並んだつき方のことを「葉序」と呼びます。節に1枚ずつ交互につくものを「互生」、節に2枚が対になってつくものを「対生」、節に束になってつくものを「束生」、3枚以上つくもの「輪生」として区別します。葉の縁にあるぎざぎざのことを「鋸歯」といいます。どちらも樹木の特徴がよく現れる部分です。

単葉の部分と呼び方

単葉は、葉身が1枚の面で成り立ったもの。各部の名称は、樹木によって特徴がある。

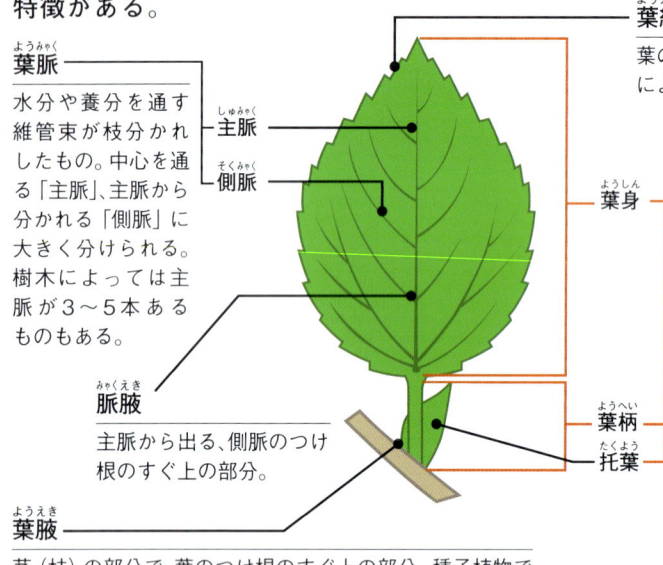

葉縁
葉の縁のこと。樹木の種類によって、凹凸が見られる。

葉脈
水分や養分を通す維管束が枝分かれしたもの。中心を通る「主脈」、主脈から分かれる「側脈」に大きく分けられる。樹木によっては主脈が3～5本あるものもある。

主脈
側脈

葉身
葉
葉の形の平面となった部分「葉身」と、葉身と茎の間の軸「葉柄」、葉のつけ根にある「托葉」とで形づくられる。葉柄や托葉がなく、葉身だけで構成される葉、あるいは葉身が退化して葉柄や托葉だけの葉もある。

葉柄
托葉

脈腋
主脈から出る、側脈のつけ根のすぐ上の部分。

葉腋
茎（枝）の部分で、葉のつけ根のすぐ上の部分。種子植物では、原則として、この葉腋から芽が出て枝葉や花をつける。

羽状複葉の部分と呼び方

複葉は、葉身が軸とその軸から分枝した複数の小葉（羽片）とで形づくられる。

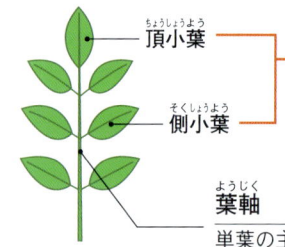

頂小葉
小葉
軸についている1枚の葉のように見える葉身の部分。羽片ともいう。先端にあるものを「頂小葉」、側面にあるものを「側小葉」と呼ぶ。

側小葉

葉軸
単葉の主脈に当たる部分。葉軸から柄が出て小葉をつける。

偶数羽状複葉
小葉が偶数枚ある羽状複葉。1回偶数羽状複葉ともいう。

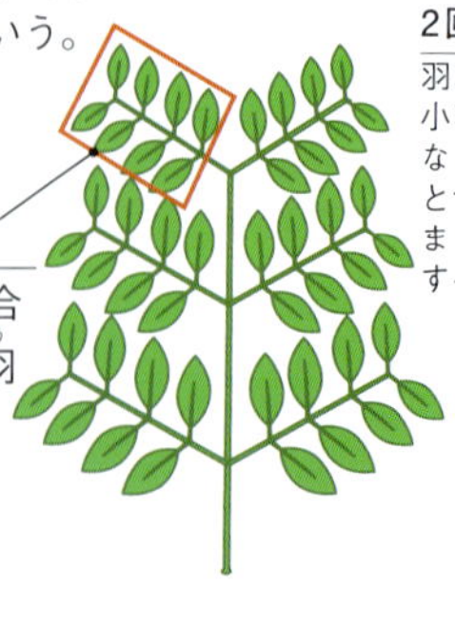

奇数羽状複葉
小葉が奇数枚ある羽状複葉。1回奇数羽状複葉ともいう。

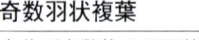

羽片
2回以上の羽状複葉の場合、羽片はいくつかの小羽片から構成されている。

2回偶数羽状複葉
羽状複葉のうち、各小葉がさらに複葉となったものに「2回」とつき、小羽片が奇数または偶数かで分類する。

3回奇数羽状複葉
2回羽状複葉のうち、小羽片がさらに複葉となったものに「3回」とつき、奇数枚か偶数枚かで分類する。

葉の形の基本

単葉（切れ込みなし）
葉身が1枚の面でつくられているもの。写真はケヤキ（P.78）

単葉（切れ込みあり）
単葉のうち、葉身が切れ込むもの。写真はイロハモミジ（P.172）

羽状複葉
羽のように小葉がつくもの。写真はオニグルミ（P.33）

掌状複葉
てのひらのように小葉がつくもの。写真はアケビ（P.110）

3出複葉
3つの小葉がついたもの。写真はミツデカエデ（P.185）

針葉
針のように細いもの。写真はアカマツ（P.275）

鱗片葉
小さな葉がうろこのようにつくもの。写真はヒノキ（P.288）

葉の全体の形

葉の形は各樹木によって決まっているが、同じ個体でも多少変化する。本書では、ここで取り上げた形のうち、いくつか組み合わせて表記している。

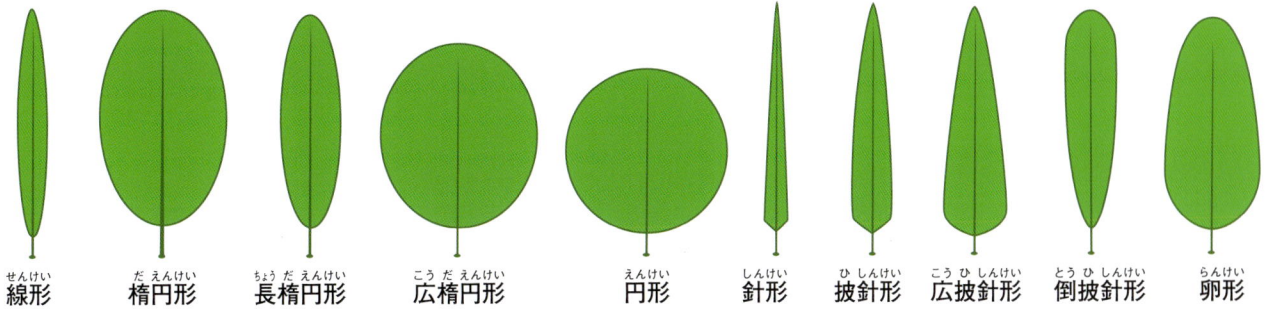

線形　楕円形　長楕円形　広楕円形　円形　針形　披針形　広披針形　倒披針形　卵形

葉の全体の形

葉のつき方を「葉序」と呼び、葉序は互生、対生、束生、輪生の4タイプが基本。

    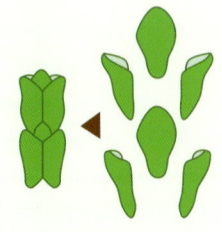

互生
葉が節に1枚ずつつく。葉はらせん状につくこともある。

対生
通常、葉が節に2枚ずつ対になってつく。隣り合う葉が十字につくものは十字対生という。

輪生
1つの節から葉が3枚以上つく。つく葉の数に応じて3輪生、4輪生ということもある。

束生
いくつかの葉が1カ所にまとまってつく。針葉樹に多く見られる。

鱗片葉
通常の葉よりもごく小さな葉が重なり合ってついたもの。

鋸歯

葉の縁にあるぎざぎざのことを「鋸歯」という。鋸歯は樹木の特徴をよく表しているが、1つの個体で鋸歯があるものとないものもある。

単鋸歯
葉の縁に鋸歯があるもの。鋸歯が細かいものを細鋸歯ともいう。

重鋸歯
単鋸歯にさらに鋸歯があるもの。二重鋸歯ともいう。

波状
鋸歯が尖らず、波のようにうねるもの。

円鋸歯
鋸歯の先端が尖らずに円いもの。

歯状
ノコギリの歯のような鋭い鋸歯。

全縁
葉に鋸歯がないもの。

樹木解説④ 花の形・つき方

花の形は、被子植物と裸子植物では大きく違います。被子植物は、種子となる胚珠が子房に包まれ、花粉が雌しべにつくことで受粉します。裸子植物は雌花の胚珠がむき出しになって、花粉が胚珠の先端近くにつくことで受粉します。被子植物はふつう花びら（花弁）があるものが多く、裸子植物は花びらがありません。

花がいくつかまとまってつく形を「花序」と呼びます。花序はさまざまな形があり、花のつく軸「花軸」の出方や配置などにより、多くのタイプに分けられます。

花びらのひとつのまとまりを「花冠」といい、1枚ずつ独立しているものを「離弁花」、花冠が1個にまとまっているものを「合弁花」といいます。

花の部分と呼び方

被子植物は胚珠が子房に包まれ、花弁があるものが多い。裸子植物は胚珠がむき出しになっており、花弁もない。

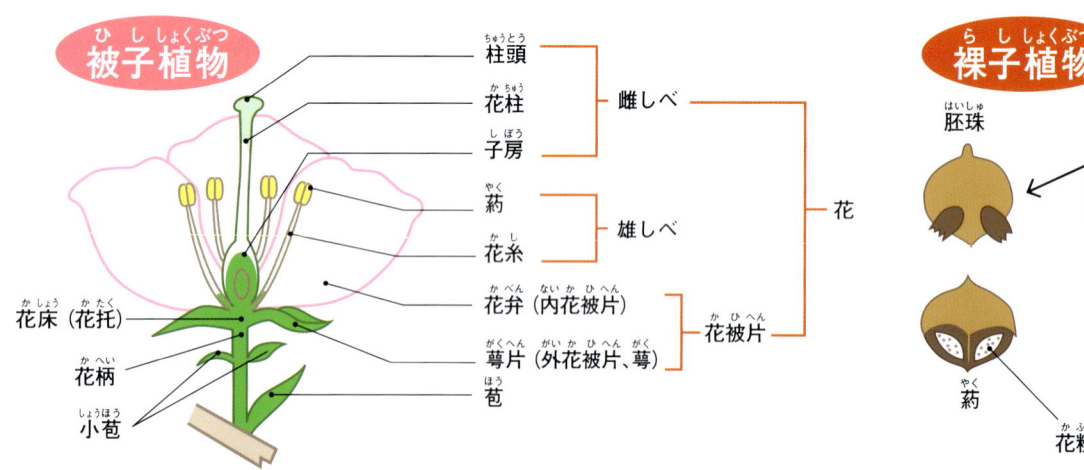

花のつき方

花がいくつかまとまってつく形を「花序」と呼ぶ。花序は樹木によって、さまざまな形があり、多くのタイプに分けられる。

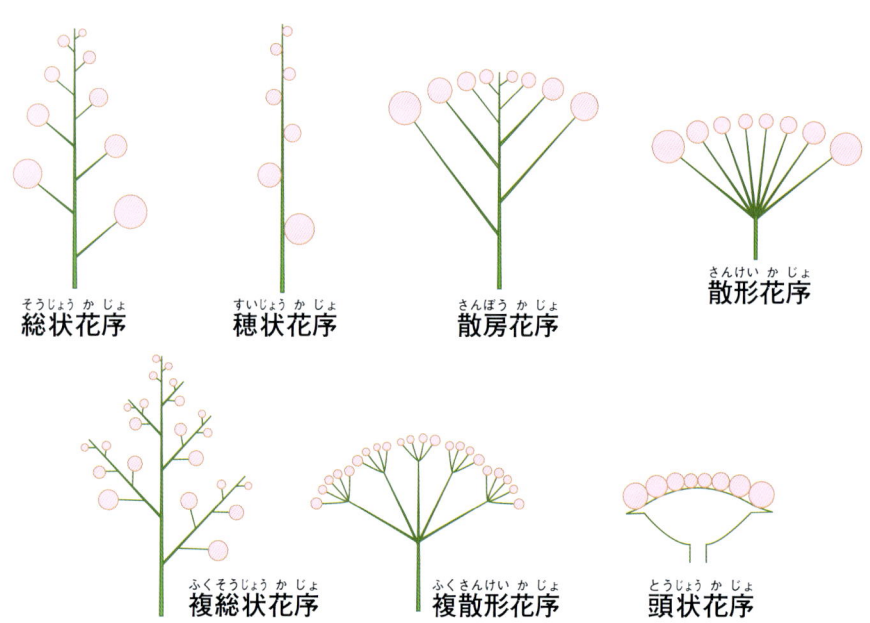

離弁花・合弁花

花弁のまとまりを花冠といい、大きく2つに分けられる。

離弁花

花弁が1枚ずつ独立して分かれるもの。ソメイヨシノなどがある。

合弁花

花冠が1個にまとまっているもの。ツツジの仲間などに多く見られる。

樹木用語集

あ

亜種 あしゅ
生物分類において、種よりも下、変種より上の分類階級。いくつかの形質が異なるなどの場合に亜種として区別されることが多い。学名の表記では、Subspecies の略である subsp. あるいは ssp. を用いる。

液果 えきか
果実のうち、熟したときに果皮が肉質となり、液汁が多いものをいう。核果、ウリ状果、ミカン状果、ナシ状果などがある。

腋生 えきせい
葉や花などが、葉腋に生じることをいう。

か

開出毛 かいしゅつもう
毛の種類にかかわらず、茎や葉の表面にあり、その面に対して直角に出ている毛をいう。

核果 かくか
果実で液果のうち、内果皮がかたくなるものをいう。石果ともいう。

革質 かくしつ
葉の特徴で、革のようなかたさと質感をいう。

殻斗 かくと
いわゆるドングリの帽子のこと。ブナ科の堅果の基部にある椀状のものをいう。

萼筒 がくとう
筒状になった萼。

学名 がくめい
生物名を国際的に統一・確定するためにつけられた、ラテン語表記の名前。植物は国際植物名規約に従って命名される。

仮種皮 か(り)しゅひ
種子の表面を覆っている特殊な付属物で、珠柄または胎座が発達して種子を覆うようになったもの。種衣ともいう。

花(果)嚢 かのう
イチジクやイヌビワなどに見られる、壺をした若い果実のように見えるもので、内側に多数の花が咲いている。熟したものは果嚢という。

仮雄しべ かりおしべ
花粉を形成する能力を失った雄しべをいう。雌花では、雄しべが仮雄しべになっていることが多い。

果皮 かひ
狭義には子房壁が発達したものが果皮。熟した果皮はふつう3層に分けられ、外側から外果皮、中果皮、内果皮とよぶ。

芽鱗 がりん
冬芽の外側を覆っている、鱗片状のもの。何枚も重なっていることが多く、芽が動くときには外側にはがれ落ちる。

偽果 ぎか
成熟した果実に何かが加わったりするなどしてひとつの果実のようになったもの。

気孔帯 きこうたい
酸素や二酸化炭素などの通り道である気孔が集まって、すじ状、あるいは帯状になったもの。

気根 きこん
地上の茎から空気中に出る根のこと。

旗弁 きべん
マメ科に多い蝶形の花を構成する花弁のうち、外側に出たもっとも大きなもの。

球果 きゅうか
裸子植物のマツやスギの果実のように、雌花の球花が発達して、厚く木質化した果鱗が中心の軸に密につき、球形や円錐形になったもの。

堅果 けんか
クリやドングリ類などのように、比較的大形で、堅い果皮をもつ実をいう。堅く乾燥した果皮は、熟しても裂開しない。

広葉樹 こうようじゅ
幅が広く葉面積の大きな葉をもつ樹木の総称で、針葉樹の対語。

コルク層 こるくそう
植物の茎や根で肥大生長する際に、表面を覆う細胞の不足を補うために、コルク形成層の活動によって、その外側につくられる、死んだ細胞から形成されている組織。

さ

蒴果 さくか
果実の形態のひとつで、子房は数室あり、2個以上の心皮からなる。

歯牙 しが
鋸歯の凹凸の先が葉先を向かず、鋭く尖るもの。

種 しゅ
生物の分類や存在の基本的な単位で、学名を命名においてもっとも基本となる分類階級。形態学的区別ができない個体のグループをさす。

雌雄異株 しゆういしゅ
植物において、雌花と雄花が別々の個体につく場合をいう。

集合果 しゅうごうか
偽果のうちで、複数の果実からできるものをいう。

雌雄同株 しゆうどうしゅ
被子植物において、ひとつの株の中に、雄花と雌花が混生するすることをいう。

種鱗 しゅりん
球果を構成する一部で胚珠をつけている鱗状のもの種鱗の下に苞鱗があり、合着して複合体になる。

新枝 しんし
ふつう春に出た、まだ年を越していない新しい枝のこと。

心皮 しんぴ
雌しべを構成するもので、特殊な葉のひとつとして考えられるもの。

針葉樹 しんようじゅ
広葉樹に対する言葉で、針状の葉をもつ樹木という意味。実際には裸子植物の針葉樹林(球果植物)に属する樹木の総称。

星状毛 せいじょうもう
高等植物の体の表面に生じた毛のうち、一カ所から多方向に分枝して、放射状になる毛をいう。

腺体 せんたい
葉柄など葉の一部にある密液を分泌する組織。蜜腺ともいう。

腺毛 せんもう
植物体の表面にある毛で、粘液など分泌物を出す働きをもつもの。

痩果 そうか
成熟して果皮が乾燥しても裂開しない果実のこと。

装飾花 そうしょくか
雄しべも雌しべもその働きをもたない中性花で、萼または花弁が大きく目立つ花をいう。

総苞 そうほう
花序に多数の鱗片状の葉がつく、その葉の集まりのこと。鱗片葉のひとつを総苞片という。

側生 そくせい
茎や枝の側方に葉や花などが生じる場合をいう。

た・な

袋果 たいか
乾果のうちの裂果のひとつで、離生めしべで、1個の心皮が成熟したのち縦に裂けて種を散らす。

短枝 たんし
あるひとつの植物において、節間が詰まって密に葉がつく枝がある場合をいう。

地衣類 ちいるい
藻類、菌類の共生体で、ひとつの生物のように見えるものの総称。

虫えい ちゅうえい
アブラムシなどが産卵、寄生するとその一部が異常な発達をするもの。虫こぶとも。

長枝 ちょうし
あるひとつの植物において、節間が長く比較的まばらに葉がつく枝をいう。

頂生 ちょうせい
茎や枝の先に花や葉などがつく場合をいう。

豆果 とうか
マメ科の果実のように、1個の心皮子房が熟すと、心皮の腹側と背側の2カ所で裂開し左右に分かれ種子を出す果実。

ナシ状果 なしじょうか
液果のひとつで、子房を覆う花托が多肉質になるもの。

は

品種 ひんしゅ
あるひとつの種を、いくつかの形質的特徴をもって分類するときに用いる分類階級のひとつ。学名での表記は、種の学名(必要によって亜種・変種の学名)の次に、〈品種〉を意味する forma、あるいはその略号として f. を記してから、品種形容語を表記する。

伏毛 ふくもう
茎や葉などにある毛のうち、茎や葉の面に密着するように寝ている毛。

分果 ぶんか
子房が成熟するにつれ、いくつかの部分に裂けたときに種子を露出しないもの(分離果)のうち、その裂けて生じた各部分のこと。

変種 へんしゅ
生物の分類階級において、ひとつの種をその形態的特徴の違いなどによりいくつかに分類する場合に用いる。学名の表記においては、種の次に、〈変種〉を意味する varietas、あるいはその略号である var. を記し、そのあとに変種形容語を書く。

苞鱗 ほうりん
球果を構成するひとつで、種鱗のすぐ下にある鱗片。種鱗の下に苞鱗があり、合着して複合体になる。

や

葯 やく
雄しべにある花粉をためる器官。

油点 ゆてん
細胞間隙に精油成分を含んだ植物の組織で、肉眼やルーペで点状に観察できる。

葉痕 ようこん
葉印ともいう。落葉後、茎の表面に残った葉がついていた跡。

葉枕 ようちん
葉の基部や小葉の基部にあるふくらみのこと。

翼 よく
植物の特定の場所につく、薄く平たい突起物をいう。カエデの果実の翼、ニシキギの枝に見られる翼など。

翼果 よくか
果皮の一部が翼状になっている果実。翔果ともいう。

ら

両性花 りょうせいか
ひとつの花に、それぞれが繁殖機能をもった雌しべと雄しべがある花をいう。

鱗状毛 りんじょうもう
ナツグミなどにつく鱗状の毛のこと。

樹皮から見分けられる
樹皮もくじ

- 樹皮の写真は成木を基本としますが、樹木の特徴がよりわかるものについては幼木、老木を掲載することがあります。
- 樹皮のタイプは縦模様、横模様、なめらか、深・浅裂、はがれ・まだらの5つに分類しました。
- 樹皮のタイプにはいくつか重複するものもあるので、その場合は別のタイプも確認しましょう。

樹皮 縦模様 | 縦模様

縦に筋が入るもの、あるいは皮目が縦に長く伸びて縦に模様ができる。代表的なものにイヌシデやクマシデなどがある。

アズキナシ (P.147)

アラカシ (P.70)

イヌザクラ (P.131)

イヌシデ (P.57)

イヌブナ (P.60)

ウラジロガシ (P.71)

ウリハダカエデ (P.179)

オオカメノキ (P.262)

カジノキ (P.84)

カマツカ (P.150)

カラタチ (P.165)

キブシ (P.212)

キリ (P.258)

クマシデ (P.55)

シロヤナギ (P.36)

スイカズラ (P.269)

ツタウルシ (P.167)

ナンテン (P.108)

ニシキギ (P.195)

ヌルデ (P.168)

ノイバラ (P.143)

ノブドウ (P.203)

ハクウンボク (P.241)

ハマナス (P.144)

ヒメコウゾ (P.85)

マグワ (P.82)

マサキ (P.196)

マテバシイ (P.75)

マルバハギ (P.158)

ムクノキ (P.76)

ムラサキシキブ (P.256)

メグスリノキ (P.184)

ヤマウルシ (P.169)

ヤマグワ
(P.83)

ヤマハギ
(P.157)

ヤマモモ
(P.32)

横模様

横に筋が入るもの、皮目が横に伸びて線のような模様ができる樹皮。サクラの仲間に多く見られる。

ウダイカンバ
(P.46)

ウワミズザクラ
(P.132)

オオシマザクラ
(P.138)

オオヤマザクラ
(P.139)

カスミザクラ
(P.140)

カンヒザクラ
(P.134)

ソメイヨシノ
(P.136)

ハシドイ
(P.247)

フサザクラ
(P.105)

ミズメ
(P.50)

ヤマザクラ
(P.141)

リンボク
(P.133)

なめらか

樹皮に凹凸が少なく、筋が目立たないもの。また皮目が点状、または小さいもの。カエデの仲間に多く見られる。

アオギリ
(P.208)

アオダモ
(P.244)

アオハダ
(P.193)

アカシデ
(P.56)

アブラチャン
(P.100)

アワブキ
(P.188)

イイギリ
(P.211)

イスノキ
(P.123)

イヌコリヤナギ
(P.40)

イヌツゲ
(P.189)

イヌビワ
(P.86)

イボタノキ
(P.252)

ウメモドキ
(P.194)

エゴノキ
(P.240)

エノキ
(P.77)

オオヤマレンゲ
(P.88)

オトコヨウゾメ
(P.265)

カクレミノ
(P.225)

ガマズミ
(P.264)

キヅタ
(P.224)

クチナシ
(P.254)

11

ヒマラヤスギ (P.282)	フジ (P.156)	ボダイジュ (P.207)	マユミ (P.197)	マルバチシャノキ (P.255)	ミズキ (P.218)
ミズナラ (P.65)	ミツバアケビ (P.111)	メギ (P.107)	モミ (P.278)	ヤチダモ (P.245)	ヤマアジサイ (P.126)
ヤマウコギ (P.227)	ヤマハゼ (P.171)	ヤマモミジ (P.175)	ユリノキ (P.93)		

樹皮 はがれ・まだら

樹皮が繊維状、あるいは紙のようにはがれるもの、小さくはがれてまだら模様になる樹皮。針葉樹に多く見られる。

アカガシ (P.68)	アカマツ (P.275)	アキニレ (P.81)
アサダ (P.53)	アスナロ (P.292)	アズマシャクナゲ (P.236)	イチイ (P.295)	イチイガシ (P.69)	イヌマキ (P.293)
ウグイスカグラ (P.270)	ウツギ (P.127)	エゾマツ (P.280)	オオバヤシャブシ (P.45)	カゴノキ (P.104)	クロマツ (P.274)
ケヤキ (P.78)	コウヤマキ (P.286)	ゴヨウマツ (P.276)	ザクロ (P.214)	サルスベリ (P.213)	サワラ (P.290)

サンシュユ (P.219)	 シラカバ (P.48)	 スギ (P.283)	 スズカケノキ (P.120)	 ズミ (P.151)	 ダケカンバ (P.47)
 ツガ (P.281)	 トウカエデ (P.183)	 トチノキ (P.187)	 ナギ (P.294)	 ナツツバキ (P.114)	 ネジキ (P.238)
 ネズコ (P.291)	 ネズミサシ (P.287)	 ハクサンシャクナゲ (P.235)	 ヒノキ (P.288)	 ヒメシャラ (P.116)	 マタタビ (P.112)
 ムベ (P.109)	 メタセコイア (P.284)	 ヤシャブシ (P.44)	 ヤマブキ (P.142)	 ヤマブドウ (P.202)	 ヤマボウシ (P.220)
 ラクウショウ (P.285)	 リョウブ (P.230)				

樹皮について

生長による樹皮の変化

樹皮は生長とともに、ある程度変化していきますが、中には大きく変化するものがあります。写真右のダケカンバの樹皮は幼木、成木、老木ではまったく別の樹木のようにも見えます。樹皮を観察するときは、幹の太さや上部の枝、群生しているようであれば他の個体も見て注意深く確認しましょう。

幼木

成木

老木

葉っぱから見分けられる
葉っぱもくじ

- 葉のタイプは単葉、複葉、針葉、鱗片葉の4つに分類しました。
- 単葉はカエデの仲間のように深・浅裂するものも含みます。
- 複葉は奇数・偶数羽状複葉、掌状複葉、3出複葉を含みます。
- 葉の形には変異が多く見られるものあるので、注意します。

葉形 単葉

1枚の葉身からなる葉。切れ込みのあるものと切れ込みのないものがある。クワ科など、葉の形に変異が多いものもある。

アオキ
(P.216)

アオギリ
(P.208)

アオハダ
(P.193)

アカガシ
(P.68)

アカシデ
(P.56)

アカメガシワ
(P.160)

アキニレ
(P.81)

アサダ
(P.53)

アズキナシ
(P.147)

アズマシャクナゲ
(P.236)

アセビ
(P.237)

アブラチャン
(P.100)

アベマキ
(P.63)

アラカシ
(P.70)

アワブキ
(P.188)

イイギリ
(P.211)

イスノキ
(P.123)

イタヤカエデ
(P.182)

イチイガシ
(P.69)

イチョウ
(P.272)

イヌコリヤナギ
(P.40)

イヌザクラ
(P.131)

イヌシデ
(P.57)

イヌツゲ
(P.189)

イヌビワ
(P.86)

イヌブナ
(P.60)

イボタノキ
(P.252)

イロハモミジ
(P.172)

ウグイスカグラ
(P.270)

ウダイカンバ
(P.46)

ウツギ
(P.127)

ウバメガシ
(P.61)

ウメ
(P.130)

オニグルミ(P.33)	カラタチ(P.165)	キハダ(P.164)	コシアブラ(P.228)	ゴンズイ(P.200)	サイカチ(P.153)
サワグルミ(P.34)	サンショウ(P.163)	センダン(P.166)	タラノキ(P.223)	ツタウルシ(P.167)	トチノキ(P.187)
トネリコ(P.246)	ナナカマド(P.146)	ナンテン(P.108)	ニワトコ(P.259)	ヌルデ(P.168)	ネムノキ(P.152)
ノイバラ(P.143)	ハゼノキ(P.170)	ハマナス(P.144)	ハリエンジュ(P.155)	フジ(P.156)	マルバハギ(P.158)
ミツデカエデ(P.185)	ミツバアケビ(P.111)	ムクロジ(P.186)	ムベ(P.109)	メグスリノキ(P.184)	ヤチダモ(P.245)
ヤマウコギ(P.227)	ヤマウルシ(P.169)	ヤマハギ(P.157)	ヤマハゼ(P.171)		

葉形 針葉 V　針葉

葉が針のように細長い葉。葉の質はかたいもの、やわらかいものがある。ナギやイヌマキなど、比較的葉の幅が広いものも針葉に含まれる。

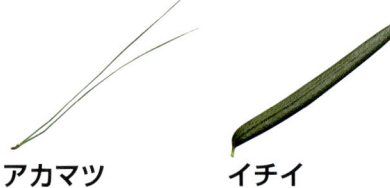

アカマツ(P.275)	イチイ(P.295)	 イヌマキ(P.293)

エゾマツ (P.280)	 カヤ (P.296)	 カラマツ (P.273)	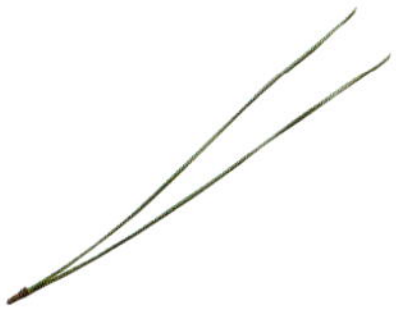 クロマツ (P.274)	 コウヤマキ (P.286)	 ゴヨウマツ (P.276)
 シラビソ (P.279)	 スギ (P.283)	 ツガ (P.281)	 トドマツ (P.277)	 ナギ (P.294)	 ネズミサシ (P.287)
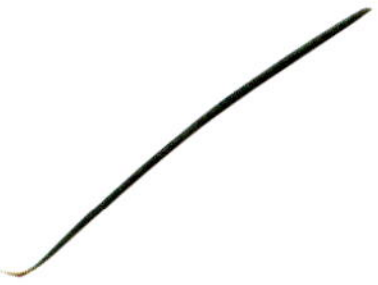 ヒマラヤスギ (P.282)	 メタセコイア (P.284)	 モミ (P.278)	 ラクウショウ (P.285)		

鱗片葉

葉がうろこのように十字対生してつく。ヒノキ科の樹木はこのタイプに分類されるので、葉を見ただけである程度絞り込むことができる。

アスナロ (P.292)	 サワラ (P.290)	 ネズコ (P.291)	 ヒノキ (P.288)

葉形について

イチョウの葉は特殊

　街路樹の黄葉が美しいイチョウは、中生代のジュラ紀（1億9500万〜1億3500万年前）に栄えたグループで、現在ではイチョウのみが知られています。葉は広葉樹のように見えますが、厳密には広葉樹、針葉樹のどちらにも属さないタイプです。本書では見分けやすさを考慮して、単葉としています。

23

樹高から見分けられる
樹高もくじ

- 樹高は成木の高さを基本としますが、環境、生育によっては必ずしもあてはまらないことがあります。
- 樹高のタイプは落葉高木、落葉小高木、落葉低木、落葉つる性、常緑高木、常緑小高木、常緑低木、常緑つる性の8つに分類しました。
- サツキなど半常緑のものは常緑に含めています。

 **落葉高木**

生長すると高さ10m以上になる落葉樹。高いものでは20m以上になる樹木もある。コナラの仲間に多く見られる。

アオギリ (P.208)

アオダモ (P.244)

アオハダ (P.193)

アカシデ (P.56)

アカメガシワ (P.160)

アキニレ (P.81)

アサダ (P.53)

アズキナシ (P.147)

アベマキ (P.63)

アワブキ (P.188)

イイギリ (P.211)

イタヤカエデ (P.182)

イチョウ (P.272)

イヌザクラ (P.131)

イヌシデ (P.57)

イヌブナ (P.60)

イロハモミジ (P.172)

ウダイカンバ (P.46)

ウリハダカエデ (P.179)

ウワミズザクラ (P.132)

エドヒガン (P.135)

エノキ (P.77)

エンジュ (P.154)

オオイタヤメイゲツ (P.176)

オオシマザクラ (P.138)

オオモミジ (P.174)

オオヤマザクラ (P.139)

オニグルミ (P.33)

オヒョウ (P.80)

カキノキ (P.239)

カジノキ (P.84)

カシワ (P.64)

カスミザクラ (P.140)

ズミ (P.151)	タニウツギ (P.268)	チドリノキ (P.181)	ヌルデ (P.168)	ハクウンボク (P.241)	ハコネウツギ (P.267)
ハシドイ (P.247)	マユミ (P.197)	マルバチシャノキ (P.255)	マンサク (P.122)	ヤシャブシ (P.44)	ヤマハゼ (P.171)
リョウブ (P.230)				アブラチャン (P.100)	イヌコリヤナギ (P.40)

落葉低木

高さ数m以下の落葉樹。林内や林縁などに生育するものに多いタイプで、ニシキギやオオヤマレンゲなどがある。

イボタノキ (P.252)	ウグイスカグラ (P.270)	ウツギ (P.127)	ウメモドキ (P.194)	オオヤマレンゲ (P.88)	オトコヨウゾメ (P.265)
ガクアジサイ (P.125)	ガマズミ (P.264)	カラタチ (P.165)	キブシ (P.212)	クロモジ (P.99)	コクサギ (P.162)
サワフタギ (P.242)	サンショウ (P.163)	シモツケ (P.129)	タラノキ (P.223)	ダンコウバイ (P.101)	ツクバネウツギ (P.266)
ツノハシバミ (P.52)	ツリバナ (P.198)	ナツグミ (P.209)	ニシキギ (P.195)	ニワトコ (P.259)	ネコヤナギ (P.41)

27

| ネジキ (P.238) | ノイバラ (P.143) | ノリウツギ (P.124) | ハシバミ (P.51) | ハナイカダ (P.215) | ハマナス (P.144) |

| ヒメコウゾ (P.85) | マルバノキ (P.121) | マルバハギ (P.158) | ミツバツツジ (P.233) | ムラサキシキブ (P.256) | メギ (P.107) |

| モミジイチゴ (P.145) | ヤブデマリ (P.263) | ヤマアジサイ (P.126) | ヤマウコギ (P.227) | ヤマウルシ (P.169) | ヤマグワ (P.83) |

| ヤマハギ (P.157) | ヤマブキ (P.142) |

落葉つる性

つる状に生長する落葉樹。つるが絡んで伸びるもの、つるを出して絡まるものなどがある。アケビやブドウの仲間に多い。

アケビ (P.110)

| ツタ (P.204) | ツタウルシ (P.167) | ツルウメモドキ (P.199) | ノブドウ (P.203) | フジ (P.156) | マタタビ (P.112) |

| ミツバアケビ (P.111) | ヤマブドウ (P.202) |

常緑高木

高さ10m以上になる常緑樹。クスノキなど巨木になるものもある。アラカシなど、カシ類に多く見られる。

アカガシ (P.68)

| アカマツ (P.275) | アスナロ (P.292) | アラカシ (P.70) | イスノキ (P.123) | イチイ (P.295) | イチイガシ (P.69) |

イヌマキ (P.293)	ウラジロガシ (P.71)	エゾマツ (P.280)	カゴノキ (P.104)	カヤ (P.296)	クスノキ (P.96)
クロガネモチ (P.190)	クロマツ (P.274)	ゲッケイジュ (P.102)	コウヤマキ (P.286)	ゴヨウマツ (P.276)	サカキ (P.118)
サワラ (P.290)	サンゴジュ (P.261)	シラカシ (P.72)	シラビソ (P.279)	シロダモ (P.103)	スギ (P.283)
スダジイ (P.74)	タイサンボク (P.92)	タブノキ (P.98)	タラヨウ (P.192)	ツガ (P.281)	トドマツ (P.277)
ナギ (P.294)	ネズコ (P.291)	ヒノキ (P.288)	ヒマラヤスギ (P.282)	ホルトノキ (P.205)	マテバシイ (P.75)
モチノキ (P.191)	モッコク (P.117)	モミ (P.278)	ヤブツバキ (P.113)	ヤブニッケイ (P.95)	ヤマモモ (P.32)
ユズリハ (P.161)	リンボク (P.133)				イヌツゲ (P.189)

常緑小高木

生長すると高さ数m～10m以下になる常緑樹。庭木として植えられるキンモクセイやヒイラギなどがある。

29

被子植物

樹高 常緑高木	樹皮 縦模様	葉形 単葉	葉序 互生

ヤマモモ【山桃】

庭園樹、公園樹、街路樹としてよく植栽され、熟した果実は甘酸っぱく、生食やジャムとして食用になる。

学 名	*Myrica rubra*		
科属名	ヤマモモ科ヤマモモ属	花 期	4月
分 布	本州（関東地方以西）、四国、九州、沖縄	樹 形	卵形

幼木や若い枝はやや赤みを帯び、なめらかで皮目が目立つ。

生長すると灰白色になり、ちりめん状のシワが目立つ。老木では浅く縦に裂ける。

　高さ6～10m、高いものでは20m、幹の直径は1mになる常緑高木。関東地方以西の本州、四国、九州、沖縄に自生する。庭園樹、公園樹、街路樹として植栽される。熟した果実は甘酸っぱく、生食やジャムとして食用となり、乾燥した樹皮を楊梅皮（ようばいひ）と呼び薬用とする。

　幹は数多く枝分かれして、樹形は円形に近い卵形となる。樹皮は灰白色で、細かなちりめん状のシワが入り、若枝ではやや赤みを帯びる。

　葉は互生し、枝先にやや多く集まる。葉身は倒披針形あるいは広倒披針形で革質、先端は鈍く尖り、基部はくさび形。縁は全縁、あるいは上部にまばらな鋸歯がある。

　雌雄異株で4月頃開花。雄花序はときに赤みを帯びた黄褐色で、穂状となり上向きにつく。雌花は緑色の苞鱗（ほうりん）に包まれ、花柱は2裂し紅色。6～7月、直径3cmほどで、球形の果実が暗赤色に熟す。

果実は6～7月に暗赤色に熟す。甘酸っぱく、生で食べることができる。

表：全縁、または上部に小さな鋸歯がまばらにある／先端は鈍く尖る／無毛

裏：淡緑色で無毛／基部にいくほど細くなるくさび形

オニグルミ【鬼胡桃】

別名クルミ、ヤマグルミ、ミグルミ。山地の谷あいや川沿いなどやや湿った場所に自生する。

学　名	*Juglans mandshurica* var. *sachalinensis*		
科属名	クルミ科クルミ属	花　期	5～6月
分　布	北海道、本州、四国、九州	樹　形	卵形

幼木

樹皮は灰色でなめらか。縦に平行な浅い割れ目が入り、縞模様となる。

成木

成木では暗褐色となり、割れ目が深くなる。老木では割れ目がはっきりと目立つ。

高さ7～10m、高いものでは20mを超える落葉高木で、山地の谷あいや川沿いなどやや湿った場所に自生する。材は密でかたいため、高級家具材などとして用いられる。種子は食用となる。

枝はやや太く少なめで、樹皮は暗褐色、縦に平行な深い割れ目が入る。若枝には毛が生える。

葉は奇数羽状複葉で互生し、小葉は9～19枚、長さ8～18cm、幅3～8cmの卵形長楕円形で先端は尖り、基部はやや歪んだ切形、あるいは円形で柄はごく短い。

雌雄同株で、5～6月、葉が開くと同時に開花する。前年枝の葉腋から穂状花序を多数下げ、雄花をつける。雄花の花被片は4枚、雄しべは20本ほど。雌花は花被片が4枚で花柱は紅色、枝先に直立した雌花序に7～15花つく。果実は直径3cmほどの卵球形の核果（石果）で、核にはかたく厚い殻がある。

果実はかたく、肥大化した果托が包む。種子の中の核は食用になり、脂肪分に富む。

表
- 小葉の先端は尖る
- ほぼ無毛
- 葉の長さ 40～60cm
- 縁には尖った細かい鋸歯がある
- 緑色

裏
- 灰白色で星状毛が密生する
- 小葉の柄はほとんどないか、あってもごく短い
- 小葉の基部は歪んだ切形または円形

サワグルミ【沢胡桃】

別名カワグルミ、フジグルミ。山地の沢沿いに自生する。材はやわらかく白色で、桶や下駄、経木、家具の内張りなどに利用される。

学　名	*Pterocarya rhoifolia*		
科属名	クルミ科サワグルミ属	花　期	4～6月
分　布	北海道、本州、四国、九州	樹　形	卵形

幼木では灰色～灰褐色で、はじめなめらかだが、縦に裂け目が入る。

成木では暗灰色となり、縦に長く裂ける。裂け目は深くなり、はがれやすくなる。

高さ10～20m、幹の直径20～30cm、大きなものでは高さ30m、直径1mに達する落葉高木。北海道、本州、四国、九州に分布し、山地の沢沿いに自生する。材はやわらかく白色で、桶や下駄、経木、家具の内張りなどに利用される。

樹皮は幼木では灰色～灰褐色、成木は暗灰色で、縦に長く裂け目があり、老木になるとはがれる。

葉は奇数羽状複葉で互生し、長さ20～30cm。小葉は11～21枚で、葉軸と葉柄には軟毛が密生する。小葉は長さ5～12cm、幅1.5～4cmの長楕円形で、先端は鋭く尖る。基部は左右が不揃いの円形または切形。縁は鋭く細かい鋸歯がある。

花期は4～6月。雌雄同株で、雌花序は新枝の先から穂状になって下垂し、それより下の葉腋に黄緑色で長さ20cmほどの雄花序が数個下垂する。7～8月、10～30個の堅果(か)が、長さ30～40cmの果穂について熟す。

果穂は長さ30～40cmあり、7～8月に熟す。発達した翼(けん)がある。

表
- 小葉の先端は尖る
- まばらに長毛が生える
- 縁には鋭く細かい鋸歯がある

裏
- 葉脈上に短い毛があり、それ以外の部分は無毛
- 基部は左右非対称の円形または切形
- 葉軸と葉柄には軟毛が密生する
- 葉は長さ20～30cm

ドロヤナギ【泥柳】

別名ドロノキ、デロ。山地に自生し、冷涼な河畔の礫の多い場所に生える。材はやわらかく白色で、包装箱などに用いられる。

学　名	*Populus maximowiczii*		
科属名	ヤナギ科ヤマナラシ属	花　期	4〜6月
分　布	北海道、本州（中部地方以北、兵庫県北部）	樹　形	卵形

幼木では緑色を帯びた白色でなめらかだが、次第に縦に裂け目が入る。

成木〜老木では灰色〜暗灰色となり、裂け目が深くなる。

高さ15〜30mの落葉高木で、幹は直径0.1〜1.5mになる。北海道、本州の中部地方以北および兵庫県北部の山地に自生し、冷涼な河畔の礫の多い場所に生える。材はやわらかく白色で、包装箱や細工物、マッチの軸木の材料などに用いられる。

枝は太く、無毛。若木の樹皮は緑色を帯びた白色で、成木〜老木では灰色〜暗灰色となり、縦に裂け目が入る。

葉は単葉で互生し、葉身は長さ6〜14cm、幅3〜9cmで、通常、広楕円形だが変化が多い。先端は尖るか凸形で、基部は心形。やや革質で表は濃緑色、やや光沢があり、毛はないか脈上に細毛がある。縁には細かく鈍い鋸歯がある。裏は淡緑白色で、毛はないか脈上に細毛がある。

雌雄異株で、4〜6月、葉が展開する前に開花する。雄花序は長さ5〜10cmの穂状で、やや湾曲して下垂し、雌花序は長さ3〜8cmの穂状で下垂する。蒴果が7〜8月に熟す。

葉は互生してつき、葉の裏が淡緑白色なので、見上げるとよく目立つ。

樹高 落葉高木	樹皮 縦模様	葉形 単葉	葉序 互生

シロヤナギ【白柳】

河原に自生する。特に多雪地の川沿いに多く見られる。名は葉の裏が白く見えるため。

学　名	*Salix jessoensis*		
科属名	ヤナギ科ヤナギ属	花　期	3〜4月
分　布	北海道、本州（関東地方北部以北、北陸地方）	樹　形	卵形

成木

淡灰褐色で次第に縦に割れ目が入り、ややはがれやすくなる。

花は葉の展開とともに咲く。花序は穂状で雄花穂の葯は黄色。

　高さ15〜20m、幹の直径0.3〜1mになる落葉高木。日本固有種で、北海道、関東地方北部以北、北陸地方に分布し、河原に自生する。特に多雪地の川沿いに多く見られる。名は葉の裏が白く見えるため。

　一本立ちして枝を広げ、樹形は卵形となる。樹皮は淡灰褐色で、縦に割れ目がある。

　葉は単葉で互生、葉身は幅1〜2cmの広線形で先端は尖る。基部は鋭形または鈍形。縁には細かい鋸歯がある。表は濃緑色で、はじめ絹毛がまばらに生えるが、後に無毛となる。裏は粉白色で絹毛が密生する。葉柄は軟毛が生え、長さ2〜8mm。

　雌雄異株で、3〜4月に葉の展開とともに開花する。花序は穂状で、雄花穂は長さ2.5〜4cm、直径8〜9mmの円柱形、苞は淡黄緑色、葯は黄色。雌花穂は長さ約3cm、直径4〜5mmの円柱形で、苞が淡黄緑色、柱頭が外側に曲がった花を密につける。蒴果が5月に熟して裂開する。

葉は互生してつき、葉の裏が白色で絹毛が密生する。

表
- 縁には細かい鋸歯がある
- 先端は尖る
- はじめ絹毛がまばらに生えるが、後に無毛

裏
- 粉白色で絹毛が密生
- 基部は鋭形または鈍形
- 葉柄は長さ2〜8mmで軟毛が生える

バッコヤナギ【一】

別名ヤマネコヤナギ。山地〜丘陵の明るい乾燥地に生える。材はまな板などに利用される。

学 名	*Salix bakko*
科属名	ヤナギ科ヤナギ属
分 布	北海道（南西部）、本州（近畿地方以北）、四国
花 期	3月
樹 形	卵形

幼木 幼木は灰色でなめらかだが、次第に縦に割れ目が入る。

成木 成木の樹皮は暗灰色で縦に浅く割れ目が入る。老木では割れ目がよく目立つ。

高さ3〜10mの落葉高木で、幹は直径5〜30cm。日本固有種で、北海道の南西部、本州の近畿地方以北、四国に分布し、山地〜丘陵の明るい乾燥地に生える。

樹皮は暗灰色で、縦に浅い割れ目が入る。裸材の表面には隆起線が目立つが、よく似たエゾノバッコヤナギではほとんど見られない。

葉は単葉で互生し、葉身はやや厚く、長さ10〜15cm、幅3.5〜4.5cmの楕円形で、先端は尖る。縁は波状の鋸歯があるか全縁で、基部は鋭形あるいは円形。表は緑色で無毛。裏は粉白色を帯び、白い縮毛が密生するが、幼木ではほとんど無毛。

雌雄異株で花期は3月、葉の展開に先立って開花する。雄花序は長さ3〜5cmの楕円形の穂状。雄しべは2個で葯は黄色。雌花序は長さ2〜4cmの楕円形の穂状。子房には密生する白毛があり、柱頭は淡黄緑色。果実は蒴果で、5月に熟して裂開する。

表
- 先端は尖る
- 縁は波状の鋸歯または全縁
- 緑色で無毛
- やや厚い

裏
- 粉白色を帯びる
- 白い縮毛が密生するが、幼木ではほぼ無毛
- 基部は鋭形または円形

花は3月に葉が展開する前に咲き、穂状の花序を出す。

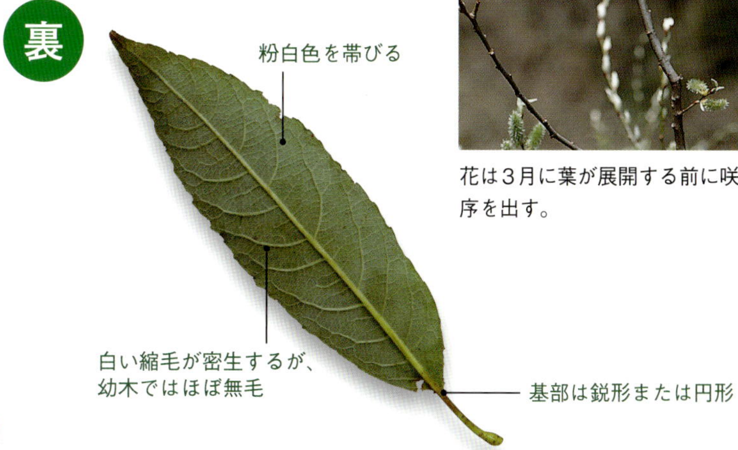

| 樹高 落葉高木 | 樹皮 深・浅裂 | 葉形 単葉 | 葉序 互生 |

コゴメヤナギ【小米柳】

別名コメヤナギ。川沿いの礫地に自生し、ときに群落を形成する。和名は、葉が小さいことに由来する。

学 名	*Salix serissaefolia*
科属名	ヤナギ科ヤナギ属
分 布	本州（東北地方南部〜近畿地方）
花 期	4月
樹 形	卵形

成木

灰黒褐色で、縦に割れ目が入る。幼木では緑色を帯びてなめらか。

花期は4月。葉の展開と同時に開花し、穂状の花序を出す。

高さ10〜25mの落葉高木で、幹の直径は0.3〜1mになる。日本固有種で、本州の東北地方南部から近畿地方にかけて分布し、川沿いの礫地（れきち）に自生し、ときに群落を形成する。

樹皮は灰黒褐色で、縦に割れ目が入る。新枝は灰褐緑色で細く、毛が生え、小枝は短く、分岐点から折れやすい。

葉は単葉で互生し、葉身は長さ3〜7cm、幅9〜12mmの線形で、先端は尖り、基部は鋭形あるいは鈍い円形。やや革質で、縁には浅い鋸歯がある。表は緑色で光沢があり、無毛。裏は粉白色で、無毛。

花は雌雄異株で、4月に葉の展開と同時に開花する。花序は穂状で、雄花穂は長さ1.5〜2cm、直径5〜8mm、雌花穂は長さ1〜2cm、直径2〜5mm。雄花の苞（ほう）は淡黄色で、雄しべは2個で葯は黄色。雌花の苞は黄緑色で、花柱は短く、柱頭は線形で外側に曲がる。5月に蒴果（さくか）が熟して裂開する。

表
- 先端は尖る
- 緑色で光沢がある
- 縁に浅い鋸歯がある
- 無毛

裏
- 粉白色で無毛

葉はやや革質で、枝に互生してつく。葉の形は線形。
- 基部は鋭形または鈍い円形
- 葉柄は長さ2〜6mmで細い軟毛が生える

シダレヤナギ【枝垂柳、垂柳】

別名イトヤナギ、シダリヤナギ、ヤナギ、タレヤナギ。古くから知られ、街路樹や公園樹として各地で植栽され、野生化しているものもある。

学　名	*Salix babylonica*		
科属名	ヤナギ科ヤナギ属	花　期	3～4月
分　布	中国原産	樹　形	枝垂れ形

成木
樹皮は灰褐色。幼木の頃から縦に割れ目が入り、次第に割れ目が多くなる。

花期は3～4月。葉の展開と同時に開花し、穂状の花序を出す。

　高さ8～17mになる落葉高木で、幹は直径10～70cm。中国原産で、古くから知られ、街路樹や公園樹として各地で植栽され、野生化しているものもある。花材として利用されたり、材はまな板の材料にもなる。

　枝は細く、長く伸びて下垂する。樹皮は灰褐色で、縦に割れ目が入る。

　葉は単葉で互生し、葉身は長さ8～13cm、幅1～2cmの線形で、先端が尖り、基部は鋭形となる。縁には浅く細かな鋸歯がある。表は、はじめ伏した軟毛がまばらに生えるか、無毛。裏は粉白灰色を帯びて無毛。葉柄は長さ5～10mm。

　雌雄異株で、3～4月、葉の展開と同時に開花する。花序は穂状。雄花穂は長さ2～2.5cmで、雄しべは2個、葯は黄色。雌花穂は長さ1～2cm、子房の下部にわずかに毛がある。苞は淡黄緑色で、花柱はとても短く、柱頭が2裂して肥厚する。5月、蒴果が熟して裂開する。

枝は長く伸びて下垂し、葉が互生してつく。葉の先端も下向きなる。

表
- 先端は尖る
- 縁に浅く細かい鋸歯がある
- 無毛、またははじめだけ軟毛がまばらに生える

裏
- 側脈は細い
- 粉白灰色を帯びる
- 基部は鋭形

樹高	樹皮	葉形	葉序
落葉低木	なめらか	単葉	対生

イヌコリヤナギ【犬行李柳】

川沿いの湿潤な場所に多く見られるが、乾燥した場所にも生える。繁殖力が旺盛である。

学名	*Salix integra*		
科属名	ヤナギ科ヤナギ属	花期	3月
分布	北海道、本州、四国、九州	樹形	株立ち

成木

樹皮はなめらかで、暗灰色。小さな皮目がまばらにある。

花は葉の展開前に咲く。穂状の花序を出し、雌花の上部は黒褐色。(写真は雌花序)

　高さ1.5mほどの落葉低木。ときに6mに達するものもある。北海道、本州、四国、九州に分布し、川沿いの湿潤な場所に多く見られるが、乾燥した場所にも生える。繁殖力が旺盛である。

　樹皮は暗灰色で平滑、枝は光沢があり毛はない。新枝は細く黄褐色。

　葉は単葉で、通常対生するが、互生するものも混じる。葉身は長さ4～10cm、幅1.3～2cmの長楕円形で、先端は尖るか、あるいは鈍円頭で先がわずかに尖る。基部は円形あるいは浅い心形。縁は低い鋸歯があるかまたは全縁。表裏とも無毛。

　花は雌雄異株。3月、葉の展開に先立ち開花する。花序は穂状で、雄花穂は長さ2～3cm、雄しべは2個で、葯は紫紅色。雌花穂は長さ1.5～2cm。子房は淡緑色で卵形、花柱は短い。柱頭は浅く2裂あるいはやや深く2裂し、黄緑色～紅色。果実は蒴果で、5月に熟して裂開する。

表
- 先端は鋭頭または鈍円頭で、わずかに凸端 
- 縁は全縁または低い鋸歯がある
- 無毛

裏
- 白色を帯びた淡い緑色
- 無毛
- 基部は円形または浅い心形

葉は枝に対生してつき、まれに互生するものも混じる。

樹高	樹皮	葉形	葉序
落葉低木	なめらか	単葉	互生

ネコヤナギ【猫柳】

別名タニガワヤナギ、エノコロヤナギ、カワヤナギ。渓流沿いなど水辺に自生する。庭木として植栽され、切り花にも用いられる。

学　名	*Salix gracilistyla*		
科属名	ヤナギ科ヤナギ属	花　期	3月
分　布	北海道、本州、四国、九州	樹　形	株立ち

成木

樹皮はなめらかで暗灰色。新枝や幼木は紫褐色を帯びる。

花は葉の展開に先立って咲く。雄花穂の葯は紅色で花粉が黄色。

高さ1～3mになる落葉低木。北海道、本州、四国、九州に分布し、渓流沿いなど水辺に自生する。庭木として植栽され、切り花にも用いられる。

匍匐性で横に広がるものと、立ち性のものがある。樹皮は暗灰色。新枝は紫褐色を帯び、はじめ軟毛が生える。

葉は単葉で互生し、葉身は長さ7～13cm、幅1.5～3cmの長楕円形で、先端は尖り、基部は鈍形あるいは鋭形。縁には細かい鋸歯があるが、基部にはない。表ははじめ伏した軟毛が生えるが、後に無毛となる。裏は粉白色で、灰白色の伏した軟毛が密生する。

雌雄異株で、3月、葉の展開に先立って開花する。花序は無柄で長楕円形の穂状。雄花穂は長さ3～5cm、雄しべは2個、葯は紅色で花粉は黄色。雌花穂は長さ2.5～4cmで、子房に白い毛が密生する。花柱は2.5～3mm。柱頭はごく浅く2裂する。蒴果が熟して裂開し、綿毛に包まれた種子を出す。

葉は互生して枝につき、葉の形は長楕円形で縁に細かな鋸歯がある。

表
- 縁は基部を除いて細かい鋸歯がある
- 先端は尖る
- はじめ伏した軟毛が生えるが、後に無毛

裏
- 灰白色の伏した軟毛が密生
- 粉白色
- 脈が隆起
- 基部は鋭形または鈍形

ハンノキ【榛の木】

別名ハリノキ。地下水位の高い湿原や低湿地などを好む。公園樹として植栽され、材は建築材、家具材として、果穂は染料として利用される。

学名	*Alnus japonica*		
科属名	カバノキ科ハンノキ属	花期	11月（暖地）、4月（寒冷地）
分布	北海道、本州、四国、九州、沖縄	樹形	楕円形

成木
樹皮は紫色を帯びた灰褐色で、縦に不規則な浅い割れ目ができてはがれる。

老木
生長するにつれて割れ目が深くなり、ところどころはがれる。

高さ10〜20mになる落葉高木。幹の直径は10〜60cmになる。北海道、本州、四国、九州、沖縄に分布し、地下水位の高い湿原や低湿地などを好む。公園樹として植栽され、材は建築材、家具材として、果穂は染料として利用される。

樹皮はごくわずかに紫色を帯びた灰褐色で、縦に浅く不規則に割れてはがれる。

葉は単葉で互生し、葉身は卵状楕円形、あるいは卵状長楕円形で長さ5〜13cm、幅2〜5.5cm。先端は鋭く尖り、基部は広いくさび形になる。質はややかたく、縁には不揃いな低い鋸歯がある。

雌雄同株で、暖地では11月、寒冷地では4月に、葉の展開に先立って開花する。雄花序は長さ4〜7cmで、枝先から2〜5個下垂する。雌花序は長さ4mmほどで、雄花序より下に1〜5個つく。果実は堅果で、長さ1.5〜2cmの卵状楕円形に集まって果穂となり、10月に熟す。

果穂は卵状楕円形になり、若い果穂は緑色で、10月に茶褐色に熟す。

表
- 縁には不揃いな低い鋸歯がある
- 先端は尖る
- 無毛
- 側脈がへこむ

裏
- 主脈の基部に赤褐色の毛が生える
- 基部は広いくさび形
- 葉柄は長さ1.5〜3.5cm
- 側脈が隆起

樹高	樹皮	葉形	葉序
落葉高木	なめらか	単葉	互生

ケヤマハンノキ【毛山榛の木】

山地の渓流沿いや川岸に多く見られる。砂防目的や緑化樹として植栽され、材は家具材や器具材として利用される。

学 名	*Alnus hirsuta*		
科属名	カバノキ科ハンノキ属	花 期	4月
分 布	北海道、本州、四国、九州	樹 形	卵形

成木

樹皮はわずかに紫色を帯びた褐色で、なめらか。横長で灰色の皮目がある。

花は4月に葉の展開前に咲き、枝先に雄花序がつき、その下に雌花序がつく。

　高さ10〜20mになる落葉高木。幹の直径は15〜80cm。北海道、本州、四国、九州に分布し、山地の渓流沿いや川岸に多く見られる。砂防目的や緑化樹として植栽され、材は家具材や器具材として利用される。
　樹皮はわずかに紫色を帯びた褐色でなめらか。横長で灰色の皮目がある。若枝には軟毛が密生する。
　葉は単葉で互生し、葉身は広卵形で長さ8〜15cm、幅4〜13cm。先端は短く尖る、あるいは鈍頭で、基部は浅い心形あるいは円形。縁は欠刻状に浅く裂け、不揃いな重鋸歯がある。表はまばらに短毛が生え、裏は淡緑色あるいは青白色で、脈上にビロード状の軟毛が密生する。
　雌雄同株。4月、葉の展開に先立って開花する。雄花序は長さ7〜9cmで、枝先と先端の葉腋に2〜4個ついて下垂し、雌花序はそれより下に3〜5個下垂する。果実は堅果で、長さ1.5〜2.5cm、楕円形の果穂となる。

表
- 先端は短く尖る、または鈍頭 
- 側脈はへこむ
- 縁には不揃いな欠刻状の重鋸歯がある
- 短毛がまばらに生える

裏
- ビロード状の軟毛が脈上に密生
- 側脈が隆起

葉は枝に互生してつき、広卵形。葉の縁が欠刻状に裂ける。

- 基部は浅い心形〜円形
- 葉柄は長さ1.5〜3cmで軟毛が密生

43

ヤシャブシ【夜叉五倍子】

別名ミネバリ、ヤシャハンノキ。山地の尾根沿いなどに多く見られる。材は工芸品や櫛、箸などに利用され、果穂は染料として用いられる。

学名	*Alnus firma*
科属名	カバノキ科ハンノキ属
花期	3〜4月
樹形	卵形
分布	本州（福島県〜紀伊半島の太平洋側）、四国、九州（屋久島まで）

幼木　樹皮は灰褐色で、幼木ではなめらか。皮目がちらばる。

成木　成木や老木では割れ目が入り、次第にはがれてくる。老木では網目に裂けることがある。

高さ8〜15mの落葉小高木。幹の直径は10〜30cmになる。本州の福島県から紀伊半島にかけての太平洋側、四国、九州の屋久島まで分布する。山地の尾根沿いなどに多く見られる。材は工芸品や櫛、箸などに利用され、果穂は染料として用いられる。

樹皮は灰褐色、若木では平滑で、成木になるとはがれ落ちる。枝は灰褐色でよく分枝し、楕円形の皮目が散在する。

葉は単葉で互生。葉身は狭卵形で長さ4〜10cm、幅2〜4.5cm。先端は次第に鋭く尖り、基部は円形あるいは広いくさび形。縁には細かな重鋸歯がある。

雌雄同株で、3〜4月、葉の展開に先立ち開花する。雄花序は無柄、長さ4〜6cm、直径1cmほどの穂状で、やや弓なりになって下垂する。雌花序は柄があり、雄花序より少し下に1〜2個直立する。果実は堅果で、長さ1.5〜2cmの卵状広楕円形の果穂となり、直立あるいは斜上して、10〜11月に熟す。

果穂は卵状広楕円形で、若い果穂は緑色。10〜11月、黒褐色に熟す。

表
- 先端は次第に尖る
- 縁には細かな重鋸歯がある

裏
- 脈上に伏毛が生える
- 基部はほぼ円形または広いくさび形
- 葉柄は長さ7〜12mm

オオバヤシャブシ【大葉夜叉五倍子】

海岸近くの山地〜丘陵に自生する。ヤシャブシよりも葉や果実が大きく、枝先から葉、雌花序、雄花序の順につく。

学名	*Alnus sieboldiana*
科属名	カバノキ科ハンノキ属
花期	3〜4月
樹形	卵形
分布	本州（福島県南部〜和歌山県にかけての太平洋側）、伊豆諸島

幼木
樹皮は灰褐色。幼木ではなめらかで、皮目が散らばる。

成木
成木や老木では割れ目が入り、次第にはがれ落ちる。老木では深く裂ける。

高さ5〜10mになる落葉小高木。幹の直径は6〜10cm。日本固有種で、本州の福島県南部から和歌山県にかけての太平洋側、伊豆諸島に分布し、海岸近くの山地〜丘陵に自生する。

樹皮は灰褐色でなめらか。古くなると不規則に割れてはがれ落ちる。枝は灰褐色で無毛、円形の皮目が多い。

葉は単葉で互生。葉身は長卵形で長さ6〜12cm、幅3〜6cm。先端は鋭く尖り、基部は左右不揃いの円形。縁には鋭い重鋸歯がある。表はやや光沢があり、裏は淡緑色で腺点がある。

雌雄同株で、3〜4月、葉の展開と同時に開花する。雄花序は無柄、長さ4〜5cm、直径11mmの穂状で、前年の葉腋から1個ずつ出て、湾曲して垂れ下がる。雌花序は柄が1〜2cm、雄花序より上の側芽に1個ずつつく。果実は堅果で、長さ2〜2.5cmで広楕円形の果穂が10〜11月に熟す。

表
- 先端は鋭く尖る
- やや光沢がある
- 縁には鋭い重鋸歯がある

裏
- 淡緑色で腺点がある
- 基部は左右不揃いの円形

果穂は広楕円形で、若い果穂は緑色。10〜11月、黒褐色に熟す。

ウダイカンバ【鵜松明樺】

別名サイハダカンバ、マカバ、マカンバ。山地に自生し、肥沃な場所を好む。材は家具材、建築内装材や器具材とされ、楽器にも利用される。

学名	*Betula maximowicziana*
科属名	カバノキ科カバノキ属
分布	北海道、本州（福井県・岐阜県以北）
花期	5～6月
樹形	楕円形

成木 樹皮は灰褐色または橙黄色で、横長の皮目が多くある。

老木 老木では薄片となって横にはがれる。樹皮にはサリチル酸メチルの香りがある。

　高さ15～30mになる落葉高木。幹の直径は0.3～1mになる。日本固有種で、北海道、本州の福井県・岐阜県以北に分布する。山地に自生し、肥沃な場所を好む。材は家具材、建築内装材や器具材とされ、楽器にも利用される。名は、鵜飼いが松明として用いたことに由来する。

　樹皮は灰褐色あるいは橙黄色で、横長の皮目があり、薄くはがれる。枝は暗赤褐色で光沢があり、円形で白色の皮目が目立つ。

　葉は単葉で、長枝では互生し、短枝には一対つく。葉身は広卵形で、長さ8～14cm、幅6～10cm。

　雌雄同株で、5～6月、葉の展開と同時に開花する。雄花序は長さ14cm、直径1cmほどで、数個ずつ枝先について下垂する。雄花の花被は淡黄色で4全裂、雌花序は緑白色で、短枝の先に2～4個ついて下垂する。果実は堅果で、果穂は長さ9cmほどの円柱形で下垂し、9～10月に熟す。

表 先端は鋭く尖る／濃緑色／表裏ともに、はじめビロード状の軟毛が密生するが、後に無毛／縁には不揃いの細かい鋸歯があり、鋸歯の先端は長い腺状突起となる

裏 淡緑色で腺点が目立つ／基部は深い心形／脈腋に毛がある

葉は長枝に互生してつき、短枝には2枚の葉が対生してつく。

ダケカンバ【岳樺】

別名ソウシカンバ、エゾノダケカンバ。シラカバより高所に見られ、本州や四国では亜高山帯の日当たりのよい場所に自生する。

学 名	*Betula ermanii*		
科属名	カバノキ科カバノキ属	花 期	5〜6月
分 布	北海道、本州（中部地方以北）、四国	樹 形	不整形

幼木
樹皮は赤褐色〜灰白褐色で、幼木〜成木では横長の皮目がある。

成木
成木になると、樹皮は薄い紙のようになって横にはがれる。

老木
老木では色がくすんだ灰色となり、縦に割れ目が入ってはがれる。

高さ10〜20mになる落葉高木。幹の直径は15〜70cmになる。シラカバより高所に見られ、本州や四国では亜高山帯の日当たりのよい場所に自生し、北海道では低地にも生える。材は緻密で、家具材、建築材、器具材などに用いられる。

樹形は孤立して育つと円錐形となるが、通常は不整形で、森林限界近くでは風雪の影響で幹がねじ曲がったようになるものが多い。樹皮は赤褐色あるいは灰白褐色で、紙状に薄くはがれる。老木では縦裂する。

葉は長枝では互生し、短枝では2枚が対生する。

雌雄同株で、5〜6月、葉の展開と同時に花をつける。雄花序は黄褐色で長さ5〜7cm、直径8mmの穂状、長枝の先から1〜数個が下垂する。雌花序は短枝の先に一つずつ直立してつく。果実は堅果で、長さ2〜4cm、直径1cmの果穂が上向きにつき、9〜10月に熟す。

表
- 先端は鋭く尖る
- 濃緑色でやや光沢がある
- 縁には不揃いの鋭い重鋸歯がある
- 無毛

裏
- 淡緑色で無毛
- 基部は円形〜浅い心形
- 葉柄は長さ1〜3.5cm

樹高	樹皮	葉形	葉序
落葉高木	はがれ・まだら	単葉	互生

シラカバ【白樺】

別名シラカンバ。高原地帯など、山地の日当たりのよい場所に自生し、街路樹や公園樹、庭木として植栽される。

学 名	*Betula platyphylla* var. *japonica*		
科属名	カバノキ科カバノキ属	花 期	4月
分 布	北海道、本州（福井県・岐阜県以北）	樹 形	卵形

幼木 幼木や小枝は暗紫褐色〜赤褐色となり、ダケカンバと間違えやすい。

成木 樹皮は白色で、紙のようになって横に薄くはがれる。

老木 老木になると色がくすんだ灰色になり、縦に割れ目が入る。

高さ10〜25mになる落葉高木。主幹はまっすぐに伸び、幹の直径は20〜40cmになる。北海道、本州の福井県・岐阜県以北に分布し、高原地帯など、山地の日当たりのよい場所に自生する。街路樹や公園樹、庭木として植栽され、材は家具材、器具材などとして利用されるほか、美しい樹皮を生かしてさまざまな細工物などに使われる。

樹皮は白色で、紙のようになって薄くはがれる。小枝は暗紫褐色で腺点があり、円形の皮目が数多くある。

葉は長枝では互生、短枝には2枚が対生する。葉身は三角状広卵形で長さ5〜8cm、幅4〜7cm。先端は鋭く尖り、縁に重鋸歯がある。基部は心形〜広いくさび形。

雌雄同株で、4月、葉の展開と同時に開花する。雄花序は長さ3〜5cm、直径4〜7mmの穂状で、長枝の先に1〜2個下垂する。雌花序は短枝の先に直立する。果実は堅果で、長さ3〜4cm、直径8〜10mmの果穂となる。

表
- 先端は鋭く尖る
- 深緑色で無毛
- 縁には重鋸歯がある

裏
- 淡緑色で、無毛またはわずかに毛がある
- 基部は心形〜広いくさび形
- 葉柄は長さ1〜3.5cm

花期は4月。葉の展開と同時に咲き、雄花序は長枝の先端から下垂する。

葉は長枝に互生してつき、短枝には2枚の葉が対生してつく。

山地の日当たりのよい場所に林をつくる。高所ではダケカンバと混生することがある。白色の樹皮が美しく、本州では高原地帯などの標高600m付近で見られる。

樹高	樹皮	葉形	葉序
落葉高木	横模様	単葉	互生

ミズメ【水芽】

別名ヨグソミネバリ、アズサ、アズサカンバ。山地に自生し、紅葉が美しいため庭木としても植栽される。

学名	*Betula grossa*		
科属名	カバノキ科カバノキ属	花期	4月
分布	本州（岩手県以南）、四国、九州（鹿児島県以北）	樹形	卵形

成木　樹皮は灰褐色あるいは暗褐色でなめらか。桜の樹皮に似た横長の皮目がある。

老木　老木では次第に不規則に裂けて割れ目が目立ち、はがれやすくなる。

高さ15～25mの落葉高木。幹の直径は30～70cmになる。日本固有種で、本州の岩手県以南、四国、九州の鹿児島県高隈山以北に分布する。山地に自生し、秋の葉の彩りが美しいため庭木としても植栽される。樹皮に傷をつけると樹液が水のように流れ出ることから、この名がある。

樹皮はなめらかで灰褐色あるいは暗褐色。桜の樹皮に似た横長の皮目がある。老木では裂けてはがれやすい。枝を折るとサリチル酸メチルのにおいがする。

葉は単葉で、長枝では互生、短枝では2枚が対生する。葉身は卵形で、長さ3～10cm、幅2～8cm。

雌雄同株で、4月、葉の展開と同時に開花する。雄花序は長さ5～7cm、直径5mmほどの穂状で、枝先から下垂する。雌花序は短い柄があり、短枝の先に1個直立する。果実は堅果で、長さ2～4cm、直径1.5cmほどの楕円形となり、10月頃熟す。

葉は長枝では互生してつき、短枝には1対の葉が対生してつく。

表
- 先端は鋭く尖る
- 側脈はへこむ
- 縁には鋭く細かな重鋸歯がある
- はじめ長い伏毛が密生するが、後に無毛

裏
- 側脈が隆起する
- 基部は円形～浅い心形
- 葉柄は長さ1～2.5cmで毛が生える
- はじめ長い伏毛が密生するが、後に脈上を除き無毛

樹高	樹皮	葉形	葉序
落葉低木	なめらか	単葉	互生

ハシバミ【榛】

別名オオハシバミ、オヒョウハシバミ。山地の日当りのよい場所に生え、果実は食用となる。

学 名	*Corylus heterophylla* var. *thunbergii*		
科属名	カバノキ科ハシバミ属	花 期	3～4月
分 布	北海道、本州、九州	樹 形	株立ち

成木

樹皮は灰褐色でなめらか。皮目がまばらにある。大きいものでは縦に模様ができる。

果実は9～10月に熟す。直径1.5cmほどの堅果で、食用になる。

高さ1～2m、大きなものでは5mに達する落葉低木。北海道、本州、九州に分布し、山地の日当りのよい場所に生える。果実は食用となり、ヨーロッパ原産の近縁種セイヨウハシバミの果実はヘーゼルナッツとして知られる。

樹皮は灰褐色で、若枝には軟毛があり、かたい腺毛が混ざることもある。

葉は単葉で互生し、葉身は広倒卵形で、長さ6～12cm、幅5～12cm。先端は急に尖り、縁には歯牙状で不揃いの重鋸歯がある。基部は心形。

雌雄同株で、3～4月、葉が展開する前に開花する。雄花序は長さ3～7cm、直径4mmほどの穂状で、前年枝から下垂する。雌花は数個が頭状に集まって芽鱗に包まれ、赤い柱頭だけが芽鱗の外に現れる。果実は堅果で直径1.5cmほどの球形、葉状の果苞に包まれる。果苞は長さ2.5～3.5cm。9～10月に熟す。

表
- 先端は急に鋭く尖る
- はじめ毛が生えるが、後に無毛
- 縁に歯牙状で不揃いな重鋸歯がある

裏
- 短い開出毛が生える
- 基部は心形
- 葉柄は長さ6～20mmで軟毛が生える

葉は互生して枝につく。広倒卵形で縁に歯牙状で不揃いの重鋸歯がある。

| 樹高 落葉低木 | 樹皮 なめらか | 葉形 単葉 | 葉序 互生 |

ツノハシバミ【角榛】

別名ナガハシバミ。山地に自生し、樹形は株立ち状になる。果実はくちばしのような形で、食用となる。

学 名	*Corylus sieboldiana*
科属名	カバノキ科ハシバミ属
分 布	北海道、本州、四国、九州
花 期	3～5月
樹 形	株立ち

成木

樹皮は淡い灰褐色で、表面はなめらか。円形または横長の皮目がある。

花は葉が展開する前に咲く。雄花序は垂れて、雌花序は赤い柱頭が目立つ。

高さ2～3mの落葉低木で、大きなものでは高さ5m、幹の直径10cmになるものもある。北海道、本州、四国、九州に分布するが、四国と九州には少ない。山地に自生し、樹形は株立ち状になる。堅果は食用となる。

樹皮は淡灰褐色。なめらかで、円形あるいは横長の皮目がある。

葉は単葉で互生する。葉身は広倒卵形で、長さ5～11cm、幅3～7cm。先端は急に鋭く尖り、縁には不揃いの鋭い重鋸歯がある。基部は円形、あるいは浅い心形。

雌雄同株で、3～5月、葉が展開する前に開花する。雄花序は長さ3～13cmの穂状で、1～4個が葉腋から下垂して黄色みを帯びた赤褐色となる。雌花序は数個が集まって頭状につき、芽鱗に包まれた状態で開花して、赤い柱頭だけを芽鱗から出す。果実は堅果で、1～4果が頭状に集まり、それぞれが3～7cmの筒状の果苞に包まれる。果苞の基部はやや膨らみ、先はくちばし状に伸びる。

葉は枝に互生してつき、葉身は広倒卵形で、不揃いの重鋸歯がある。

表
- 光沢はなく、無毛あるいは伏毛が残る
- 先端は急に鋭く尖る
- 縁には不揃いの鋭い重鋸歯がある
- 葉柄は6～20mm

裏
- 主脈・側脈ともに突出
- 基部は円形、または浅い心形
- 黄緑色で脈上に毛が生え、脈腋に毛叢がある

52

| 樹高 落葉高木 | 樹皮 はがれ・まだら | 葉形 単葉 | 葉序 互生 |

アサダ【一】

別名ミノカブリ、ハネカワ。日当りのよい山地の、適度に湿り気のある場所に自生する。材は床板などの建材、家具材などとして用いられる。

学 名	*Ostrya japonica*		
科属名	カバノキ科アサダ属	花 期	4〜5月
分 布	北海道（中部以南）、本州、四国、九州	樹 形	卵形

成木 樹皮は暗褐色または灰褐色で、縦に浅く裂けて上向きに反って、はがれる。

老木 生長するにつれて裂け、老木ではさらに細かく裂けてはがれる。

高さ15〜20mになる落葉高木。幹の直径は30cmほどになる。北海道の中部以南、本州、四国、九州に分布し、日当りのよい山地の、適度に湿り気のある場所に自生する。材は緻密でかたく、床板などの建材、家具材などとして用いられる。

樹皮は暗褐色あるいは灰褐色で、縦に浅く裂けて上向きに反り返り、はがれ落ちる。

葉は単葉で互生し、葉身は狭卵形で長さ6〜12cm、幅3〜6cm。先端は鋭く尖り、縁に不揃いの重鋸歯がある。基部は広いくさび形〜円形。

雌雄同株で、4〜5月、葉の展開と同時に開花する。雄花序は長さ5〜6cmの穂状で、前年枝から下垂する。雌花序は緑色で、新枝の先端に生じる。雌花は苞と2個の小苞が合着してできた筒状の総苞に包まれる。果実は堅果で、袋状の果苞に1つずつ入って集まり、長さ5〜6cmの果穂となって下垂する。

表
- 先端は鋭く尖る
- 質は薄い
- 縁には不揃いな重鋸歯があり、重鋸歯の先端は芒となる
- はじめ毛が密生するが、後に無毛

裏
- 灰白色で星状毛が密生する
- はじめ毛が密生するが、後に脈上以外は無毛
- 基部は円形〜広いくさび形
- 葉柄は長さ4〜8mmで腺毛が生える

葉は枝に互生してつく。葉身は狭卵形で縁に不揃いの重鋸歯がある。

53

サワシバ【沢柴】

別名サワシデ、ヒメサワシバ。山地の沢沿いなど、やや湿気の多い場所に自生する。和名は、"沢"沿いに生える"柴"の意味からつけられた。

学 名	*Carpinus cordata*
科属名	カバノキ科クマシデ属
分 布	北海道、本州、四国、九州
花 期	4～5月
樹 形	卵形

成木

樹皮は黄色を帯びた赤褐色あるいは淡緑灰褐色で、菱形の鱗状に裂け目ができる。

果実は葉状の果苞が密生して、長さ4～15cmの淡緑褐色。

高さ10～15m、幹の直径20cmほどになる落葉高木。北海道、本州、四国、九州に分布するが、九州には少ない。山地の沢沿いなど、やや湿気の多い場所に自生する。名は、"沢"沿いに生える"柴"の意味。

樹皮は黄色を帯びた赤褐色ないし淡緑灰褐色で、はじめなめらかだが、後に菱形をした鱗状で褐色の浅い裂け目ができる。

葉は単葉で互生し、葉身は広卵形で長さ6～15cm、幅4～7cm。

雌雄同株で、4～5月、葉が展開する頃に開花する。雄花序は緑黄色をした長さ5cmほどの穂状で、前年枝から下垂する。雌花序は本年枝の先端、あるいは短枝の腋から下垂する。雌花が2個ずつ苞の内側につく。果実は堅果で、葉状の果苞が密生して、長さ4～15cm、直径2～4cmの淡緑褐色の果穂となり、8～10月に熟す。果苞は長さ1.8～2.5cmの長楕円形で、縁に不揃いの鋭い鋸歯がある。

葉は枝に互生してつく。葉身は広卵形で縁に不揃いの重鋸歯がある。

表
- 先端は急に鋭く尖る
- 葉身は洋紙質
- 縁には不揃いで細かい重鋸歯がある

裏
- 脈が突出
- 基部は深い心形
- 葉柄は長さ1～2cmで軟毛が生える

樹高	樹皮	葉形	葉序
落葉高木	縦模様	単葉	互生

クマシデ【熊四手】

シデ類の中でもっとも材がかたいため、別名イシシデ、カタシデ。日当たりのよい山地の谷沿いなどに自生する。材は家具材などとして用いられる。

学　名	*Carpinus japonica*		
科属名	カバノキ科クマシデ属	花　期	4月
分　布	本州、四国、九州	樹　形	卵形

成木 樹皮は黒褐色ではじめなめらかだが、成木になるとミミズ腫れのように縦に模様が入る。

老木 老木では縦に入った模様が浅く裂け、よく目立つ。

高さ10〜15mになる落葉高木。幹の直径は20cmほどになる。日本固有種で、本州、四国、九州に分布し、日当たりのよい山地の谷沿いなどに自生する。材は家具材、器具材、薪炭材などとして用いられる。シデ類の中でもっとも材がかたいため、イシシデ、カタシデの別名がある。

樹皮は黒褐色で、若木の頃はなめらかだが、やがて隆起した筋状の模様が入り、老木では浅く裂けるようになる。

葉は単葉で互生。葉身は長楕円形で、長さ5〜10cm、幅2.5〜4.5cm。先端は尖り、縁には重鋸歯がある。

雌雄同株で、4月、葉の展開とともに開花する。雄花序は長さ3〜5cmの穂状で、前年枝から下垂する。雌花序は本年枝の先端、あるいは短枝の腋（わき）から下垂する。果実は堅果で10月頃熟し、葉状で長さ1.5〜2cmの果苞（かほう）の基部につく。果苞は密生して長さ5〜10cmの果穂となる。

4月に花が咲き、雌花序は本年枝の先端について10月頃熟す。

表
- 先端は鋭く尖る
- 縁には重鋸歯がある
- 脈上に細毛がある

裏
- 脈上に長毛が生える
- 淡緑色
- 側脈が突出する
- 基部は円形〜浅い心形
- 脈腋に毛がある

55

| 樹高 落葉高木 | 樹皮 なめらか | 葉形 単葉 | 葉序 互生 |

アカシデ【赤四手】

別名シデノキ、コソネ、ソロ。平地や山地の川沿いなど、やや湿気の多い肥沃な場所に自生し、庭木として植栽され、盆栽にも利用される。

学 名	*Carpinus laxiflora*		
科属名	カバノキ科クマシデ属	花 期	4〜5月
分 布	北海道、本州、四国、九州	樹 形	卵形

成木

樹皮は暗灰色で、なめらか。皮目が隆起して老木では筋状にくぼむ。

花は葉の展開と同じ時期に咲き、雄花序は前年枝から下垂する。

高さ10〜15mになる落葉高木。幹の直径は30cmほどになる。北海道、本州、四国、九州に分布する。平地や山地の川沿いなど、やや湿気の多い肥沃な場所に自生し、庭木として植栽され、盆栽にも利用される。シデ（四手）とは、しめ縄や玉串から下げる紙で、果穂が枝から下がる様子に由来する。

樹皮は暗灰色、なめらかで、多くの皮目が隆起し、老木では筋状のくぼみが現れる。

葉は単葉で互生、葉身は卵形〜卵状楕円形で、長さ3〜7cm、幅2〜3.5cm。

雌雄同株で、4〜5月、葉の展開と同じ時期に開花する。雄花序は4〜5cmの穂状で黄褐色、前年枝から下垂する。雄しべは8個、葯の先が赤みを帯び、軟毛が生える。雌花序は本年枝や短枝の先に直立、あるいは下垂する。雌花は卵状披針形の苞に1個ずつつく。果実は堅果で、果苞の基部に1個ずつつく。果苞は基部が3裂した葉状で、まばらに集まって長さ4〜10cmの果穂となる。

葉は枝に互生してつく。葉身は卵形〜卵状楕円形。

表
- 先端は尾状に長く尖る
- 葉身は薄い洋紙質
- 長い伏毛が散らばるように生える
- 縁には不揃いで細かい重鋸歯がある

裏
- 脈上および脈腋に粗毛が生える
- 側脈が突出
- 基部は円形
- 葉柄は長さ3〜14mmで、はじめ毛が生えるが、後に無毛

イヌシデ【犬四手】

別名シロシデ、ソネ、ソロ。山地にはふつうに見られ、人里近くにも自生する。材は建築材や、かつては薪や炭の材料とされた。

学　名	*Carpinus tschonoskii*		
科属名	カバノキ科クマシデ属	花　期	4～5月
分　布	本州（岩手県・新潟県以南）、四国、九州	樹　形	卵形

樹皮は灰褐色でなめらかだが、縦に黒っぽい縞模様ができる。

花は葉が展開する時期に咲き、雄花序は前年枝から下垂する。

　高さ10～15mの落葉高木。幹は直径30cmほどになる。山地にはふつうに見られ、人里近くにも自生する。材は建築材や、かつては薪や炭の材料とされた。

　樹皮は灰褐色でなめらか。地衣類の着生により白っぽい縦縞模様が見られるものも多い。

　葉は単葉で互生、葉身は卵形あるいは卵状長楕円形で、長さ4～8cm、幅2～4cm。

　雌雄同株で、4～5月、葉が展開する時期に開花する。雄花序は長さ5～8cmの穂状で黄褐色、前年枝から下垂する。雄花の苞は卵状円形で、葯の先端は毛が密生する。雌花序は本年枝の先端に斜めに下垂する。雌花は苞の基部に2個ずつつき、花柱は紅色で、先端が2裂する。果実は堅果で、長さ1.5～3cmの果苞の基部につく。果苞の先端は鋭く尖り、外縁は不揃いの鋸歯、内縁は全縁で、果苞はまばらに集まって、長さ4～12cmの果穂となる。

果実は堅果で、果苞の先端が鋭く尖り、縁に鋸歯がある。

表
- 先端は鋭く尖る
- 光沢はなく、わずかに伏毛がある
- 縁には鋭く尖った細かい重鋸歯がある

裏
- 淡緑色で脈上および脈腋に毛が生える
- 基部は広いくさび形～円形
- 葉柄は長さ8～12mmで、褐色の毛が密生

57

| 樹高 落葉高木 | 樹皮 なめらか | 葉形 単葉 | 葉序 互生 |

ブナ【橅、椈、山毛欅】

別名シロブナ、ソバグリ。山地に自生し、北海道南部や東北地方では平地にも見られる。日本の温帯林を代表する樹木。

学名	*Fagus crenata*		
科属名	ブナ科ブナ属	花期	5月
分布	北海道、本州、四国、九州	樹形	卵形

幼木
樹皮は灰白色。幼木、成木ともになめらかで割れ目がほとんどない。

成木
成木になると地衣類や蘚苔類がついて独特の模様になるものもある。

老木
老木になっても樹皮はなめらか。割れ目のような深いシワが入るものもある。

　高さ30mになる落葉高木。幹は直径1.5mほどになる。北海道、本州、四国、九州に分布する。山地に自生し、北海道南部や東北地方では平地にも見られる。日本の温帯林を代表する樹木。材は床板などの建築材、家具材、器具材として用いられ、さらにキノコ栽培の原木などにも利用される。

　樹皮は灰白色で割れ目はなくなめらかで、地衣類、蘚苔類がつき、独特の模様となることが多い。若枝は光沢のある暗紫色で、長楕円形の皮目がまばらにある。

　葉は単葉で互生し、葉身は卵形で、長さ4〜9cm、幅2〜4cm。

　雌雄同株で、5月、葉の展開と同時に開花する。雄花序は5〜15個の雄花が集まった頭状で、新枝の下部の葉腋から下垂する。雌花序は頭状で、新枝の上部の葉腋に上向きにつく。果実は堅果で、かたい殻斗に包まれる。10月頃熟し、殻斗が4つに割れて2個の堅果が現れる。

表
- 先端は尖る
- 葉身はやや厚い洋紙質
- 縁には波状の鋸歯がある
- はじめ長い軟毛が生えるが、後に無毛

裏
- はじめ長い軟毛が生えるが、後に無毛
- 側脈が突出
- 基部は広いくさび形
- 葉柄は長さ5〜10mm

葉は枝に互生してつき、葉身は卵形で波状の鋸歯がある。

葉は秋に美しく黄葉して葉を落とす。落ち葉は天然の腐葉土となって森が潤う。

冬には葉を落とし枝だけになる。山の厳しい冬に耐えるブナには樹氷がつき、幻想的な風景をつくり出す。

イヌブナ【犬橅、犬椈、犬山毛欅】

別名クロブナ。太平洋側のやや乾燥した山地に多く自生するが、本州中部以北の日本海側の多雪地帯ではほとんど見られない。

学 名	*Fagus japonica*		
科属名	ブナ科ブナ属	花 期	4～5月
分 布	本州（岩手県以南・石川県以西）、四国、九州	樹 形	卵形

幼木
樹皮は幼木では褐色、生長すると灰黒色でブナより黒っぽい。多くの皮目が目立つ。

成木
成木になると縦に皮目が並ぶことが多い。老木では縦に裂ける。

高さ25mになる落葉高木。幹の直径は70cmになる。本州の太平洋側では岩手県以南、日本海側では石川県以西、および四国、九州に分布。太平洋側のやや乾燥した山地に多く自生し、本州中部以北の日本海側の多雪地帯ではほとんど見られない。材は建築材、器具材、船舶材などに利用される。

樹皮は灰黒色で、ブナよりも黒みが強く、多くのイボ状の皮目が目立つ。本年枝ははじめ暗紫色で淡褐色の軟毛が密生するが、すぐに無毛となる。前年枝は黒紫色。

葉は単葉で互生し、葉身は長楕円形で、長さ5～10cm、幅3～6cm。

雌雄同株で、4～5月、葉の展開と同時に開花する。雄花序は数個が頭状に集まり、新枝の下部にある葉腋から下垂する。雌花序は頭状で、新枝の上部の葉腋に上向きにつく。果実は堅果で、長さ1cmほどの三稜形。長さ2.5～5cmの長い柄の先について下垂し、10月に熟す。

表
- 先端は鋭く尖る
- 葉身はやや薄い洋紙質
- 縁には鈍い波状の鋸歯がある
- 若葉では長い軟毛が生えるが、後に無毛

裏
- 若葉では長い軟毛が生えるが、後に脈上以外は無毛
- 基部は広いくさび形
- 葉柄は長さ4～9mm
- 側脈が突出

葉は枝に互生してつき、葉身は長楕円形で波状の鋸歯がある。

| 樹高 常緑低木 | 樹皮 深・浅裂 | 葉形 単葉 | 葉序 互生 |

ウバメガシ【姥目樫】

別名イマメガシ、ウマメガシ。暖地の海岸に近い山地の岩礫地に多く、街路樹や生け垣などとして植栽される。材は備長炭の原料となる。

学　名	*Quercus phillyraeoides*
科属名	ブナ科コナラ属
花　期	4～5月
樹　形	卵形
分　布	本州（神奈川県以西の太平洋側）、四国、九州、沖縄

成木　樹皮は黒褐色で、はじめなめらかだが、ひび割れるように縦に裂ける。

老木　老木になるにつれ、裂け目がよく目立つようになる。

　高さ3～5mになる常緑低木。大きなものでは高さ10m、幹の直径60cmになるものもある。本州の神奈川県以西の太平洋側、四国、九州、沖縄に分布する。暖地の海岸に近い山地の岩礫地（がんれきち）に多く、街路樹や生け垣などとして植栽される。材は、火持ちがよく最高級の炭とされる備長炭の原料となる。
　樹皮は黒褐色で、老木では浅く縦に裂ける。若枝は紫褐色で、はじめ灰褐色の星状毛が生えるが、翌年には落ち、円形の皮目が目立つ。
　葉は単葉で互生し、葉身は厚い革質、楕円形で、長さ3～6cm、幅2～3cm。先端は鈍形または円形。
　雌雄同株で、4～5月、新葉の展開と同時に開花する。雄花序は長さ2～2.5cmで、新枝の下部について下垂する。雌花は新枝の上部の葉腋に1～2個ずつつく。果実は堅果で、長さ2cmほどの楕円形で翌年の秋に熟す。殻斗（かくと）は浅い杯形。

表
- 先端は円形または鈍形
- 上半部の縁にまばらな浅い鋸歯がある
- 厚い革質で光沢があり、無毛

裏
- 淡緑色で、はじめ主脈に毛があるが、後に無毛
- 基部は円形またはわずかに心形
- 葉柄は長さ5mmほど

葉は枝先に輪生するように互生する。葉は厚い革質の楕円形。

クヌギ【橡、椚、櫟】

丘陵地や山地にふつうに見られ、公園樹として植栽される。材はかつて薪炭材とされたが、現在ではシイタケ栽培の原木として利用される。

学　名	*Quercus acutissima*
科属名	ブナ科コナラ属
花　期	4〜5月
樹　形	卵形
分　布	本州（岩手県・山形県以南）、四国、九州、沖縄

樹皮は灰褐色で厚く、不規則に縦に深く割れ目が入る。

花は葉の展開と同時に咲き、新枝の下部に雄花序がつく。

　高さ15mになる落葉高木。幹の直径は60cmほどになる。本州の岩手県・山形県以南、四国、九州、沖縄に分布する。丘陵地や山地にふつうに見られ、公園樹として植栽される。材はかつて薪炭材とされたが、現在ではシイタケ栽培の原木として利用される。

　樹皮は灰褐色で、深く不規則に割れる。若枝には灰白色の短毛が密に生えるが、翌年には無毛となり、円形の皮目がまばらに見られる。

　葉は単葉で互生し、葉身は洋紙質、長楕円状披針形で、長さ8〜15cm、幅3〜5cm。先端は鋭く尖り、縁に波状鋸歯がある。

　雌雄同株で、4〜5月、葉の展開と同時に花を開く。雄花序は長さ10cmほどの細長い穂状で、新枝の下部について下垂する。雄花は杯形で直径2.5mmほど。雌花は新枝の中程から先に1〜3個つき、花柱は3個。果実は堅果で、直径2〜2.3cmの球形、2年目に熟す。

果実は堅果で翌年の秋に熟す。殻斗に鱗片がびっしりとつく。

表
- 先端は鋭く尖る
- 縁には波状の鋸歯がある
- 鋸歯の先は長さ2〜3mmに尖る
- はじめ軟毛が生えるが、後に無毛

裏
- はじめ黄褐色の軟毛が密に生えるが、後に脱落し主脈や側脈にまばらに残る
- 基部は円形
- 葉柄は長さ1〜3cm

樹高	樹皮	葉形	葉序
落葉高木	深・浅裂	単葉	互生

アベマキ【橡、阿部槇】

別名コルククヌギ、ワタクヌギ。山地に自生し、西日本では雑木林の主要な樹種となり、公園樹としても植栽される。

学 名	*Quercus variabilis*		
科属名	ブナ科コナラ属	花 期	4～5月
分 布	本州（山形県以南）、四国、九州	樹 形	卵形

成木 樹皮は灰黒色で、コルク層が発達する。縦に深く裂ける。

老木 老木になるとさらに不規則に割れ目が入り、よく目立つ。

　高さ15mになる落葉高木。幹の直径は40cmを超える。本州の山形県以南、四国、九州に分布。山地に自生し、西日本では雑木林の主要な樹種となり、公園樹としても植栽される。材は建築材、器具材とされ、シイタケ栽培の原木にも利用される。
　樹皮は灰黒色で、コルク層が発達し、縦に不規則に深裂する。新枝は白色の軟毛が密に生えるが、後に無毛となる。2年枝には円形で灰色の皮目が見られる。

　葉は単葉で互生し、葉身は卵状狭楕円形で先が尖り、長さ12～17cm、幅4～7cm。
　雌雄同株で、4～5月、葉の展開と同時に開花する。雄花序は細長い穂状で長さ10cmほど、新枝の下部について下垂する。雌花は1mmほどの柄があり、新枝の上部に通常は1個ずつつく。花柱は3個。果実は直径約1.8cmで球形の堅果で、翌年の秋に熟す。殻斗は直径3cmほどの半球形で、らせん状に針形の総苞片が密につく。

葉は枝に互生してつき、葉身は卵状狭楕円形で、鋸歯の先が芒となる。

表
- はじめ軟毛が生えるが、後に無毛
- 洋紙質で光沢がある
- 縁には浅い鋸歯があり、先端は長さ2～3mmの芒となる

裏
- 灰白色で星状毛が密に生える
- 基部は円形、ときに浅い心形
- 葉柄は長さ1.5～3.5cm
- 葉身は長さ12～17cm

樹高	樹皮	葉形	葉序
落葉高木	深・浅裂	単葉	互生

カシワ【柏】

別名カシワギ、モチガシワ。海岸近くや山地などの日当りのよい場所に自生し、庭木として植栽される。

学　名	*Quercus dentata*		
科属名	ブナ科コナラ属	花期	5〜6月
分　布	北海道、本州、四国、九州	樹形	卵形

成木

樹皮は灰褐色〜黒褐色で、縦に深く不規則に割れる。

果実は堅果で、殻斗に多数の線形の総苞片が密生する。

　高さ15mになる落葉高木。幹の直径は60cmほどになる。北海道、本州、四国、九州に分布する。海岸近くや山地の礫地などの日当りのよい場所に自生し、庭木として植栽される。材はかたく、建築材や家具材、ビール樽などに利用される。葉はかしわ餅に利用される。
　樹皮は灰褐色ないし黒褐色で、縦に深く不規則な割れ目がある。
　葉は単葉で互生し、葉身は倒卵状長楕円形で、長さ12〜32cm、幅6〜18cm。
　雌雄同株で、5〜6月、葉の展開と同時に開花する。雄花序は長さ10〜15cmの細長い穂状で、新枝の下部について下垂する。雄花の花被は6深裂し、膜質。雌花は新枝の上部の葉腋に5〜6個つく。雌花の花被は6〜8浅裂する。果実は堅果で、長さ1.5〜2cmの卵球状。殻斗は直径2.5〜4.5cmの杯状、多数の線形の総苞片がらせん状に密生する。

葉は互生してつき、しばしば枝先に集まってつく。

表
- 縁には大きな波状の鈍い鋸歯がある
- 先端は鈍形
- はじめ毛があるが、のちに無毛
- 葉身は洋紙質

裏
- 黒い小さな腺点がまばらにある
- 基部はやや耳状となったくさび形
- 葉柄はごく短いかまたは無柄
- 灰褐色で星状毛と短毛が密生する

樹高 落葉高木	樹皮 深・浅裂	葉形 単葉	葉序 互生

ミズナラ【水楢】

別名オオナラ。山地～亜高山帯に自生し、ブナと混生、あるいは純林をつくる。材は高級家具材や建築材、洋酒樽などに利用される。

学 名	*Quercus crispula*		
科属名	ブナ科コナラ属	花 期	5～6月
分 布	北海道、本州、四国、九州	樹 形	卵形

幼木
樹皮は淡灰褐色で、幼木では縦に不規則に裂けてくる。

成木
成木では裂け目がさらに不規則に入り、薄くはがれる。

　高さ30mになる落葉高木。幹の直径は1.5mほどになる。北海道、本州、四国、九州に分布する。山地～亜高山帯に自生し、ブナと混生、あるいは純林をつくる。材は高級家具材や建築材、洋酒樽などに利用される。

　樹皮は淡灰褐色で、縦に不規則な割れ目がある。若枝は淡褐色の絹毛がまばらに生えるが、後に無毛となり、円形の皮目が見られる。

　葉は単葉で互生し、しばしば枝先に集まってつく。葉身は洋紙質、倒卵形で、長さ7～15cm、幅5～9cm。

　雌雄同株で、5～6月、葉の展開と同時に開花する。雄花序は長さ6.5～8cmで、雄花がややまばらについて細長い穂状となり、新枝の下部から数個下垂する。雄花は直径約2.5mmで花被は5～6裂する。雌花序は短く、新枝の上部の葉腋から出て1～3個の雌花をつける。堅果は長さ2～3cmの長楕円形で、下部は杯状の殻斗に覆われる。

葉は枝に互生してつき、しばしば枝先に集まってつく。

表
- 先端は急に尖る
- はじめ軟毛が生えるが、後に無毛
- 縁には鋭頭または鈍頭の鋸歯がある
- 葉身は洋紙質

裏
- 淡緑色で絹毛や微毛が生える
- 側脈が隆起
- 基部はやや耳状
- 葉柄はごく短い

65

| 樹高 落葉高木 | 樹皮 深・浅裂 | 葉形 単葉 | 葉序 互生 |

コナラ【小楢】

別名ホウソ、ハハソ、ナラ。日当りのよい山野に自生し、公園樹として植栽される。材は建築材、家具材、器具材などとして利用される。

学 名	*Quercus serrata*		
科属名	ブナ科コナラ属	花 期	4〜5月
分 布	北海道、本州、四国、九州	樹 形	卵形

幼木
幼木は、はじめなめらかだが、縦に不規則に裂けてくる。

成木
樹皮は灰白色〜灰褐色で、成木では縦に不規則な裂け目が深く入る。

老木
老木の樹皮は、生長とともに裂け目が深くなって筋状に隆起する。

高さ15〜20mになる落葉高木。幹の直径は60cmほどになる。北海道、本州、四国、九州に分布する。日当りのよい山野に自生し、公園樹として植栽される。材は建築材、家具材、器具材などとして利用され、シイタケ栽培の原木としても用いられる。

樹皮は灰白色〜灰褐色で、縦に不規則な裂け目がある。老木では深く裂け、筋状に隆起する。

葉は単葉で互生し、葉身は倒卵形で、長さ5〜15cm、幅4〜6cm。先端は鋭く尖り、縁には大きな尖った鋸歯がある。

雌雄同株で、4〜5月、葉の展開と同時に開花する。雄花序は長さ2〜6cmの細長い穂状で、新枝の下部に多数ついて下垂する。雌花序は新枝の上部の葉腋から出て、数個の雌花がつく。果実は堅果で、長さ1.6〜2.2cmの長楕円形。下部は総苞片が瓦を重ねたように密着した杯状の殻斗に覆われ、その年の秋に熟す。

表
- 先端は鋭く尖る
- 縁には大きな鈍く尖った鋸歯がある
- 緑色で光沢がある
- はじめ絹毛が生えるが、後に無毛

裏
- 灰白色で毛が生える
- 基部はくさび形
- 葉柄は長さ約1cm

花は葉の展開と同時に咲き、新枝の下部に雄花序、上部に雌花序がつく。

果実は堅果で、その年の秋に熟す。総苞片が密着した殻斗に包まれる。

雑木林では伐採された切り株から、新しい芽が伸びてくる。

雑木林を構成する主要な樹木のひとつ。秋に紅葉・黄葉して葉を落とし、その落ち葉はよい腐葉土となる。

アカガシ【赤樫】

別名オオガシ、オオバガシ。山地に自生し、公園樹として利用されるほか、屋敷林や神社などでも植栽される。

学 名	*Quercus acuta*		
科属名	ブナ科コナラ属	花 期	5～6月
分 布	本州（宮城県・新潟県以南）、四国、九州	樹 形	卵形

成木 樹皮は緑色を帯びた灰黒褐色で、割れ目が入ってはがれる。

老木 老木になると不規則な割れ目がより深く入って隆起する。

高さ20mになる常緑高木。幹の直径は80cmほどになる。本州の宮城県・新潟県以南、四国、九州に分布する。山地に自生し、公園樹として利用されるほか、屋敷林や神社などでも植栽される。材は非常にかたく美しいため、建築材や器具材をはじめ、さまざまに利用される。

樹皮は緑色を帯びた灰黒褐色で、老木になると不規則な割れ目が目立つようになる。

葉は単葉で互生し、葉身は左右不揃いの長楕円形で長さ7～15cm、幅3～5cm。質はややかたい革質。

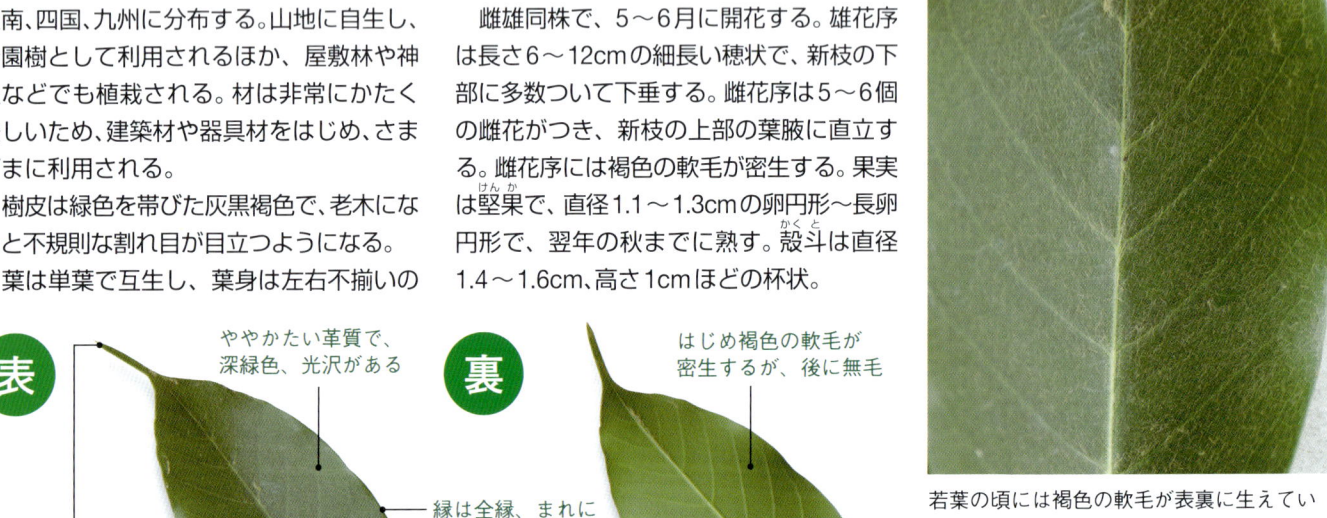

雌雄同株で、5～6月に開花する。雄花序は長さ6～12cmの細長い穂状で、新枝の下部に多数ついて下垂する。雌花序は5～6個の雌花がつき、新枝の上部の葉腋に直立する。雌花序には褐色の軟毛が密生する。果実は堅果（けんか）で、直径1.1～1.3cmの卵円形～長卵円形で、翌年の秋までに熟す。殻斗（かくと）は直径1.4～1.6cm、高さ1cmほどの杯状。

若葉の頃には褐色の軟毛が表裏に生えているが、しばらくすると抜け落ちる。

表
- 先端は長く尖る
- ややかたい革質で、深緑色、光沢がある
- 縁は全縁、まれに上部にのみ波状の鋸歯がある
- はじめ褐色の軟毛が生えるが、後に無毛

裏
- はじめ褐色の軟毛が密生するが、後に無毛
- 淡緑色
- 基部は広いくさび形

イチイガシ【一位樫】

山地に自生するが、谷間の湿潤で肥沃な場所に大木がある。材は模様が美しく、建築材、器具材などに利用される。

学名	*Quercus gilva*
科属名	ブナ科コナラ属
花期	4〜5月
樹形	卵形
分布	本州（関東地方南部以西の太平洋側）、四国、九州

成木

樹皮は黒褐色〜灰黒色で、皮目が多く、不揃いな薄片となってはがれる。

果実は堅果で、その年の秋に熟す。殻斗は杯形で堅果の下部を包む。

高さ30mになる常緑高木。幹の直径は1.5mになる。本州の関東地方南部より西の太平洋側、四国、九州に分布する。山地に自生するが、谷間の湿潤で肥沃な場所に大木がある。材は模様が美しく、建築材、器具材などに利用され、堅果は食用となる。

樹皮は黒褐色〜灰黒色で、皮目が多く、大きさ・形ともに不揃いな薄片となってはがれ落ちる。

葉は単葉で互生し、葉身は倒披針形で、長さ6〜14cm、幅2〜4cm。先端は鋭く尖り、上半部に鋭い鋸歯がある。

雌雄同株で、4〜5月、長さ5〜16cmの細長い穂状の雄花序が数個、新枝の下部から下垂する。雌花序は数個の雌花が穂状に集まり、新枝の上部の葉腋に直立する。果実は直径1〜1.3cmの球形の堅果で、その年の秋に熟す。殻斗は直径1.2〜1.5cm、高さ7〜9mmの杯形で、総苞片は合着して6〜7個の環状となり、堅果の下部を包む。

表
- 先端は鋭く尖る
- 葉身は革質、濃緑色で光沢がある
- 上半部に鋭い鋸歯が目立つ
- 葉脈がへこむ
- はじめ黄褐色の星状毛が密生するが、後に無毛

裏
- 葉脈が突出する
- 基部は鈍形
- 葉柄は長さ1〜1.5cm
- 黄褐色の星状毛が生える

葉は枝に互生してつき、葉身は倒披針形で、上半部に鋭い鋸歯がある。

| 樹高 常緑高木 | 樹皮 縦模様 | 葉形 単葉 | 葉序 互生 |

アラカシ【粗樫】

別名クロカシ、ナラバカシ、カシ。山野に自生し、スダジイやツブラジイと混生することも多い。生け垣や庭木としても植栽される。

学 名	*Quercus glauca*		
科属名	ブナ科コナラ属	花 期	4〜5月
分 布	本州（宮城県・石川県以西）、四国、九州、沖縄	樹 形	卵形

幼木
樹皮は緑色を帯びた暗灰色で、幼木では皮目が縦に並ぶ。

成木
成木では皮目が縦に並んで筋状の模様になり、へこみや小さな浅い割れ目がある。

老木
老木では縦に深くくぼみ、浅い割れ目があるが、裂けることはない。

　高さ18〜20mになる常緑高木。幹の直径は60cmほどになる。本州の宮城県・石川県以西、四国、九州、沖縄に分布する。山野に自生し、スダジイやツブラジイと混生することも多い。生け垣や庭木としても植栽され、材は建築材や器具材、シイタケ栽培の原木として利用される。

　樹皮は緑色を帯びた暗灰色で、皮目によるくぼみや小さな浅い割れ目がある。

　葉は単葉で互生し、葉身は倒卵状長楕円形で、長さ7〜12cm、幅3〜5cm。革質。

　雌雄同株で、4〜5月に開花する。雄花序は長さ5〜10cmの細長い穂状で、新枝の下部について下垂する。雌花序は3〜5個の雌花がつき、新枝の上部の葉腋に直立する。果実は長さ1.5〜2cmの卵球形の堅果で、その年の秋に熟す。堅果の下部は殻斗に包まれる。殻斗は高さ約1cm、直径7〜9mmの椀状で、総苞片が合着して5〜7個の環状となる。

表
- 先端は鋭く尖る
- 縁の上半部にやや鋭く低い鋸歯がある
- 革質で光沢がある

裏
- はじめ軟毛が散生するが、後に無毛
- 灰白色で絹毛が密生する
- 基部は広いくさび形
- 葉柄は長さ1.5〜2.5cm

70

ウラジロガシ【裏白樫】

山地に自生し、公園樹や庭木、生け垣として植栽される。材は建築材、器具材として利用される。

学 名	*Quercus salicina*		
科属名	ブナ科コナラ属	花 期	5月
分 布	本州（宮城県・新潟県以西）、四国、九州、沖縄	樹 形	卵形

幼木 樹皮は灰黒褐色でなめらか。円形の皮目が散生する。

成木 成木では不規則に縦に浅く裂け、老木では幹が隆起する。

高さ20mになる常緑高木。幹の直径は80cmになる。本州の宮城県・新潟県以西、四国、九州、沖縄に分布する。山地に自生し、公園樹や庭木、生け垣として植栽される。材は建築材、器具材として利用される。

樹皮は灰黒褐色でなめらか。円形の皮目が散生し、縦に浅く裂ける。若枝は淡緑紫色で淡褐色の毛が密生するが、翌年以降は無毛で灰白色となる。

葉は単葉で互生し、葉身は長楕円状披針形で、長さ9〜15cm、幅2.5〜4cm。やや革質。

雌雄同株で、5月に開花する。雄花序は長さ5〜7cmの細長い穂状で、新枝の下部に数個ついて下垂する。雌花序は雌花が数個つき、新枝の上部の葉腋に直立する。果実は長さ1.2〜2cmの広卵形の堅果で、下部が殻斗に包まれ、翌年の秋に熟す。殻斗は直径1.2cmほどの半球形で、総苞片が合着して、通常は7個の環状となる。

葉は枝に互生してつく。葉身は長楕円状披針形で上部約3分の2に鋸歯がある。

表
- 先端は鋭く尖る
- はじめ軟毛が散生するが、後に無毛
- 主脈はへこむ
- 縁の上部約3分の2には、やや鋭く低い鋸歯がある
- 薄い革質で光沢がある

裏
- 主脈が隆起
- はじめ黄褐色の絹毛が密生するが、後にロウ質を分泌して粉白色となる
- 基部は円形〜浅い心形
- 葉柄は長さ1〜2cm

| 樹高 常緑高木 | 樹皮 なめらか | 葉形 単葉 | 葉序 互生 |

シラカシ【白樫】

暖地の山地に自生し、庭木や生け垣、防風林、街路樹として植栽される。材は建築材や器具材などとされ、シイタケ栽培の原木にも利用される。

学　名	*Quercus myrsinaefolia*
科属名	ブナ科コナラ属
分　布	本州（福島県・新潟県以西）、四国、九州
花　期	5月
樹　形	卵形

成木：樹皮は灰黒色で、なめらか。縦に並んだ皮目がある。

老木：老木では縦に浅く裂けることがあり、ざらつくものが多い。

高さ20mになる常緑高木。幹の直径は80cmになる。本州の福島県・新潟県以西、四国、九州に分布する。暖地の山地に自生し、庭木や生け垣、防風林、街路樹として植栽される。材は建築材や器具材などとされ、シイタケ栽培の原木にも利用される。

樹皮は灰黒色で、割れ目はなく、縦に並んだ皮目があり、触るとざらつく。

葉は単葉で互生し、狭長楕円形で、長さ7〜14cm、幅2.5〜4cm。先端は鋭く尖る。

雌雄同株で、5月頃開花する。雄花序は長さ5〜12cmの細長い穂状で、雄花がややまばらにつき、新枝の下部や前年の葉腋から出る短枝に下垂する。雌花序は雌花が3〜4個つき、新枝の上部の葉腋について直立する。果実は長さ1.5〜1.8cmの卵状の堅果で、下部は殻斗に包まれ、その年の秋に熟す。殻斗は直径1〜1.2cm、高さ9mmほどの半球形で、総苞片が合着して6〜8個の環状となる。殻斗には灰白色の微細毛が密生する。

葉は枝に互生してつき、葉身は狭長楕円形で、基部を除いて鋸歯がある。

表
- 先端は鋭く尖る
- やや革質で光沢があり無毛
- 側脈はへこむ
- 縁は基部を除いて、やや鋭く浅い鋸歯がまばらにある

裏
- 灰緑色
- はじめ絹毛が散生するが、後に無毛
- 基部はくさび形
- 葉柄は長さ1〜2cm

樹高	樹皮	葉形	葉序
落葉高木	深・浅裂	単葉	互生

クリ【栗】

別名シバグリ。丘陵から山地に自生する。果実は食用。材は家の土台などの建築材や器具材、工芸品などに利用される。

学　名	*Castanea crenata*
科属名	ブナ科クリ属
花　期	6月
樹　形	卵形
分　布	北海道（石狩・日高地方以南）、本州、四国、九州（屋久島以北）

成木

樹皮は灰黒色あるいは灰色で、やや深く縦に割れ目が入る。

花は穂状花序で、雄花は独特のにおいがあり、雄花の下に数個の雌花がつく。

　高さ17mになる落葉高木。幹の直径は1mになる。北海道の石狩・日高地方以南、本州、四国、九州の屋久島以北に分布し、丘陵から山地に自生する。材はかたく耐久性があり、家の土台などの建築材や器具材、工芸品などに利用され、シイタケ栽培の原木にも用いられる。果実は食用。
　樹皮は灰黒色あるいは灰色で、やや深く縦に長い割れ目がある。
　葉は単葉で互生し、葉身は薄い革質。

　雌雄同株で、6月に開花。長さ10～15cmの細長い穂状花序を新枝の葉腋からやや上向きに出して下垂する。花序につくのは大部分が雄花で、下部に1～2個の雌花がつく。雄花は長さ約1mm、無柄で、半円形の苞のわきに7個が集散状に集まる。雌花は緑色の総苞に3個ずつ入る。果実は堅果で、扁平な球形のいが（殻斗）に通常は3個ずつ包まれる。殻斗の外面には長さ1cmほどのトゲが密生する。その年の秋に熟す。

果実は堅果で、いがに包まれる。緑色から茶色に熟す。

表
- 先端は鋭く尖る
- 縁には先端が芒状の鋭い鋸歯がある
- 主脈に沿って星状毛がある
- 濃緑色で光沢がある

裏
- はじめ星状毛や軟毛が密生するが、後に主脈や側脈にだけ軟毛が残る
- 淡緑色
- 多数の小さな腺点がある
- 基部は円形または心形
- 葉柄は長さ5～15mm

73

スダジイ【すだ椎】

別名イタジイ、ナガジイ、シイ。山地に自生し、庭園や社寺などに植栽されたり、防火・防風樹として利用される。

学　名	Castanopsis sieboldii		
科属名	ブナ科シイ属	花　期	5月下旬～6月
分　布	本州（福島県・新潟県以西）、四国、九州	樹　形	卵形

樹皮は黒褐色で縦方向に深くはっきりとした割れ目が入る。

花は新枝の下部に雄花序がつき、強いにおいがある。新枝の上部に雌花序がつく。

　高さ20mになる常緑高木。幹の直径は1mほどになる。本州の福島県・新潟県以西、四国、九州に分布する。山地に自生し、庭園や社寺などに植栽されたり、防火・防風樹として利用される。材は建築材や器具材、シイタケ栽培の原木などにも用いられる。

　樹皮は黒褐色で、縦方向に深く割れ目が入る。若枝は褐色を帯びた灰緑色で、楕円形あるいは円形の皮目が多い。

　葉は単葉で互生し、やや斜め下方に向いて2列に並んでつく。

　雌雄同株で、5月下旬～6月に開花し、強いにおいを放つ。雄花序は長さ8～12cmの穂状で、新枝の下部について上向きに伸び、下垂する。雌花序は長さ6～10cmで雌花が多数つき、新枝の上部の葉腋から直立する。果実は長さ1.2～2cmの卵状長楕円形の堅果で、翌年の秋に熟す。堅果ははじめ殻斗に包まれているが、熟すと殻斗が3裂して現れる。

葉は枝に互生してつき、金属のような色合いの葉裏がよく目立つ。

表
- 先端は急に細くなって長く尾状に伸びる
- はじめ淡褐色の細毛が生えるが、すぐに無毛
- 深緑色で光沢があり、厚い革質
- 縁は全縁、あるいは上半部に波状の鋸歯がわずかにある

裏
- 銀白色、後に灰褐色
- 基部はくさび形
- 葉柄は長さ約1cm
- 灰褐色の鱗状の細毛が生える

| 樹高 常緑高木 | 樹皮 縦模様 | 葉形 単葉 | 葉序 互生 |

マテバシイ【馬刀葉椎】

別名サツマジイ、マタジイ。公園樹や街路樹、防風・防火樹として植栽され、材は建築材、器具材などに利用される。

学 名	*Lithocarpus edulis*		
科属名	ブナ科マテバシイ属	花 期	6月
分 布	本州、四国、九州、沖縄	樹 形	卵形

幼木
樹皮は白ぽっく、なめらか。皮目が縦に並んで筋状になる。

成木
樹皮は灰黒色でなめらか。縦に筋が入り、ごく浅く裂けることがある。

高さ15mになる常緑高木。幹の直径は60cmになる。日本固有種で、本州、四国、九州、沖縄に広く分布するが、古くから植栽されていたため自然分布のエリアが不明確で、もともとの自生地は九州や沖縄と考えられている。公園樹や街路樹、防風・防火樹として植栽され、材は建築材、器具材などに利用され、堅果は食用となる。

樹皮は灰黒色、なめらかで縦に白い筋がある。

葉は単葉で、らせん状に互生するが、枝先に集まる傾向がある。葉身は倒卵状楕円形で、長さ5～20cm、幅3～8cm。

雌雄同株で、6月に開花する。雄花序は長さ5～9cmの穂状で、数個が新枝の葉腋から斜上する。雌花序は長さ5～9cmで、雌花が1～3個つき、新枝の上部の葉腋から斜上する。雌花序の上部に雄花がつくことが多い。果実は長さ1.5～2.5cmの長楕円形の堅果で、翌年の秋に熟す。

果実は堅果で翌年の秋までに熟す。堅果は渋味がなく、食用になる。

表
- 先端は短く尖る
- 縁は全縁
- 深緑色で光沢があり、厚い革質
- はじめ褐色の鱗状毛が散生するが、すぐに無毛

裏
- はじめ葉脈沿いに褐色の鱗状毛が密生するが、後に無毛
- 淡褐色を帯びた緑色
- 基部はくさび形

樹高	樹皮	葉形	葉序
落葉高木	縦模様	単葉	互生

ムクノキ【椋の木】

別名ムク、ムクエノキ、モク、モクエノキ。日当りがよく適度に湿った丘陵などに自生し、街路樹や公園樹として植栽される。

学 名	*Aphananthe aspera*		
科属名	ニレ科ムクノキ属	花 期	4～5月
分 布	本州（関東地方以西）、四国、九州、沖縄	樹 形	杯形

成木
樹皮は灰褐色でなめらか。縦に筋が入る。筋は菱形になる。

老木
生長とともに鱗片状にはがれ落ち、老木では幹が隆起する。

　高さ15～20mになる落葉高木。幹の直径は1mほどになる。本州の関東地方以西、四国、九州、沖縄に分布する。日当りがよく適度に湿った丘陵などに自生し、街路樹や公園樹として植栽される。材は強靭で、建築材や器具材などに利用される。
　樹皮は灰褐色でなめらか。老木になると鱗片状にはがれ落ちる。本年枝には多くの円形の皮目がある。
　葉は単葉で2列に互生し、葉身は長楕円形で、長さ4～10cm、幅2～6cm。
　雌雄同株で、4～5月、葉が展開するのと同時に開花する。雄花は新枝の下部に集まってつく。雄花の花被片は長さ約2mmの楕円形で5個、雄しべは5個。雌花は新枝の上部の葉腋に1～2個つく。雌花の花被は長さ2～3mmの筒状。花柱は2裂し、柱頭に白い毛が密に生える。果実は直径7～12mmの球形の核果で、10月に紫黒色～黒色に熟す。

葉は枝に互生してつき、葉身は長楕円形で規則正しい鋸歯がある。

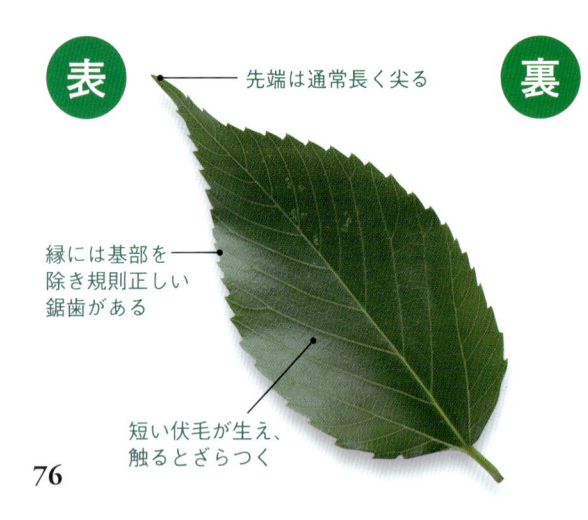

表
- 先端は通常長く尖る
- 縁には基部を除き規則正しい鋸歯がある
- 短い伏毛が生え、触るとざらつく

裏
- 短い伏毛が生え、触るとざらつく
- 基部は左右非対称の広いくさび形、または円形
- 葉柄は長さ1cmほど

樹高	樹皮	葉形	葉序
落葉高木	なめらか	単葉	互生

エノキ【榎】

別名エ、ヨノキ。丘陵や山地のやや湿気のある日当たりのよい場所に自生し、人里近くの雑木林などにも多い。庭木や公園樹として植栽される。

学 名	*Celtis sinensis* var. *japonica*		
科属名	ニレ科エノキ属	花 期	4～5月
分 布	本州、四国、九州、沖縄	樹 形	杯形

成木

樹皮は灰黒褐色で、割れ目がない。小さな皮目が多くなめらか。

花は葉の展開と同時に咲き、雄花序が新枝の下部につき、両性花が新枝の上部につく。

　高さ20mになる落葉高木で、幹の直径は1mになる。本州、四国、九州、沖縄に分布する。丘陵や山地のやや湿気のある日当たりのよい場所に自生し、人里近くの雑木林などにも多い。庭木や公園樹として植栽される。材は建築材、器具材などに利用されるが、腐りやすいなど質は低い。
　樹皮は灰黒褐色で、割れ目はなく、小さな皮目が多い。本年枝は黄褐色の軟毛が密生し、2年枝は無毛で濃紅紫褐色、円形で灰白色の皮目が密生する。
　葉は単葉で互生し、葉身は広楕円形で長さ4～9cm、幅2.5～6cm。質は厚く、触ると両面がざらつく。
　雌雄同株で、4～5月、葉が展開するのと同時に開花する。雄花は集散花序となって新枝の下部につく。両性花が新枝の上部の葉腋に単生、または2～3個が束生する。果実は核果（かくか）で、直径約6mmの球形。9月に赤褐色に熟す。

表
- 先端は急に鋭く尖る
- 質は厚く、触るとざらつく
- 部を除き小さく状で鈍い鋸歯がり、ときに上部にけ不明瞭で微細な歯があるか、または縁となるものがある

裏
- 葉脈が突出する。特に主脈と基部から伸びる2本の支脈が目立つ
- 淡緑色で触るとざらつく
- 基部は広いくさび形で、左右非対称

果実は球形の核果で、9月に赤褐色に熟す。果実は食べられる。

77

ケヤキ【欅】

別名ツキ。山地や丘陵の肥沃な場所に自生し、川岸などに多く見られる。街路樹や公園樹としてよく植栽される。

学名	*Zelkova serrata*		
科属名	ニレ科ケヤキ属	花期	4～5月
分布	本州、四国、九州	樹形	杯形

幼木 樹皮はなめらかで、小さな円形または横長の皮目が多くある。

成木 樹皮は灰白色で成木になるとまだらにはがれ、老木ではさらにはがれる。

高さ20～25mになる落葉高木。幹の直径は1.5mほどになる。本州、四国、九州に分布する。山地や丘陵の肥沃な場所に自生し、川岸などに多く見られる。街路樹や公園樹としてよく植栽され、材は木目が美しく、また狂いもきわめて少ないため、古くから建築材として用いられ、また漆器の木地や額縁、楽器などに利用される。

樹皮は灰白色でなめらか。小さな円形の皮目が多い。老木になると鱗片状となってはがれる。

葉は単葉で2列に互生し、葉身は狭卵形～卵形で、長さ3～7cm、幅1～2.5cm。

雌雄同株で、4～5月、葉の展開と同時に開花する。雄花は花被が4～6裂、雄しべが4～6個で、数個が新枝の下部に集まってつく。雌花は新枝の上部の葉腋に、通常は1個ずつつき、まれに3個ほどが束生する。果実は核果で、稜角があり歪んだ扁球形で、10月に暗褐色に熟す。

果実は核果で10月に暗褐色に熟す。葉や枝と一緒に風に舞いながら落ちる。

表
- 先端は長く鋭く尖る
- 縁には鋭い鋸歯がある
- 触るとややざらつく

裏
- 側脈が鋸歯の先端に達する
- 葉脈が隆起
- 触るとややざらつく
- 基部は浅い心形または円形
- 葉柄の長さは1～3mm

| 樹高 落葉高木 | 樹皮 深・浅裂 | 葉形 単葉 | 葉序 互生 |

ハルニレ【春楡】

別名ニレ、エルム、アカダモ。丘陵から山地にかけてふつうに生え、特に北の地域に多く、公園樹や街路樹として植栽される。

学 名	*Ulmus davidiana* var. *japonica*
科属名	ニレ科ニレ属
分 布	北海道、本州、四国、九州
花 期	3〜5月
樹 形	円蓋形

幼木 樹皮は灰色〜灰褐色で、縦方向に浅く裂けはじめる。

成木 生長するにつれ裂け目が多くなり、不規則な鱗片状にはがれる。

老木 老木では裂け目がさらに深くなってはがれ、幹が隆起してくる。

　高さ20〜30mになる落葉高木。幹の直径は1mになる。北海道、本州、四国、九州に分布する。丘陵から山地にかけてふつうに生え、特に北の地域に多く、公園樹や街路樹として植栽される。材はケヤキよりやや劣り、床材や家具、器具材などとして利用される。
　樹皮は灰色〜灰褐色で、縦にやや深く裂け、不規則な鱗片状（りんぺんじょう）にはがれる。
　葉は単葉で互生し、葉身は倒卵形〜倒卵状楕円形または楕円形で、長さ3〜15cm、幅2〜8cm。先端は急鋭尖頭、基部は左右非対称のくさび形。
　花は両性花で、3〜5月、葉の展開より先に開花する。花被は長さ約3mmの鐘形で、7〜15個が前年枝の葉腋に集まって咲く。果実は翼果（よくか）で、長さ12〜15mmの先端がへこんだ倒卵形で、5〜6月に熟す。種子は翼果の中心よりやや上部にあり、長さ5〜6mmの楕円形。風によって散布される。

表
- 先端は急に鋭く尖る
- 縁には重鋸歯がある
- 厚くて触るとざらつく
- 微毛が生える、または無毛

裏
- 脈腋や葉脈に沿って短毛が生える
- 淡緑色
- 基部はくさび形で左右非対称
- 葉柄は長さ4〜12mmで、白色の軟毛が密生

オヒョウ【—】

別名ヤジナ、アツシ、アツ、ネジリバナ。山地の谷沿いなどに自生する。材は器具材などに利用される。

学名	*Ulmus laciniata*		
科属名	ニレ科ニレ属	花期	4〜6月
分布	北海道、本州、四国、九州	樹形	卵形

幼木 樹皮は灰褐色。幼木では表面がなめらかで、縦に筋が入る。

成木 生長するにつれ、筋が浅く裂けはじめる。老木では鱗片状にはがれる。

高さ25mになる落葉高木。幹の直径は1mほどになる。北海道、本州、四国、九州に分布し、特に北海道に多く、山地の谷沿いなどに自生する。材は器具材などに利用されるほか、樹皮が強靭なため、水にさらして細く裂くと、織物や縄の材料となる。

樹皮は灰褐色で縦に浅く裂け、老木になると鱗片状にはがれる。

葉は単葉で互生し、葉身は長楕円形〜倒広卵形で、長さ7〜15cm、幅5〜7cm。葉の先端が3〜5裂するものと、切れ込みのないものとがある。縁には重鋸歯があり、基部は左右非対称の浅い心形。

4〜6月、葉が展開する前に開花する。前年枝の葉腋に多数の両性花が束生する。花被は長さ約5mmの鐘形でわずかに紅色を帯び、5〜6裂する。雄しべは5〜6個、雌しべは1個。果実は翼果で、長さ1.5〜2cmの円形。種子は翼果の中央にあり、長さ約5mmの楕円形。5〜7月に熟す。

葉は枝に互生してつく。葉の先が切れ込まない葉もある。

表
- 先端は急に鋭く尖り、3〜5裂するものと切れ込みのないものがある
- 縁には重鋸歯がある
- 短毛が生える
- 洋紙質で触るとざらつく

裏
- 短毛が生え、特に脈腋に多くある
- 葉脈が隆起
- 基部は浅い心形で左右非対称
- 葉柄は長さ3〜10mm

樹高	樹皮		葉形	葉序
落葉高木	はがれ・まだら	ザラザラ	単葉	互生

アキニレ【秋楡】

別名イシゲヤキ、カワラゲヤキ。山野の荒れ地や川岸などにふつうに見られ、公園樹や街路樹、庭木、生け垣などとして植栽される。

学 名	*Ulmus parvifolia*		
科属名	ニレ科ニレ属	花 期	9月
分 布	本州（中部地方以西）、四国、九州	樹 形	卵形

幼木
幼木ではなめらかで、円形あるいは横長の皮目が並ぶ。

成木
樹皮は緑色を帯びた灰色または灰褐色で、鱗片状にはがれて斑紋となる。

高さ15mになる落葉高木。幹の直径は60cmになる。本州の中部地方以西、四国、九州に分布し、山野の荒れ地や川岸などにふつうに見られ、公園樹や街路樹、庭木、生け垣などとして植栽される。材はかたく、器具材やケヤキの代用として刳り物などに加工される。

樹皮は緑色を帯びた灰色、あるいは灰褐色で、小さな褐色の皮目があり、鱗片状にはがれて不揃いな斑紋となる。

葉は単葉で互生し、葉身は革質で長楕円形、長さ2.5～5cm、幅1～2cm。

花は両性花で、9月、4～6個が本年枝の葉腋に束生して開花する。花被は基部近くまで4裂する鐘形で、花被片の長さは約2.5mm。雄しべは4個で、花糸が花被から伸び出る。雌しべは1個で、花柱が2裂する。果実は長さ約1cmの翼果で、扁平な広楕円形。種子は翼果のほぼ中央にあり、広楕円形で長さ5mmほど。

葉は枝に互生してつき、葉身は革質、長楕円形で鋸歯がある。

表
- 先端は鈍く尖る
- 縁には鈍鋸歯がある
- 葉脈に沿って短毛がある
- 革質でやや光沢がある
- 主脈に沿ってへこむ

裏
- 葉脈が隆起
- 基部は広いくさび形で左右非対称
- 葉脈に沿って短毛があり、脈腋には毛が密生

81

樹高：落葉高木　樹皮：縦模様　葉形：単葉　葉序：互生

マグワ【真桑】

別名クワ、カラヤマグワ。かつては広く栽培され、人里近くに生える。栽培されたものが放置され、そのまま野生化したものも見られる。

学名	*Morus alba*		
科属名	クワ科クワ属	花期	4～5月
分布	中国原産	樹形	卵形

成木

樹皮は灰褐色で、縦に筋状の浅い裂け目が入る。裂け目は褐色。

果実は6～7月に赤くなり、やがて黒紫色に熟す。まれに白色のものがある。

高さ6～10m、大きなものでは高さ15mにもなる落葉高木。中国原産で、かつて養蚕のために広く栽培され、人里近くに生える。栽培されたものが放置され、そのまま野生化したものも見られる。材は質がよく、建築材や家具材、器具材となる。葉をカイコの餌とし、果実はジャムなど食用となる。

樹皮は灰褐色で、縦に浅い裂け目が入る。枝は灰褐色で毛はない。

葉は単葉で互生し、葉身は卵形または広卵形。ときに3裂し、長さ8～15cm。先端は短く尖り、縁には三角状の鋸歯がある。

雌雄異株で、4～5月、本年枝の葉腋に1個ずつ花序がつく。雄花序は多数の雄花がつき、円筒形で長さ4～7cm。雄しべは4個。雌花序は長さ5～10mm、幅5mmで多数の雌花がつく。果実は長さ1.5～2cmの楕円形をした集合果で、6～7月、はじめ赤から次第に黒紫色に熟すが、まれに白色のものもある。

葉は枝に互生してつく。葉身は卵形または広卵形で切れ込みが入るものがある。

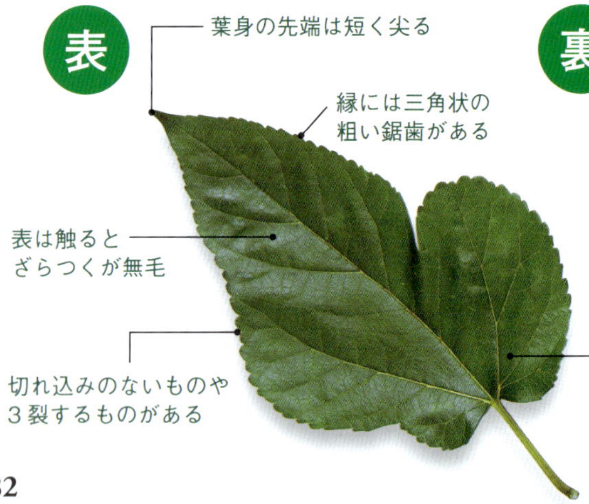

表
- 葉身の先端は短く尖る
- 縁には三角状の粗い鋸歯がある
- 表は触るとざらつくが無毛
- 切れ込みのないものや3裂するものがある
- 葉身は長さ8～15cm

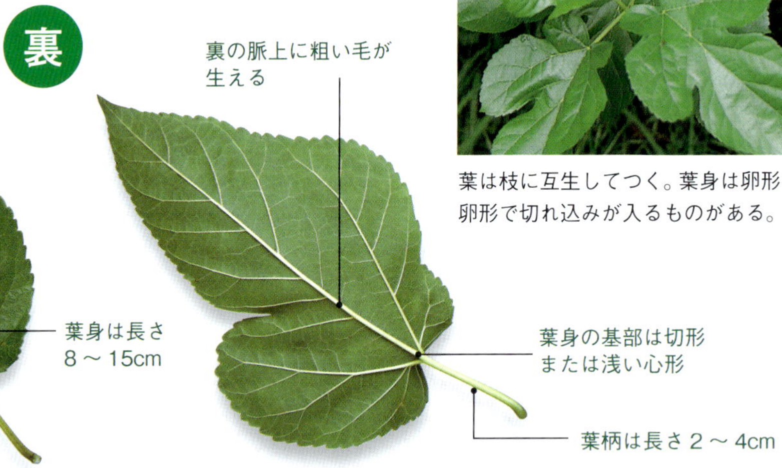

裏
- 裏の脈上に粗い毛が生える
- 葉身の基部は切形または浅い心形
- 葉柄は長さ2～4cm

| 樹高 落葉低木 | 樹皮 縦模様 | 葉形 単葉 | 葉序 互生 |

ヤマグワ【山桑】

別名クワ、シマグワ。低い山地～丘陵に自生し、養蚕用に栽培されることもある。果実は食用となる。

学 名	Morus australis		
科属名	クワ科クワ属	花 期	4～5月
分 布	北海道、本州、四国、九州	樹 形	卵形

成木

樹皮は褐色で、縦に筋が入り薄くはがれ、老木では縦に裂ける。

花は雌雄異株、まれに同株で、小花が集まって花穂をつくり、新枝の葉腋につく。

　高さ3～15mになる落葉低木～高木。北海道、本州、四国、九州に分布する。低い山地～丘陵に自生し、養蚕用に栽培されることもある。材は細工が容易で木目が細かく、建築材や家具材、器具材などに利用される。果実は食用となる。
　樹皮は褐色で、縦に浅く裂け、薄くはがれる。本年枝は無毛で淡褐色。
　葉は単葉で互生し、葉身は卵形または卵状広楕円形で、長さ6～14cm、幅4～11cm。切れ込みがないものや、3～5深裂するものがある。先端は尾状に長く尖り、基部は浅い心形または切形。
　雌雄異株、まれに同株で、4～5月、新枝の葉腋に花序を1個ずつつける。雄花序は円筒形で、長さ1.5～2cm。雌花序は長さ4～6mmの球形または楕円形で、花柱は長さ2～2.5mm、柱頭が浅く2裂する。果実は楕円形で、長さ1～1.5cmの集合果。6～7月、赤色から次第に黒紫色に熟す。

表
- 先端は尾状に長く尖る
- 切れ込みがないものや、3～5深裂するものがある
- 表の脈上には短毛が散生する
- 縁にはやや粗い鋸歯がある
- 表は触るとざらつく

裏
- 裏の脈上には短毛が生える
- 葉身の基部は浅い心形または切形
- 葉柄は長さ2～3.5cm

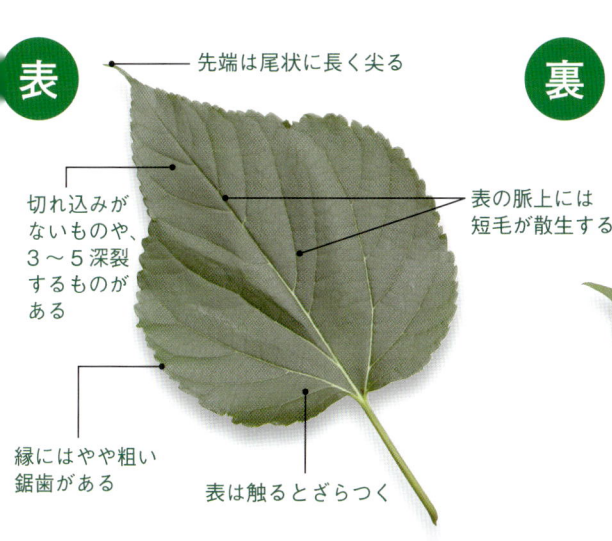

果実は長さ1～1.5cmの集合果。6～7月、はじめ赤色でやがて黒紫色に熟す。

樹高	樹皮	葉形	葉序
落葉高木	縦模様	単葉	互生

カジノキ【梶の木、構の木、楮の木】

古くから樹皮の繊維を和紙の原料とするために栽培され、山野に野生化している。果実は食用になる。

学　名	*Broussonetia papyrifera*		
科属名	クワ科カジノキ属	花　期	5〜6月
分　布	原産地不明。山野に広く野生化	樹　形	卵形

成木

樹皮は灰褐色で、縦にごく浅い溝が筋状に走り、黄褐色の皮目が多く目立つ。

雌雄異株で、雄花序は長さ3〜9cmの円筒形で新枝の葉腋に1個ずつつく。

　高さ4〜10m、まれに16mほどになる落葉高木。中国中南部やインドシナ、マレーシアなどに分布するが原産地は不明で、古くから樹皮の繊維を和紙の原料とするために栽培され、山野に野生化している。

　樹皮は灰褐色で、黄褐色の皮目が目立つ。本年枝はビロード状の毛が密に生える。

　葉は単葉で互生し、葉身は左右が不揃いな卵形、あるいは3〜5深裂するものがある。長さ10〜20cm、幅7〜14cm。質は厚く、縁にはやや細かく鈍い鋸歯がある。裏には短毛が密に生える。

　雌雄異株で、5〜6月、新枝の葉腋に1個ずつ花序がつく。雄花序は円筒形で、長さ3〜9cm、直径約1cm。数多くの雄花がつく。雌花序は球形で直径1cmほど。雌花の花被片は袋状になり、先端が斜めに切れる。花柱は1個で、長さ7〜8mm、外に伸び出て目立つ。果実は球形で、長さ2〜3cmの集合果。7〜8月に橙赤色に熟す。

表
- 切れ込みがないものや、深く3〜5裂するものがある 
- 表はかたい短毛が散生する
- 葉身は長さ10〜20cm

裏
- 裏は緑白色でビロード状の毛が密生する
- 葉身の基部は円形あるいは心形で、左右非対称

果実は球形の集合果で、直径2〜3cm。7〜8月に橙赤色に熟す。

| 樹高 落葉低木 | 樹皮 縦模様 | 葉形 単葉 | 葉序 互生 |

ヒメコウゾ【姫楮】

別名コウゾ。丘陵や低い山地の林縁、道端などに自生する。古くは樹皮の繊維を和紙や織物の原料とした。

学　名	*Broussonetia kazinoki*		
科属名	クワ科カジノキ属	花　期	4〜5月
分　布	本州、四国、九州	樹　形	株立ち

成木

樹皮は褐色で、細長い楕円形の皮目が目立つ。

果実は集合果で、直径1〜1.5cmの球形。6〜7月に橙赤色に熟す。

　高さ2〜5mになる落葉低木。枝はややつる状に伸びる。本州、四国、九州に分布し、丘陵や低い山地の林縁、道端などに自生する。古くは樹皮の繊維を和紙や織物の原料として利用した。
　樹皮は褐色で、楕円形の皮目がある。若枝には軟毛が密に生え、後に少なくなる。
　葉は単葉で互生し、葉身は歪んだ卵形、または2〜3深裂するものもある。長さ4〜10cm、幅2〜5cm。

　雌雄同株で、4〜5月、雄花序は直径1cmほどの球形で、新枝の基部の葉腋につく。雌花序は直径5mmほどの球形で、新枝の上部の葉腋につく。雌花は長さ5mmで赤紫色の花柱が目立つ。果実は直径1〜1.5cm、球形の集合果で、6〜7月に橙赤色に熟す。
　樹皮の繊維を和紙の原料とするコウゾ（B. kazinoki×B. papyrifera）は、カジノキとヒメコウゾの雑種とされ、ヒメコウゾより大きく、通常はほとんど結実しない。

葉は枝に互生してつき、葉身は歪んだ卵形、ときに2〜3片に深裂する。

表
- 縁にはやや細かい鈍鋸歯がある
- 表には短毛が散生する
- 葉身の先端は尾状に長く尖る
- 質は薄い

裏
- 裏の脈上に粗い短毛が生える
- 葉身の基部は歪んだ円形または心形
- 葉柄は長さ5〜10mmで軟毛が生える

85

樹高	樹皮	葉形	葉序
落葉小高木	なめらか	単葉	互生

イヌビワ【犬枇杷】

別名イタビ。低地〜丘陵・山地の林内でふつうに見られる。黒紫色に熟した果実は食用になる。

学　名	*Ficus erecta*		
科属名	クワ科イチジク属	花　期	4〜5月
分　布	本州（関東地方以西）、四国、九州、沖縄	樹　形	杯形

成木

樹皮はなめらかで灰褐色ないし灰白色。小さな円い皮目が並ぶ。

雌雄異株で、雌雄ともに花嚢の内側に多数の花がつく。

高さ3〜5mになる落葉小高木。本州の関東地方以西、四国、九州、沖縄に分布し、低地〜丘陵・山地の林内でふつうに見られる。

樹皮は灰褐色ないし灰白色で、若枝は無毛、あるいはまれに白色の毛が生える。

葉は単葉で互生し、葉身は卵状楕円形で、長さ8〜20cm、幅3〜8cm。先端は尖り、基部は心形〜円形。全縁で表裏ともに無毛。

雌雄異株で、4〜5月、雌雄ともに8〜10mmで球形の花嚢が葉腋に1個ずつつく。

花嚢の内側には多数の花がつく。雄花嚢には雄花と虫えい花が混ざり、雌花嚢は雌花のみからなる。雄花には5個の花被片と2個の雄しべがあり、雌花には5個の花被片と1個の雌しべがある。雌花の花柱は長く、虫えい花の花柱は短い。果実は10〜11月に黒紫色に熟す。果嚢は球形で直径2cmほど。雌果嚢は食用となるが、雄花嚢はかたく、食用にならない。痩果は球形で直径1.3mmほど。

雌果嚢は10〜11月に黒紫色に熟し、食用となるが、雄果嚢はかたく食用にならない。

表
- 無毛
- 葉身の先端は急に尖る
- 縁は全縁

裏
- 無毛
- 葉柄は長さ2〜5cmで、上面にわずかに毛があるほかは無毛
- 葉身の基部は円形または心形

樹高	樹皮	葉形	葉序
落葉高木	なめらか	単葉	互生

ホオノキ【朴の木】

別名ホガシワ、ホオ。丘陵や山地に自生し、庭木や街路樹として植栽されることもある。材は狂いが少なく、家具や細工物、下駄などに使われる。

学名	*Magnolia obovata*
科属名	モクレン科モクレン属
分布	北海道、本州、四国、九州
花期	5〜6月
樹形	卵形

幼木
樹皮はなめらかで、やや緑がかった明るい灰白色、皮目が点在する。

成木
樹皮は灰白色でなめらか。小さな皮目が多数あって目立つ。

　高さ30mになる落葉高木。幹の直径は1mを超えるものもある。北海道、本州、四国、九州に分布する。丘陵や山地に自生し、庭木や街路樹として植栽されることもある。材は狂いが少なく、家具や細工物、下駄や版木などに使われる。朴葉（ほおば）と呼ばれる葉は、かつて食物を包んだり盛ったりするために利用されていた。

　樹皮は灰白色、なめらかで、多くの皮目がある。

　葉は単葉で互生し、枝先に集まってつく。葉身は倒卵形または倒卵状長楕円形で、長さ20〜40cm、幅10〜25cmと大型。

　花は両性花で、5〜6月、葉が展開した後に、枝先に直径15cmほどの芳香のある大きな花をつける。花被片は9〜12枚、外側の3枚は淡緑色で赤色を帯び、そのほかは黄白色。果実は長さ10〜15cmの長楕円状の集合果で、多数の袋果（たいか）が密につく。袋果は赤褐色で、それぞれに2個の種子が入る。

表
- 葉身の先端は鈍頭
- 縁は全縁
- 葉身は長さ20〜40cm

裏
- 裏は白色を帯び、長い軟毛が散生する
- 葉柄は長さ2〜4cm
- 葉身の基部は鈍形

果実は多数の袋果が密についた集合果で、長さ10〜15cm。

| 樹高 落葉低木 | 樹皮 なめらか | 葉形 単葉 | 葉序 互生 |

オオヤマレンゲ【大山蓮華】

別名ミヤマレンゲ。山地の落葉樹林内に自生し、庭木や街路樹、公園樹などとして植栽される。

学名	*Magnolia sieboldii* ssp. *japonica*
科属名	モクレン科モクレン属
分布	本州（関東地方以西）、四国、九州
花期	5〜7月
樹形	不整形

成木

樹皮は灰白色でなめらか。楕円形の皮目がまばらにある。

花は白色で、直径5〜10cm。枝先につき、強い芳香を放つ。

高さ5mほどになる落葉低木〜小高木。本州の関東地方以西、四国、九州に分布する。山地の落葉樹林内に自生し、庭木や街路樹、公園樹などとして植栽される。

幹はしばしば斜上、屈曲する。樹皮は灰白色で、なめらか。生長にしたがって、縦に筋が入る。

葉は単葉で互生し、葉身は倒卵形〜広倒卵形で、長さ6〜20cm、幅5〜12cm。先は短く尖り、表は深緑色で光沢があり、全縁。裏は白色を帯びる。

花は両性花で、5〜7月、芳香の強い直径5〜10cmの花を枝先に横向きあるいは下向きにつける。花被片は通常9枚。外側の3枚は萼状、内側の6枚は花弁状で白色。多数の雄しべがあり、葯は淡黄緑色ないし白色。花糸は淡紅色。果実は集合果で、袋果が長さ5〜7cmの楕円形に集まり、9〜10月に赤色に熟す。それぞれの袋果に2個の種子が入る。

表
- 葉身の先端は短く尖る
- 縁は全縁
- 表は深緑色

裏
- 裏は白色を帯びる

葉は互生して枝につき、倒卵形〜広倒卵形。深緑色で、裏は白色を帯びる。

- 裏は全面に毛がある
- 葉柄は長さ2〜4cmで毛が生える
- 葉身の基部は円形または鈍形

| 樹高 落葉高木 | 樹皮 なめらか | 葉形 単葉 | 葉序 互生 |

ハクモクレン【白木蓮、白木蘭】

別名ハクレン。古く日本に渡来したとされ、北海道の中部以北を除き各地で、庭木や公園樹などとして植栽されている。

学　名	*Magnolia heptapeta*
科属名	モクレン科モクレン属
分　布	中国原産
花　期	3〜4月
樹　形	楕円形

成木

樹皮は灰白色ないし灰褐色、なめらかで、皮目が目立つ。老木になると不規則にはがれる。

3〜4月、葉の展開に先立って、枝先に白色の大きな花を上向きにつける。

高さ5〜15mになる落葉高木。中国原産で、古く日本に渡来したとされ、北海道の中部以北を除き各地で、庭木や公園樹などとして植栽されている。

樹皮は灰白色〜灰褐色でなめらか。皮目がある。老木では不規則にはがれ落ちる。

葉は単葉で互生し、葉身はやや厚く、倒卵形〜楕円状卵形で、長さ8〜15cm、幅6〜10cm。先端は鈍形で突出し、基部はくさび形。表は緑色でわずかに光沢がある。裏は葉脈上に毛が生え、淡緑色。

花は両性花で、3〜4月、葉が展開する前に、直径10cmほどの大きな白色の花を枝先につける。花被片は9枚、狭倒卵形の花弁状で3枚ずつ輪生する。萼と花冠の区別はない。多数の雄しべと雌しべがある。果実は袋果が集まった集合果で、長さ10cmほどの長楕円形。10月に熟すと袋果は裂け、赤色の種子が下垂する。

表
- 縁は全縁でわずかに波状
- 葉身の先端は鈍形で急にたる
- 緑色でやや光沢がある
- 毛が生える

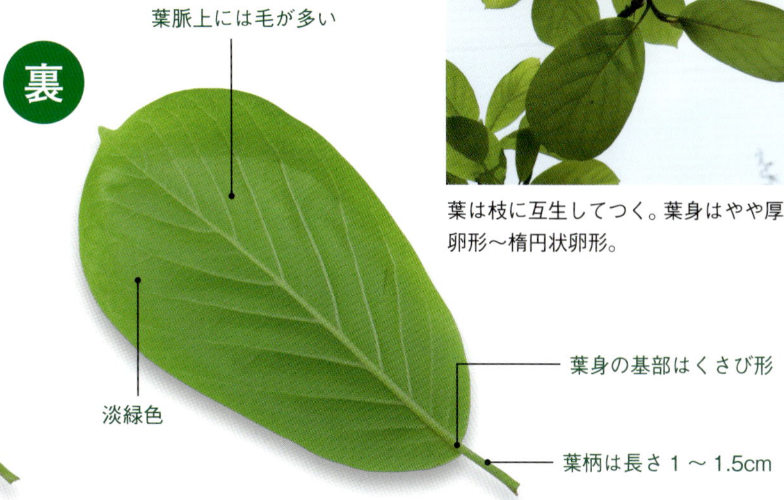

裏
- 葉脈上には毛が多い
- 淡緑色
- 葉身の基部はくさび形
- 葉柄は長さ1〜1.5cm

葉は枝に互生してつく。葉身はやや厚く、倒卵形〜楕円状卵形。

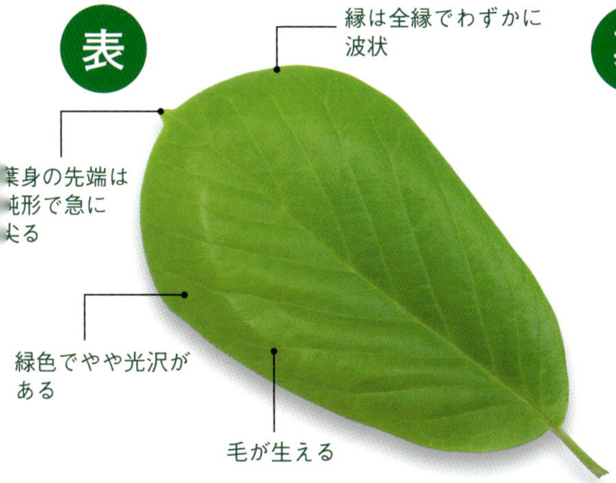

樹高	樹皮	葉形	葉序
落葉高木	なめらか	単葉	互生

コブシ【辛夷】

別名タウチザクラ。丘陵や山地、ときには低地にも自生し、庭木や公園樹、街路樹として植栽される。材は建築材など、広く利用される。

学　名	*Magnolia praecocissima*		
科属名	モクレン科モクレン属	花　期	3〜4月
分　布	北海道、本州、四国、九州	樹　形	卵形

成木

樹皮は灰白色でなめらか、小さな皮目がある。

3〜4月、葉が開く前に白色で芳香のある花を開く。花弁は6枚で基部が紅色を帯びる。

高さ8〜10m、大きなものでは高さ15mを超える落葉高木。幹の直径は20〜30cm。北海道、本州、四国、九州に分布する。丘陵や山地、ときには低地にも自生し、庭木や公園樹、街路樹として植栽される。材は建築材、器具材、細工物など、広く利用される。

樹皮は灰白色、なめらかで、皮目がある。本年枝は紫色を帯びた緑色で、無毛。

葉は単葉で互生し、葉身は倒卵形〜広倒卵形で、長さ6〜15cm、幅3〜6cm。

花は両性花で、3〜4月、葉の展開に先立って開花する。花は白色で芳香があり、直径7〜10cm。花被は花冠と萼の区別があり、花弁は6枚、萼片が3枚。花弁は長さ5〜6cm、白色で、基部が紅色を帯びる。花の下に1枚の小さな葉がある。果実は袋果が集まり長さ7〜10cmの集合果となる。10月頃に熟すと袋果は裂開し、赤色の種子が糸状の珠柄について下垂する。

葉は枝に互生し、もむと強い香りがして、かむと辛い。

表
- 葉身の先端は次第に細くなり、短く尖る
- 縁は全縁

裏
- 裏は淡緑色
- 裏の脈上にはわずかに毛が生える
- 葉身の基部はくさび形
- 葉柄は長さ1〜1.5cm

| 樹高 落葉高木 | 樹皮 なめらか | 葉形 単葉 | 葉序 互生 |

タムシバ【一】

別名サトウシバ、カムシバ、ニオイコブシ。適湿地を好み、山地の尾根筋や尾根から下る斜面などで多く見られ、ときに庭木として植栽される。

学名	*Magnolia salicifolia*		
科属名	モクレン科モクレン属	花期	4〜5月
分布	本州、四国、九州	樹形	卵形

成木

樹皮は灰色ないし灰褐色で、なめらか。皮目が散らばる。

4〜5月、葉の展開に先立って、枝先に強い芳香のある白色の花をつける。

高さ10mほどになる落葉高木。本州、四国、九州に分布する。適湿地を好み、山地の尾根筋や尾根から下る斜面などで多く見られ、ときに庭木として植栽される。葉をもむと強い香りがする。材は器具材などとして利用され、枝葉に含まれる精油は香水の原料となる。

樹皮は灰色〜灰褐色でなめらか。本年枝は緑褐色で、毛はない。

葉は単葉で互生し、葉身は披針形または卵状披針形で、長さ6〜12cm、幅2〜5cm。

花は両性花で、4〜5月、葉の展開に先立って開花する。花は白色、直径10cmほどで、強い芳香がある。花被は花冠と萼の区別があり、花弁は6枚で長さ4.5〜6.5cm、萼片は3枚で小さい。花の下に葉はない。果実は袋果が集まり、長さ7〜8cmで長楕円形の集合果となる。10月頃、袋果背面が割れて、赤い種子が糸状の珠柄に下垂する。

葉は枝に互生してつき、もむと強い香りがしてかむと甘い。

表
- 葉身の先端は鋭く尖る
- 質は薄い
- 縁は全縁

裏
- 若葉の裏にはわずかに毛がある
- 裏は白色を帯びた淡緑色
- 葉身の基部はくさび形
- 葉柄は長さ1〜1.5cm

タイサンボク 【泰山木、大山木】

別名ハクレンボク。肥沃な適湿地を好み、北海道以外の各地で、庭園樹や公園樹などとして植栽される。幹は直立し、樹形は整然とする。

学名	*Magnolia grandiflora*		
科属名	モクレン科モクレン属	花期	6月
分布	北アメリカ原産	樹形	卵形

成木

樹皮は灰黒色ないし暗褐色で、小さな皮目が目立つ。

花は枝先につき、白色で大きく芳香がある。6月に開花。

高さ20mを超える常緑高木。北アメリカ原産。肥沃な適湿地を好み、北海道以外の各地で、庭園樹や公園樹などとして植栽される。

幹は直立し、樹形は整然とする。樹皮は灰黒色〜暗褐色で、皮目が多い。

葉は単葉で互生し、葉身は長楕円形で、長さ10〜25cm、幅4〜10cm。厚い革質で、表には光沢がある。縁は裏側に反り返り、全縁。裏には淡褐色の毛が密生する。葉柄は長さ2〜3cm。

花は両性花で、6月、直径15〜25cmの大きな白い花を枝先に上向きにつける。花には芳香がある。花冠と萼の区別はなく、花被片は9枚で、3枚ずつ輪生する。広倒卵形で、内側の花被片はやや小さい。果実は袋果が長さ8〜12cmの楕円形に集まった集合果となる。袋果には2個の種子が入り、10〜11月に熟すと、裂開して赤い種子が現れる。

果実は集合果で、袋果が楕円形に集まったもの。秋に熟すと裂けて赤い種子が現れる。

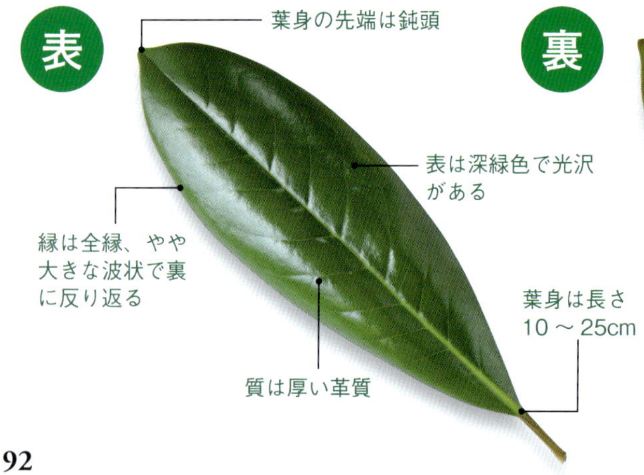

表
- 葉身の先端は鈍頭
- 表は深緑色で光沢がある
- 縁は全縁、やや大きな波状で裏に反り返る
- 質は厚い革質
- 葉身は長さ10〜25cm

裏
- 裏には淡褐色の毛が密生する
- 葉身の基部はくさび形
- 葉柄は長さ2〜3cm

樹高	樹皮	葉形	葉序
落葉高木	深・浅裂	単葉	互生

ユリノキ【百合の木】

別名ハンテンボク、チューリップツリー。日当りのよい場所を好み、街路樹や公園樹などとして、各地に植栽されている。

学　名	*Liriodendron tulipifera*		
科属名	モクレン科ユリノキ属	花　期	5〜6月
分　布	北アメリカ原産	樹　形	卵形

老木

成木の樹皮は灰褐色で、浅く明瞭な裂け目が縦に走る。老木になると裂け目が深くなる。

開花は5〜6月。枝先にチューリップに似た形で緑黄色の花をつける。

　高さ20mになる落葉高木。北アメリカ原産で、明治初期に渡来した。日当りのよい場所を好み、街路樹や公園樹などとして、各地に植栽されている。材は建築材や器具材として利用される。別名の「ハンテンボク」は、葉の形を半纏に見立てたもの。

　樹皮は灰褐色で、縦に浅く細かい裂け目がある。

　葉は単葉で互生し、葉身は10〜15cmで、通常は浅く4〜6裂する。

　花は両性花で、5〜6月、枝先に緑黄色でチューリップに似た形の花をつける。直径は5〜6cm。花被片は9枚、萼と花冠に分かれ、萼片は3枚で、長楕円形で緑色を帯びて外側に反り返る。花弁は6枚で、下部が橙色を帯びた緑黄色の卵状楕円形で、直立または斜上する。果実は集合果で、多数の翼果が上向きに松かさのように集まる。翼果は長さ3cmほどで、10月頃熟し、風に舞って落下する。

表
- 先端は切形で、やや切れ込んだようにへこむ
- 葉身は長さ10〜15cm
- 質は薄くてかたい
- 無毛

裏
- 無毛
- 葉柄は長さ3〜10cm
- 葉脈が突出する

葉は互生で枝につき、葉身はふつう4〜6裂し、半纏に似た独特の形。

93

| 樹高 常緑小高木 | 樹皮 なめらか | 葉形 単葉 | 葉序 互生 |

シキミ【樒】

別名ハナノキ。山地に自生し、モミ林内に多く見られ、しばしば寺社や墓地などに植栽される。全体に有毒で、特に果実は猛毒。

学 名	*Illicium anisatum*		
科属名	シキミ科シキミ属	花 期	3～4月
分 布	本州（東北地方南部以南）、四国、九州、沖縄	樹 形	卵形

幼木 若い木の樹皮は、縦に浅く筋状に裂け、皮目がある。

成木 樹皮は黒みを帯びた灰褐色でなめらか。縦長の筋のような皮目が目立つ。

高さ2～5mになる常緑小高木。本州の東北地方南部以南、四国、九州、沖縄に分布する。山地に自生し、モミ林内に多く見られ、しばしば寺社や墓地などに植栽される。和名は「悪しき実」から転じたとされ、全体に有毒で、特に果実は猛毒。

樹皮は黒色を帯びた灰褐色でややなめらか。枝は緑色。

葉は単葉でやや輪生状に互生し、葉身は倒卵状長楕円形または倒披針形で、長さ4～12cm、幅1.5～4cm。先端は尖り、基部はくさび形。厚い革質で光沢がある。葉を傷つけると抹香の香りがする。

花は両性花で、3～4月、直径2～3cmの花を葉腋につける。花被片は10～20枚、通常は黄白色で光沢がある。外側のものは短くやや幅が広く、内側のものは線状長楕円形で細長い。雄しべは約20本、雌しべは通常8個の心皮（しんぴ）が集まる。果実は集合果で、直径2～3cmの扁平な八角形。9月に熟す。

表
- 葉身の先端は尖る
- 縁は全縁
- 革質で厚く、光沢がある

裏
- 裏の主脈以外の脈は不明瞭
- 葉身の基部はくさび形
- 葉柄は長さ7～20mm

3～4月、10～20枚の花被片をもつ黄白色の花を開く。

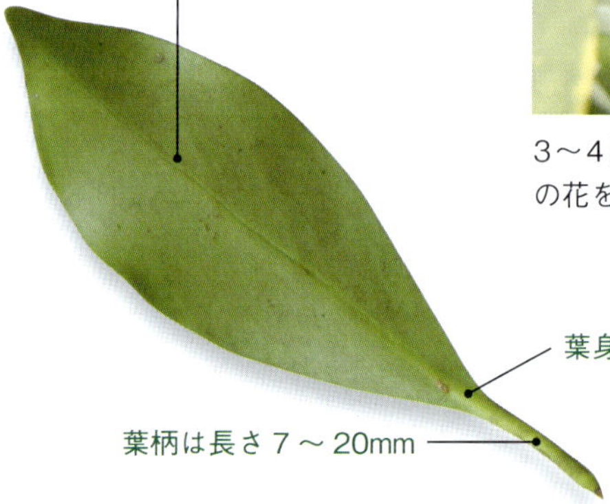

樹高	樹皮	葉形	葉序
常緑高木	なめらか	単葉	互生

ヤブニッケイ【藪肉桂】

別名マツラニッケイ、クスタブ、クロダモ。暖地の山地に自生し、シイやタブノキなどと混生することが多い。庭木として植栽される。

学　名	*Cinnamomum japonicum*		
科属名	クスノキ科ニッケイ属	花　期	6月
分　布	本州（福島県以南）、四国、九州、沖縄	樹　形	卵形

成木

樹皮は灰褐色ないし灰黒色で、なめらか。樹皮を傷つけるとクスノキ科独特の香りがする。

6月、新枝の葉腋から長い花柄を出し、淡黄緑色の小さな花を数個ずつつける。

　高さ20mになる常緑高木。幹の直径は50cmほどになる。本州の福島県以南、四国、九州、沖縄に分布する。暖地の山地に自生し、シイやタブノキなどと混生することが多い。庭木として植栽される。材は建築材、器具材などとされ、種子から香油を採り、樹皮や葉は薬用とされる。
　樹皮は灰褐色〜灰黒色でなめらか。小枝は黄緑色で無毛。
　葉は単葉で互生し、葉身は長楕円形で、長さ7〜10cm、幅2〜5cm。先端は短く尖り、鈍端で革質。表は緑色で光沢があり、裏は黄緑色または灰白色。
　花は両性花で、6月、新枝の葉腋から出た長い花柄の先に、淡黄緑色の小さな花を数個ずつ散形状につける。花被は筒状で上部が6裂、花被片は長さ約2.5mmの卵形。果実は1〜1.2cmの球形〜楕円形の液果で、10〜11月に紫黒色に熟し、浅い杯形の果托（かたく）の先につく。

表
- 革質で緑色、光沢がある
- 縁は全縁
- 表には3行脈がある
- 表の2本の支脈は葉の先まで届かない

裏
- 裏は黄緑色または灰白色
- 葉身の基部はくさび形
- 葉柄は長さ8〜18mm

葉は互生して枝につき、長楕円形。革質で表は緑色で光沢がある。

クスノキ【楠、樟】

別名クス。古くから神社の境内などに植えられて巨樹や老樹となり、天然記念物に指定されたものも多い。

学　名	*Cinnamomun camphora*
科属名	クスノキ科ニッケイ属
分　布	本州、四国、九州
花　期	5～6月
樹　形	卵形

幼木
樹皮は黄色味を帯びた褐色で、縦に短冊状に裂ける。

成木
生長するにつれ、裂け目が深く、細かくなってくる。

老木
巨木になるものが多く、老木では幹がうねるようになる。

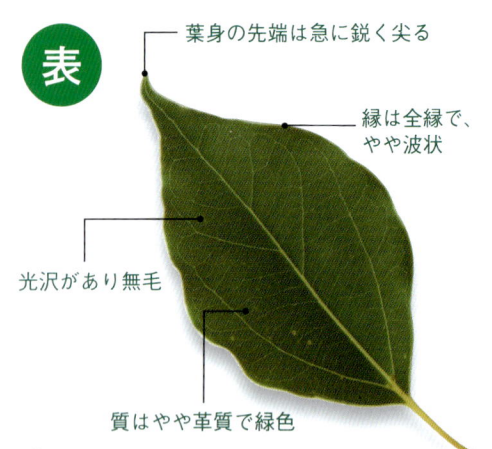

高さ20mを超える常緑高木。幹の直径は2mになる。本州、四国、九州の暖地に分布するが、自生するものかどうかは不明。街路樹として利用され、古くから神社の境内などに植えられて巨樹や老樹となり、天然記念物に指定されたものも多い。材は赤褐色。緻密で加工しやすいため、建築材、家具材、彫刻材などとして利用される。古くは樹皮に含まれる精油を樟脳（しょうのう）の原料とした。

樹皮は黄色味を帯びた褐色で、縦に短冊状に裂ける。新枝は黄緑色で毛はない。

葉は単葉で互生し、葉身は卵形～楕円形で、長さ5～12cm、幅3～6cm。

花は両性花で、5～6月、新葉の腋（わき）に円錐花序をつくり、小さな黄緑色の花をまばらにつける。花被は円筒形で、通常は上部が6裂する。花被片は長さ1.5mmほどの広卵形。果実は直径約8mmの球形の液果で、10～11月に光沢のある黒紫色に熟す。果托（か
たく）は肥厚して杯形となり果実をのせる。

表
- 葉身の先端は急に鋭く尖る
- 縁は全縁で、やや波状
- 光沢があり無毛
- 質はやや革質で緑色

裏
- 3行脈が目立つ
- 灰白色を帯びる
- 葉柄は長さ1.5～2cm
- 葉身の基部はくさび形

両性花で、5〜6月に小さな黄緑色の花をまばらにつける。花被は上部が6裂した円筒形。

果実は直径約8mmの球形で、はじめ緑色で10〜11月に光沢のある黒紫色に熟す。

古くから神社の境内などに植えられ、巨樹や老樹となったものが全国各地で見られる。天然記念物に指定されたものも多い。樹高20m以上、幹の直径2mになる。

タブノキ【椨の木】

別名イヌグス、タブ、タマグス。山地に自生するが、北限近くでは海岸沿いだけに見られる。公園樹や庭木として植栽される。

学 名	*Machilus thunbergii*		
科属名	クスノキ科タブノキ属	花 期	4〜5月
分 布	本州、四国、九州、沖縄	樹 形	卵形

幼木
縦に皮目が連なるようになって浅く裂け、筋状となるものもある。

成木
成木の樹皮は淡褐色ないし褐色でなめらか。いぼ状の皮目がやや密にある。

高さ20mになる常緑高木。本州、四国、九州、沖縄に分布する。山地に自生するが、北限近くでは海岸沿いだけに見られる。公園樹や庭木として植栽され、材はクスノキに似るがクスノキのような芳香はなく、建築材、家具材、彫刻材などに利用される。

樹皮は淡褐色〜褐色、なめらかで皮目が散在する。新枝は緑色で毛はない。

葉は単葉で互生し、枝先に集まる。葉身は倒卵状長楕円形で、長さ8〜15cm、幅3〜7cm。

花は両性花で、4〜5月、円錐花序が新葉と同時に伸び出て、小さな黄緑色の花をつける。花被片は6個で、長さ5〜7mmの長楕円形、内側の3個がやや大きい。雄しべは9個で、仮雄しべが3個ある。雌しべは1個で、花柱は細く柱頭が大きい。果実は直径1cmほどの扁球形をした液果で、7〜8月に黒紫色に熟す。果肉は緑色でやわらかく、種子は球形で1個。

表
- 葉身の先端は短く尖る
- 縁は全縁
- 革質で光沢があり、無毛

裏
- 灰白色で無毛
- 葉身の基部はくさび形
- 葉柄は長さ2〜3cm

葉は互生して枝先に集まってつく。葉の表は濃緑色で光沢がある。

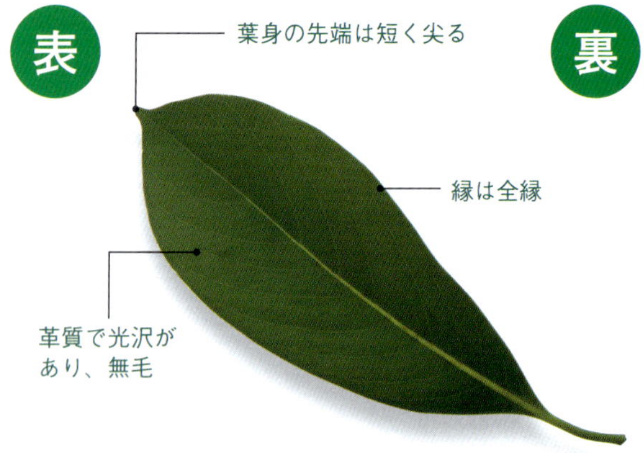

樹高	樹皮	葉形	葉序
落葉低木	なめらか	単葉	互生

クロモジ【黒文字】

山地の落葉樹林内に自生し、庭木として利用され、茶庭に植栽される。材は楊枝などに利用される。

学 名	*Lindera umbellata*		
科属名	クスノキ科クロモジ属	花 期	4月
分 布	本州（関東・中部地方以西）、四国、九州（北部）	樹 形	株立ち

幼木
幼木の樹皮は緑色ないし暗緑色で、小さな皮目が点在する。

成木
成木の樹皮は灰褐色でなめらかとなり、円形の皮目が散らばるようにある。

　高さ2～5mになる落葉低木。幹の直径は10cmほどになる。本州の関東・中部地方以西、および四国、九州の北部に分布する。山地の落葉樹林内に自生し、庭木として利用され、茶庭に植栽される。

　樹皮は灰褐色でなめらか、円形の皮目がある。若枝は黄緑色～暗緑色で、絹毛があって皮目はない。

　葉は単葉で互生し、葉身は倒卵状長楕円形で、長さ5～10cm、幅1.5～3.5cm。先端は突出し鈍端、または尖る。縁は全縁で、基部はくさび形。

　雌雄異株で、4月、葉の展開と同時に、数個の小さな黄緑色の花が散形に集まった花序をつける。雄花も雌花も花被片は通常6個で、花後に落下する。雄花の花被片は長さ3mmほどの楕円形、雌花の花被片は雄花よりもわずかに小さい。果実は直径5mmほどで球形の液果。9～10月に黒色に熟す。種子は赤褐色～黒褐色で球形。

表
- 葉身の先端は鈍端または尖る
- 表は無毛
- 縁は全縁

裏
- 裏ははじめ絹毛に覆われるが、後に無毛
- 裏は淡白色
- 葉身の基部はくさび形
- 葉柄は長さ1～1.5cm

雌雄異株。花は黄緑色で小さく、4月頃葉の展開と同時に散形状に集まって咲く。

| 樹高 落葉低木 | 樹皮 なめらか | 葉形 単葉 | 葉序 互生 |

アブラチャン【油瀝青】

別名ムラダチ、ズサ、ヂシャ。山の裾野や中腹の落葉広葉樹林に自生し、湿った場所を好む。庭木として植栽される。

学 名	*Lindera praecox*
科属名	クスノキ科クロモジ属
分 布	本州、四国、九州
花 期	3〜4月
樹 形	株立ち

幼木 幼木では、樹皮が赤みの強い灰褐色のものも見られる。

成木 樹皮は灰褐色で、なめらか。小さな円形の皮目が多くある。

高さ5mになる落葉低木。本州、四国、九州に分布する。山の裾野や中腹の落葉広葉樹林に自生し、湿った場所を好む。庭木として植栽され、材は強靭で、古くは杖や輪かんじきなどの材料とした。種子や樹皮からは油が採取され、かつては燃料として用いられた。「チャン」とは、天然のピッチをさす「瀝青(れきせい)」のこと。

樹皮は灰褐色でなめらか。円形の小さな皮目が多い。

葉は単葉で互生し、葉身は卵状楕円形で、長さ5〜8cm、幅2〜4cm。先端は急に鋭く尖る。縁は全縁。

雌雄異株で、3〜4月、葉の展開に先立って開花する。花序は前年枝に腋生(えきせい)する芽の基部に数個つく。雄花、雌花ともに花被片は6個で、長さ約2mmの広楕円形、淡黄色でやや透明感がある。果実は直径1.5cmほどで球形の液果、9〜10月、黄褐色に熟し、乾燥すると割れて種子を1個出す。

表
- 葉身の先端は急に鋭く尖る
- 表は緑色で無毛
- 縁は全縁

裏
- 裏は淡緑色で無毛
- 葉身の基部は急に狭くなる
- 葉柄は長さ1〜2cmで、基部が紅色を帯びる

花期は3〜4月。葉の展開に先立って、小さな淡黄緑色の花が咲く。

| 樹高 落葉低木 | 樹皮 なめらか | 葉形 単葉 | 葉序 互生 |

ダンコウバイ【檀香梅】

別名ウコンバナ、シロヂシャ。山地の落葉樹林内や林縁に自生し、庭木として茶庭に植栽される。材には芳香があり、楊枝や細工物に利用される。

学 名	Lindera obtusiloba
科属名	クスノキ科クロモジ属
分 布	本州（関東地方・新潟県以西）、四国、九州
花 期	3〜4月
樹 形	株立ち

成木
樹皮は暗灰色でなめらか。皮目が多い。生長とともにひび割れるものもある。

雌雄異花で、葉の展開に先立って小さな黄色い花を咲かせる。

高さ2〜6mになる落葉低木。本州の関東地方・新潟県以西、および四国、九州に分布する。山地の落葉樹林内や林縁に自生し、庭木として茶庭に植栽される。材には芳香があり、楊枝や細工物に利用される。

樹皮は暗灰色、なめらかで、円形の皮目が多い。新枝は太く、黄緑色〜黄褐色、または赤褐色。

葉は単葉で互生し、葉身は広卵形で、長さ5〜15cm、幅4〜13cm。通常は上部が3裂するが、切れ込みのないものもある。

雌雄異株で、3〜4月、葉の展開に先立って、小さな黄色い花が散形状に集まった花序が、前年枝に腋生する芽に数個つく。花序は無柄。雄花、雌花ともに花被片は6個で楕円形。雄花では長さ3.5mmほど、雌花では長さ2.5mmほどで、花後に脱落する。果実は直径8mmほどで球形の液果、9〜10月に赤色から黒紫色になって熟す。種子は淡褐色〜褐色で球形。

表
- 通常は上部が3裂し、裂片は鈍頭
- 縁は全縁
- やや厚く、はじめ黄褐色を帯びた軟毛が生えるが、後に無毛

裏
- 裏は白色を帯びた緑色
- 葉身の基部は浅い心形または切形
- 葉柄は長さ5〜30mm
- 裏の脈上に淡褐色の長毛が密生する

葉はふつう上部が3裂するが、切れ込みのないものもあり、秋には鮮やかな黄色に黄葉する。

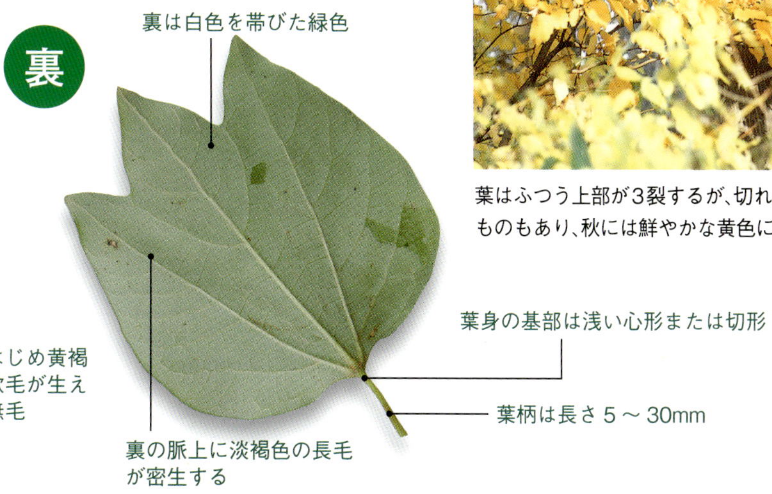

ゲッケイジュ【月桂樹】

別名ローレル。地中海沿岸地域が原産で、日本には明治時代に渡来した。庭木として植栽され、葉はスパイスとして利用される。

学　名	*Laurus nobilis*		
科属名	クスノキ科ゲッケイジュ属	花　期	4月
分　布	地中海沿岸原産	樹　形	卵形

樹皮は灰色でなめらか。小さな皮目がたくさんある。

雌雄異株で、4月、小さな淡黄色の花が散形状に集まって咲く。

　高さ12mになる常緑高木。幹の直径は30cmほどになる。地中海沿岸地域が原産で、日本には明治時代に渡来した。庭木として植栽され、葉はスパイスとして利用される。

　樹皮は灰色でなめらか。皮目が多くある。新枝は紫褐色を帯びた緑色。

　葉は単葉で互生し、葉身は長楕円形〜狭長楕円形で、長さ7〜9cm、幅2〜3.5cm。革質でかたく、縁は波打ち、基部はくさび形。葉身の先端は尖る。

　雌雄異株で、4月、葉腋の芽に、小さな淡黄色の花が散形状に集まった花序がつく。つぼみ時には総苞片（そうほうへん）に包まれ球形。花被片は4個で、雄花のそれは長さ3.5mmほどの長楕円形、雌花のそれは雄花よりやや小さい。雄花の雄しべは8〜12個、雌花には仮雄しべ4個と雌しべが1個ある。果実は長さ8〜10mmで楕円形の液果（えきか）で、10月、暗紫色に熟す。

表 — 葉身の先端は尖る／革質でかたい／縁は波状

裏 — 葉身の基部はくさび形／葉柄は1cm以下で赤褐色

若い枝は紫褐色を帯びた緑色。葉は革質でかたく、スパイスとして利用される。

| 樹高 常緑高木 | 樹皮 なめらか | 葉形 単葉 | 葉序 互生 |

シロダモ【白だも】

別名シロタブ、タマガラ。暖地のやや湿潤な山野に自生し、庭木や公園樹、防風樹などとして植栽される。

学　名	*Neolitsea sericea*		
科属名	クスノキ科シロダモ属	花　期	10～11月
分　布	本州（宮城県・山形県以南）、四国、九州、沖縄	樹　形	卵形

成木

樹皮はわずかに緑色を帯びた暗褐色ないし灰褐色でなめらか。小さな皮目が数多くある。

雌雄異株で、10～11月、小さな黄褐色の花が葉腋に群がるように集まって咲く。

高さ10～15mになる常緑高木。本州の宮城県・山形県以南、および四国、九州、沖縄に分布する。暖地のやや湿潤な山野に自生し、庭木や公園樹、防風樹などとして植栽される。かつては種子から採った油でロウソクがつくられた。

樹皮は暗褐色～灰褐色でわずかに緑色を帯び、なめらかで円形の小さな皮目が多い。新枝には黄褐色の毛が密に生える。

葉は単葉で互生し、枝先に集まってつく。

葉身は長楕円形または卵状長楕円形で、長さ8～18cm、幅4～8cm。

雌雄異株で、10～11月、枝の先端より下の葉腋に小さな花が散形状に集まって咲く。開花前の花序は総苞片（そうほうへん）に包まれて球形。雌花は雄花よりも小さい。雄花、雌花ともに花被片は4個。雄花の雄しべは6個、雌花には雌しべ1個と仮雄しべが6個ある。果実は楕円形で、長さ1.2～1.5cmの液果（えきか）。翌年の10～11月に赤く熟す。

果実は楕円形で、花が咲いた翌年の秋に赤く熟す。

表
- 葉身の先端は尖る
- 縁は全縁
- 若葉には黄褐色の絹毛が生えるが、成葉では無毛

裏
- 裏はロウ質に覆われて灰白色
- 裏は3行脈が隆起して目立つ
- 裏には絹毛が多少残る
- 葉身の基部はくさび形

103

| 樹高 常緑高木 | 樹皮 はがれ・まだら | 葉形 単葉 | 葉序 互生 |

カゴノキ【鹿子の木】

別名コガノキ、カゴガシ。タブノキやシイ、カシなどの林に混生し、四国の瀬戸内海沿岸に群落が多い。

学 名	*Litsea coreana*
科属名	クスノキ科ハマビワ属
分 布	本州（関東地方・福井県以西）、四国、九州
花 期	8～9月
樹 形	卵形

幼木 樹皮は灰黒色で、はじめなめらかで小さな皮目が点在し、次第に薄片状にはがれる。

成木 全面が薄片状にはがれ落ちるとまだら模様となり、白色の鹿の子模様に見える。

　高さ20mを超える常緑高木。本州の関東地方・福井県以西、および四国、九州に分布する。タブノキやシイ、カシなどの林に混生する。四国の瀬戸内海沿岸に群落が多い。材は器具材や床柱などに利用される。

　樹皮は灰黒色。円形の薄片になってまだらにはがれ落ち、その部分が鹿の子模様になる。和名はこの樹皮の模様による。

　葉は単葉で互生し、枝先に集まってつく。葉身は倒披針形または倒卵状長楕円形で、長さ5～9cm、幅1.5～4cm。

　雌雄異株で、8～9月、枝の先端より下に腋生（えきせい）する芽に数個の散形状の花序がつく。展開前の花序は総苞片（そうほうへん）に包まれて球形。花は黄色で、雄花序は大きくやや花が多くつき、雌花序は花が少なく小さい。雄花の雄しべは9個で花被より先に出る。雌花には雌しべ1個と仮雄しべが9個ある。果実は直径約7mm、倒卵状球形の液果（えきか）で、翌年の秋に赤く熟す。

表 — 葉身の先端は鈍頭 / 薄い革質で光沢がある / 縁は全縁

裏 — 裏は灰白色で、はじめ長毛が生えるが、後に無毛 / 葉柄は長さ8～15mm / 葉身の基部は広いくさび形

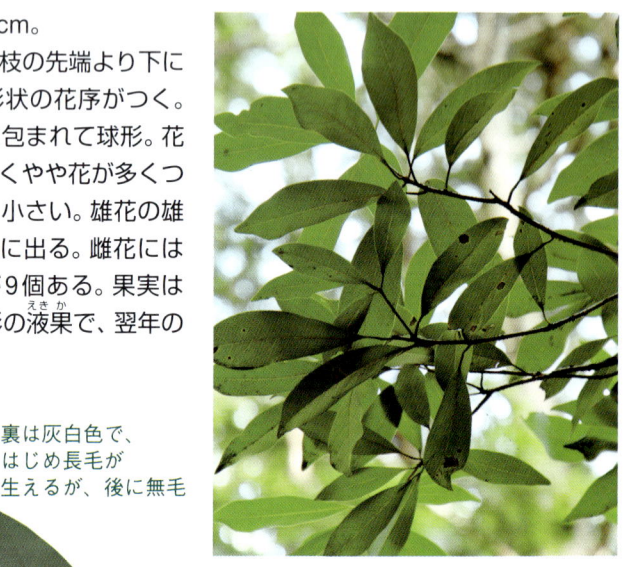

葉は枝に互生してつき、枝先に集まる。葉身は倒披針形または倒卵状長楕円形。

| 樹高 落葉高木 | 樹皮 横模様 | 葉形 単葉 | 葉序 互生 |

フサザクラ【総桜、房桜】

別名はタニグワで、谷筋に生えて葉がクワの葉に似ることに由来する。谷筋に多いが、崩壊地や、やせ地にも自生する。

学名	*Euptelea polyandra*		
科属名	フサザクラ科フサザクラ属	花期	3月下旬～4月
分布	本州、四国、九州	樹形	卵形

成木

樹皮は明るい褐色でなめらか。多くの横長の皮目がある。

開花は3月下旬～4月。葉の展開より先に、数個～12個ほどの花被のない花がつく。

高さ7～8m、大きなものでは高さ20mに達する落葉高木。日本固有種で、本州、四国、九州に分布し、谷筋に多いが、崩壊地ややせ地にも自生する。庭木などとして植栽され、材は建築材や船舶材などに利用される。別名の「タニグワ」は、谷筋に生え、葉がクワの葉に似ることに由来する。

樹皮は明るい褐色で、多くの横長の皮目があり、老木では細かく裂けて網目状となることがある。新枝は赤褐色。

葉は単葉で互生し、葉身は広卵形で、長さ、幅ともに4～12cm。縁に粗く不揃いな鋸歯があり、先端は長く尾状に尖る。

花は両性花で、3月下旬～4月、葉の展開に先立って、短枝の先に5～12個の花が束生して開花する。花には花弁や萼片がなく、多数の雄しべが下垂する。葯は線形で長さ約7mm、暗紅色。雌しべは多数。果実は歪んだ倒卵形の翼果で、長い柄があり下垂する。黄褐色に熟し、中に種子が1個ある。

葉は枝に互生してつき、葉身は広卵形。縁に粗く不揃いな鋸歯がある。

表
- 葉身の先端は尾状に長く鋭く尖る
- 縁には不揃いで粗い鋸歯がある
- 表には明瞭な側脈が7～8対ある
- 葉身は長さ幅ともに4～12cm

裏
- 裏の脈は隆起
- 葉身の基部は円形あるいは切形
- 葉柄は長さ3～7cm
- 裏は白色を帯びた緑色

| 樹高 落葉高木 | 樹皮 深・浅裂 | 葉形 単葉 | 葉序 対生 |

カツラ【桂】

山地の特に谷沿いに多く自生する。公園樹や庭木などとして植栽され、材は建築材、鎌倉彫りの木地などとして使われる。

学 名	*Cercidiphyllum japonicum*		
科属名	カツラ科カツラ属	花 期	3〜5月
分 布	北海道、本州、四国、九州	樹 形	杯形

幼木
幼木の樹皮は赤褐色を帯び、なめらか。生長するにつれ浅い割れ目が入る。

成木
成木の樹皮は暗灰褐色で、縦に浅い割れ目が入ってややはがれ、老木になると薄くはがれる。

　高さ30mになる落葉高木。幹の直径は2mに達する。日本固有種で、北海道、本州、四国、九州に分布し、山地の特に谷沿いに多く自生する。公園樹や庭木などとして植栽され、材は建築材や家具材、器具材、楽器材などとして利用される。鎌倉彫りの木地として使われる。
　樹皮は暗灰褐色で、浅い割れ目が縦に入り、老木では薄くはがれる。新枝は褐色〜赤褐色。円形の皮目が多く、無毛。

　葉は単葉で、長枝では対生、短枝には1枚だけつく。葉身は広卵形で、長さ4〜8cm、幅3〜8cm。
　雌雄異株で、3〜5月、葉の展開に先立って開花する。花には萼片や花弁がなく、基部を膜質の苞が包む。雄花の葯は紅紫色、線形で長さ3〜4mm。雌花には雌しべが3〜5個あり、柱頭は紅紫色。果実は袋果で、長さ約1.5cmの少し湾曲した円柱形。黒紫色に熟す。

葉は長枝に対生してつき、短枝には1枚だけつく。葉身は広卵形。

表
- 葉身の先端は円形または少し尖る
- 無毛
- 波状の鈍鋸歯がある

裏
- やや粉白色を帯びる
- 葉身の基部は浅い心形または切形
- 葉柄は長さ2〜4cm
- 無毛

樹高	樹皮	葉形	葉序
落葉低木	深・浅裂	単葉	互生

メギ【目木】

別名コトリトマラズ。丘陵から山地の林縁や原野に自生し、生け垣として植栽される。和名は、かつて枝葉を煎じたものを洗眼薬としたため。

学 名	*Berberis thunbergii*		
科属名	メギ科メギ属	花 期	4月
分 布	本州（東北地方南部以南）、四国、九州	樹 形	株立ち

成木

樹皮は灰白色〜灰色で、不規則な縦の割れ目がある。

開花は4月、緑がかった黄色の花を2〜4個ずつつける。

高さ2mになる落葉低木。日本固有種で、本州の東北地方南部以南、四国、九州に分布する。丘陵から山地の林縁や原野に自生し、生け垣として植栽される。和名は、かつて枝葉を煎じたものを、洗眼薬として使ったため。

樹皮は灰白色〜灰色で、縦に不規則に割れ目がある。枝には顕著な縦の溝と稜があり、褐色。

葉は単葉で互生し、主に短枝につく。葉身は倒卵形〜楕円形で、長さ1〜5cm、幅0.5〜1.5cm。先は鈍頭、あるいは円頭。基部は次第に細くなる。

花は両性花で、4月、短枝の先から総状、あるいは散形状の花序を下垂し、緑黄色の花を2〜4個つける。花は直径6mmほど。花弁と萼片（がくへん）はほぼ同じ大きさで、それぞれ6個。雄しべは6個で花柱は太い。果実は楕円形の液果（えきか）で、長さ7〜10mm。10〜11月、鮮やかな赤色に熟す。

葉は短枝に集まるように互生してつき、葉身は先端が鈍頭あるいは円頭の倒卵形〜楕円形。

表
- 葉身の先端は鈍く尖るか円頭
- 縁は全縁
- 質は薄い紙質で無毛
- 葉身は長さ1〜5cm

裏
- 葉身の基部は次第に細くなる
- 裏は白色を帯び、無毛

107

| 樹高 常緑低木 | 樹皮 縦模様 | 葉形 複葉 | 葉序 互生 |

ナンテン【南天】

暖地の山地などに自生するが、古くから植栽されるため、栽培されたものが野生化したものなのか自生のものかを判断することは難しい。

学名	*Nandina domestica*		
科属名	メギ科ナンテン属	花期	5～6月
分布	本州（茨城県以西）、四国、九州	樹形	株立ち

成木

樹皮は灰黒色～褐色で、縦に割れたような溝がある。

開花は5～6月、白色の花が円錐形に多数集まって咲く。

高さ1～3mになる常緑低木。本州の茨城県以西、四国、九州に分布する。暖地の山地などに自生するが、古くから広く庭木や盆栽などとして植栽されるため、山野で生育するものが自生のものなのか、栽培されたものが野鳥により逸出して野生化したものなのかを判断することは難しい。果実を煎じたものを咳止めに用いる。

樹皮は灰黒色～褐色で、縦に溝がある。若枝は赤褐色。

葉は3回奇数羽状複葉で長さ45cm、幅30cm。枝先に集まって互生し、小葉は披針形で、長さ3～7cm、幅1～2.5cm。

花は両性花で、5～6月、枝先に直径6～7mmの白色の花を多数つけた大形の円錐花序をつける。花被片は3個ずつ多数が輪状に並び、内側のものほど大きく、もっとも内側の6枚が花弁状。果実は直径6～7mmで球形の液果。10～11月に赤く熟す。種子はほぼ球形で、直径5～6mm。

果実は直径6～7mmの球形で、10～11月に熟して鮮やかな赤色になる。

表
- 小葉の縁は全縁
- 小葉の先端は鋭く尖る
- 革質で光沢がある

裏
- 小葉柄は無柄
- 小葉の基部はくさび形
- 葉は長さ45cmほど

ムベ【郁子】

別名ウベ、ウムベ、トキワアケビ。山地の林内や林縁に自生し、庭木などとして植栽される。つるは細工物の材料とされ、果実は食用となる。

学名	Stauntonia hexaphylla
科属名	アケビ科ムベ属
分布	本州（関東地方南部以西）、四国、九州、沖縄
花期	4～5月
樹形	つる状形

成木

樹皮は浅く裂けてはがれ、灰白色と暗緑色のまだら模様となる。

雌雄同株で、4～5月、3～7個の淡黄白色の花を下向きにつける。花弁状のものは萼片。

　常緑つる性木本で、つるの太さは直径8cmほどになる。本州の関東地方南部以西、四国、九州、沖縄に分布する。山地の林内や林縁に自生し、庭木や生け垣、鉢植え、盆栽などとして植栽される。つるは細工物の材料とされ、果実は食用となる。

　樹皮は浅く裂け、灰白色と暗緑色のまだら模様となる。若枝は暗緑色あるいは暗紫褐色で、無毛。

　葉は掌状複葉で互生し、5～7個の小葉は楕円形で、長さ5～10cm、幅2～4cm。

　雌雄同株で、4～5月、葉腋に短い総状花序をつくり、淡黄白色の花を3～7個下向きにつける。雌花序では花の数がやや少ない。花の内面には紅紫色の筋がある。花弁状のものは萼片で、6個が2列に並ぶ。雄花では外側の萼片が内側の萼片より短く、雌花では外側の萼片が内側の萼片より長い。果実は卵円形の液果で、長さ5～8cm。10～11月に紫色に熟す。裂開しない。

果実は卵円形で、10～11月に熟して紫色になる。アケビのようには裂開しない。

表
- 小葉の先端は短く尖る
- 葉の縁は緑
- 革質で光沢がある

裏
- 淡緑色
- 裏は細い網状脈が目立つ
- 小葉の基部はやや丸い
- 小葉柄は長さ1～4cm

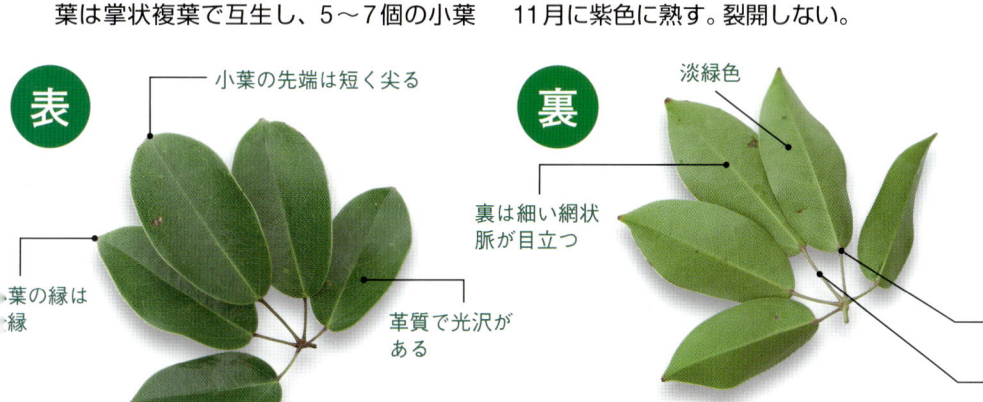

アケビ【木通、通草】

別名アケビカズラ、アケビヅル。山野にふつうに見られ、庭木や鉢植え、盆栽などとして植栽される。果肉と厚い果皮を食用とする。

学 名	*Akebia quinata*		
科属名	アケビ科アケビ属	花 期	4～5月
分 布	本州、四国、九州	樹 形	つる状形

成木

茎はつる状。樹皮は暗褐色で、浅く裂けて鱗状になる。

雌雄同株。4～5月、淡紫色の花を開く。雌花は大きく、雄花はやや小さい。

　落葉つる性木本。本州、四国、九州に分布する。山野にふつうに見られ、庭木や鉢植え、盆栽などとして植栽される。つるを細工物に利用し、果肉と厚い果皮は食用に利用する。
　樹皮は暗褐色で、浅く裂けて鱗状になる。枝には円い皮目がある。
　葉は掌状複葉で、小葉は5個。小葉は長楕円状倒卵形で、長さ3～10cm、幅1～2cm。
　雌雄同株で、4～5月、散房状あるいは総状の花序を下垂する。花序先端に数個の雄花をつけ、基部に1～2個の雌花をつける。花に花弁はなく、花弁状の萼片が3個ある。雄花は直径1～1.6cm、雌花は直径2.5～3cmで、雄花には雄しべが6個あり、雌花の雌しべは円柱状で、3～6個。果実は長さ5～10cm、直径3～4cmの楕円形の液果で、9～10月に紫色に熟し、裂開する。果肉は白色。種子は褐色～黒褐色で、長さ5～7mm。

果実は楕円形で、9～10月に紫色に熟して裂開する。

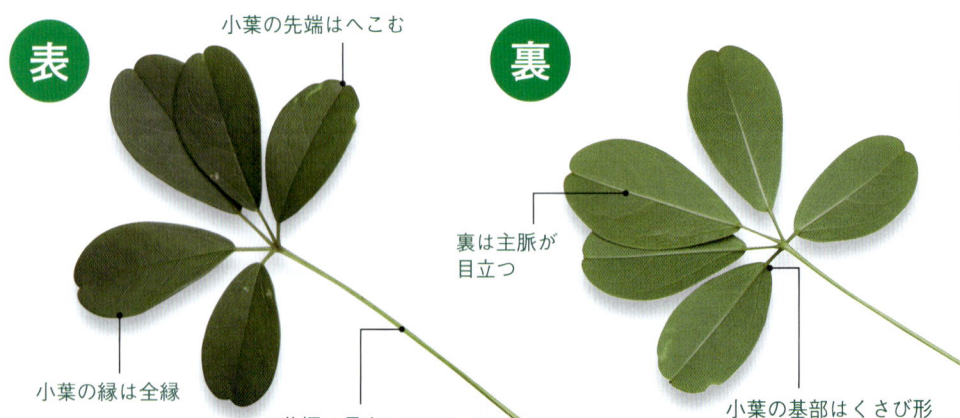

表
- 小葉の先端はへこむ
- 小葉の縁は全縁
- 葉柄は長さ3～10cm

裏
- 裏は主脈が目立つ
- 小葉の基部はくさび形

ミツバアケビ【三葉木通、三葉通草】

山野にふつうに生え、庭木や鉢植え、盆栽などとして植栽される。つるは細工物に利用され、果実や果肉は食用となる。

学 名	*Akebia trifoliata*		
科属名	アケビ科アケビ属	花 期	4～5月
分 布	北海道、本州、四国、九州	樹 形	つる状形

成木

樹皮は灰黒褐色。若いうちはなめらかで円い皮目が点在するが、生長とともに縦に裂け目が入る。

開花期は4～5月。雌雄同株で、総状花序の基部に1～3個の雌花が、先端に十数個の雄花がつく。

落葉つる性木本で、北海道、本州、四国、九州に分布する。山野にふつうに生え、庭木や鉢植え、盆栽などとして植栽される。つるは細工物に利用され、果実や果肉は食用となる。

樹皮は灰黒褐色、なめらかで皮目が目立つ。生長すると細かくひび割れたようになる。つるの根元から細い匍匐枝を出し、地面を這う。

葉は3出複葉で互生し、古いつるでは短枝上に数個が束生する。小葉は卵形で、長さ2～6cm、幅1.5～4cm。

雌雄同株で、4～5月、葉腋から総状花序を斜めに下垂し、先端に小形の雄花を十数個密につけ、基部に大形の雌花を1～3個つける。花には花弁状の萼片が3個あり、花弁はない。雄花は直径4～5mm、花柄は長さ3mmほどで、雄しべは6個。雌花は直径1.5cmほどで花柄は長さ2～4cm、雌しべは3～6個で円柱状。

果実は長楕円形で、10月頃に熟して紫色になり、裂開する。写真は未熟果。

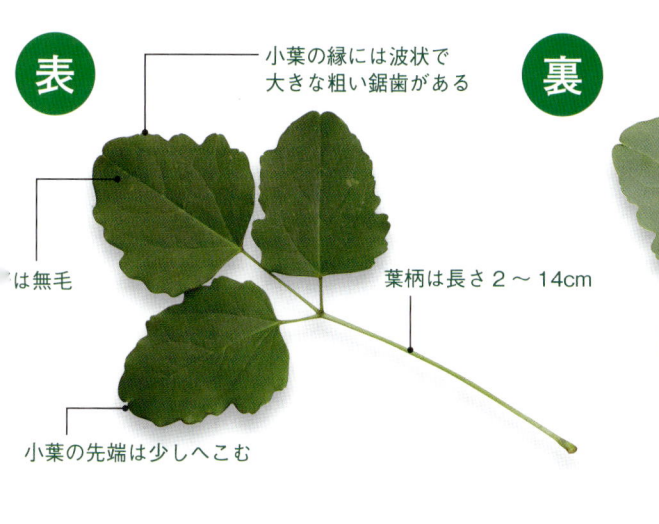

表
- 小葉の縁には波状で大きな粗い鋸歯がある
- は無毛
- 葉柄は長さ2～14cm
- 小葉の先端は少しへこむ

裏
- 小葉の基部は円形
- 無毛

111

| 樹高 落葉つる性 | 樹皮 はがれ・まだら | 葉形 単葉 | 葉序 互生 |

マタタビ【木天蓼】

低山地や丘陵地の林縁や林内、原野などに生える。果実は食用となる。ネコ科の動物が好む植物としても知られる。

学 名	*Actinidia polygama*
科属名	マタタビ科マタタビ属
分 布	北海道、本州、四国、九州
花 期	6〜7月
樹 形	つる状形

成木

成木の樹皮は暗紫褐色〜褐色で、線形や楕円形の皮目が多くあり、はがれる。

果実は長楕円形で、はじめ緑色、10月に橙黄色に熟す。

落葉つる性木本で、北海道、本州、四国、九州に分布する。低山地や丘陵地の林縁や林内、原野などに生える。果実は食用となる。また、虫えいとなった果実は薬用とする。ネコ科の動物が好む植物としても知られる。

つるは暗紫褐色〜褐色で、多くの線形や楕円形の皮目がある。

葉は単葉で互生し、葉身は広卵形で長さ6〜15cm、幅3.5〜8cm。

雌雄異株で、両性花をつける株と雄株がある。6〜7月、本年枝の中程の葉腋に白い花を下向きにつける。花は芳香があり、直径2〜2.5cm。花弁は広楕円形または広倒卵形で5個、長さ1〜1.2cm。雄しべが多数あり、葯は黄色。両性花では線形の花柱が多数あり、放射状に広がって出る。果実は長さ2〜2.5cmで長楕円形の液果で、先端がくちばし状に細くなり、中には多くの種子がある。10月に橙黄色に熟す。

枝先に近い葉が、花の咲く時期になると上半部または全体が白色に変化する。

表
- 葉身の先端は鋭く尖る
- 縁には低いトゲ状の鋸歯がある
- 質は薄い

裏
- 裏の脈上にはかたい毛が生える
- 裏は淡緑色
- 表の脈上にはかたい毛が生える
- 葉身の基部は切形〜円形、まれに浅い心形
- 葉柄は長さ2〜7cm

樹高	樹皮	葉形	葉序
常緑高木	なめらか	単葉	互生

ヤブツバキ【藪椿】

別名ツバキ、ヤマツバキ。海岸近くの丘陵地や藪に自生し、山地でも見られる。庭木などとして植栽され、種子からは椿油が採取される。

学　名	*Camellia japonica*		
科属名	ツバキ科ツバキ属	花　期	11〜12月、2〜4月
分　布	本州、四国、九州、沖縄	樹　形	卵形

成木

樹皮は灰褐色〜黄褐色でなめらか。表面に地衣類がついて、緑色や白色のまだらになることもある。

花期は11〜12月あるいは2〜4月。枝先に1〜2個の赤色、まれに淡紅色や白色の花が開く。

高さ5〜6m、高いものでは高さ15mに達する常緑高木。本州、四国、九州、沖縄に分布する。海岸近くの丘陵地や藪に自生し、山地でも見られる。庭木や防風林、防潮林などとして植栽される。材は紅褐色で、建築材や器具材、彫刻材などに利用され、種子からは椿油が採取される。

樹皮はなめらかで、灰褐色〜黄褐色をしている。

葉は単葉で互生し、葉身は長楕円形〜卵状楕円形で長さ5〜10cm、幅3〜6cm。

花は両性花で、11〜12月あるいは2〜4月、枝先の葉腋に、1個（まれに2個）開花する。花は赤色（まれに淡紅色や白色）で、直径5〜7cm。花弁は5個で、長さ3〜5cm、質は厚く、平開しない。多数の雄しべがあり、花糸は白色、葯は黄色で、花糸の基部は合着して筒状。雌しべは1個。果実は直径2〜2.5cmで球形の蒴果で緑色。熟すと裂開し、種子を出す。

葉は枝に互生してつき、葉身は革質で長楕円形〜卵状楕円形。

表
- 葉身の先端は鋭く尖る
- 表は濃緑色で光沢がある
- 縁にはまばらに鈍鋸歯がある
- 質は革質で無毛

裏
- 裏の主脈は著しく隆起
- 裏は無毛
- 葉身の基部はくさび形またはほぼ円形

ナツツバキ【夏椿】

別名シャラノキ。山地に自生し、庭木や公園樹として植栽される。材は樹皮を生かした床柱、器具材などとして利用される。

学 名	*Stewartia pseudo-camellia*		
科属名	ツバキ科ナツツバキ属	花 期	6～7月
分 布	本州（福島県・新潟県以西）、四国、九州	樹 形	楕円形

幼木
幼木の樹皮は灰褐色。なめらかで、皮目が点在する。

成木
生長すると樹皮は薄くはがれ落ち、灰赤褐色など、色とりどりの模様をつくる。

老木
老木では灰色～淡灰白色になり、剥離を繰り返すことで独特な大きな斑紋状になる。

高さ15mになる落葉高木で、本州の福島県・新潟県以西、四国、九州に分布する。山地に自生し、花が美しく庭木や公園樹として植栽される。材は床柱、器具材などとして利用される。

樹皮はなめらかで、4～5年枝では灰褐色。10年ほど経つと古い樹皮が薄くはがれ落ち、灰赤褐色となる。年を経て灰色～淡灰白色になるため、剥離を繰り返すことで、独特な大きな斑紋状（はんもんじょう）となる。

葉は単葉で互生し、葉身は楕円形～長楕円形で、長さ4～10cm、幅2.5～5cm。先端は尖り、基部は鋭形。

花は両性花で、6～7月、本年枝のやや下方の葉腋に白色で直径5～6cmの花をつける。花弁は5個で、縁が波打ち、まばらに細かい鋸歯があり、背面に白色の絹毛が密生する。雄しべは多数。果実は直径約1.5cmの蒴果（さくか）で、9～10月に熟して5裂する。

表
- 緑色で無毛
- 葉身の先端は尖る
- 縁には先端が凸端となる低い鋸歯がある

裏
- 裏には長い伏毛がある
- 裏は粉白色を帯びる
- 裏の脈腋には毛がある
- 葉身の基部は鋭形

葉は枝に互生してつき、葉身は楕円形〜長楕円形。

花は両性花。6〜7月、白色で直径5〜6cmの花をつける。花弁は5個で、縁が波打つ。

夏にツバキに似た花を咲かせることからこの名がついた。ヒメシャラにも似るが、本種の花は大きいので区別できる。

樹高	樹皮	葉形	葉序
落葉高木	はがれ・まだら	単葉	互生

ヒメシャラ【姫沙羅】

庭木や公園樹などとして植栽され、材は床柱などの建築材、器具材、彫刻材として利用される。

学 名	*Stewartia monadelpha*		
科属名	ツバキ科ナツツバキ属	花 期	5月
分 布	本州（神奈川県〜近畿地方）、四国、九州	樹 形	楕円形

幼木

幼木の樹皮は緑色を帯びた褐色で、薄くはがれ落ちる。

成木

成木の樹皮は淡赤褐色。なめらかで光沢があり、薄片状にはがれ落ち、まだら模様となる。

　大きなものでは高さ15m、幹の直径60cmに達する落葉高木。日本固有種で、本州の神奈川県箱根山〜近畿地方、四国、九州に分布する。庭木や公園樹などとして植栽され、材は床柱などの建築材、器具材、彫刻材として利用される。

　樹皮は4〜5年枝では淡赤褐色、なめらかで光沢があるが、後に次第に薄片状にはがれて、斑紋状になる。

　葉は単葉で互生し、葉身は長楕円形〜楕円形で長さ4〜8cm、幅2〜3cm。

　花は両性花で、5月、本年枝の基部の葉腋に、白色で直径1.5〜2cmの花を1個つける。花弁は5個で基部がわずかに合着し、外面に白色の絹毛が密生する。雄しべは多数で、基部で互いに合着するとともに、花弁とも合着する。果実は卵形〜楕円形の蒴果、直径1cmほどで、先端が尖り5稜ある。9〜10月、熟すと5裂する。種子は扁平な楕円形で長さ約8mm、周囲に広い翼がある。

開花は5月、直径2cmほどで白色の5弁花を葉腋につける。

表
- 縁には葉の先を向いた低い鋸歯がある
- 葉身の先端は鋭く尖る
- 質はやや薄く緑色

裏
- 裏の脈上には細かい毛がある
- 葉身の基部は狭いくさび形
- 葉柄は長さ7〜15mm
- 裏の脈腋には毛がある

| 樹高 常緑高木 | 樹皮 なめらか | 葉形 単葉 | 葉序 互生 |

モッコク【木斛】

別名アカミノキ。暖地の海岸に近く乾燥気味で日当たりのよい樹林に自生し、庭木としてもよく植栽される。

学 名	*Ternstroemia gymnanthera*		
科属名	ツバキ科モッコク属	花 期	6〜7月
分 布	本州（関東地方南部以西）、四国、九州、沖縄	樹 形	楕円形

成木

樹皮は暗灰色〜黒灰色で、皮目が密にある。横にシワが入ることがある。

花期は6〜7月。株により、両性花をつけるものと雄花だけをつけるものがある。

　高さ10〜15mになる常緑高木。本州の関東地方南部以西、四国、九州、沖縄に分布する。暖地の海岸に近く乾燥気味で日当たりのよい樹林に自生し、庭木としてもよく植栽される。

　樹皮は暗灰色〜黒灰色でなめらか。本年枝は赤褐色で、楕円形の小さな皮目がある。

　葉は単葉で互生し、枝先に集まってつく。葉身は楕円状卵形〜狭倒卵形で、長さ4〜6cm、幅1.5〜2.5cm。先端は鈍頭または円形で、基部は細いくさび形で葉柄に流れる。

　株により両性花のものと雄花だけのものがある。6〜7月、葉腋あるいは落葉痕の腋に、白色でのちに黄色を帯びる花を横またはやや下向きにつける。花弁は5個、長さ8〜10cmで、平開する。多数の雄しべがあり、両性花では1列、雄花では3列に並ぶ。雌しべは1個で、雄花では小さく退化している。果実は直径1〜1.5cmで球形の蒴果で、10〜11月に赤く熟す。

表
- 葉身の先端は鈍頭または円形
- 縁は全縁で、ときに波状
- 質は厚い革質で、わずかに光沢がある

裏
- 裏は灰白緑色
- 葉身の基部は細いくさび形で、葉柄に流れる
- 葉柄は長さ3〜6mm

10〜11月、球形の実をつけ、熟すと割れて橙赤色の種子を出す。

117

サカキ【榊】

別名マサカキ。山地の照葉樹林内に自生し、神社によく植えられ、庭木としても植栽される。枝葉が神前に供える玉串に使われる。

学 名	*Cleyera japonica*		
科属名	ツバキ科サカキ属	花 期	6〜7月
分 布	本州（関東地方以西）、四国、九州、沖縄	樹 形	卵形

樹皮は暗赤褐色でなめらか。小さな円い皮目がたくさんある。

11〜12月、直径7mmほどの球形の果実が熟して黒紫色になる。

高さ10mになる常緑高木。本州の関東地方以西、四国、九州、沖縄に分布する。山地の照葉樹林内に自生し、神社によく植えられ、庭木としても植栽される。

樹皮は暗赤褐色、なめらかで多くの小さな円形の皮目がある。本年枝は緑色。

葉は単葉で2列互生し、葉身は長楕円状広披針形で、長さ7〜10cm、幅2〜4cm。先端は次第に尖り、鈍頭または円頭。基部は鋭形。表は深緑色でやや光沢がある。縁は通常全縁、まれに鋸歯がある。

花は両性花で、6〜7月、葉腋に直径約1.5cmの花を1個、まれに2〜3個を斜め下方、あるいは下向きにつける。花弁は5個、長さ8〜10mmで、基部で合着し、はじめ白色、後に黄色味を帯びる。多数の雄しべがあり、基部は花弁に合着する。雌しべは1個、花柱は長く、葯より先に出る。果実は直径7〜8mmの球形をした液果。11〜12月に黒紫色に熟す。種子の長さは2mmほど。

表
- 葉身の先端は鈍頭または円頭
- 質は革質
- 縁は通常は全縁で、まれに鋸歯がある
- 表は深緑色でわずかに光沢がある

裏
- 裏は淡灰緑色
- 葉身の基部は鋭形
- 葉柄は長さ5〜10mm

葉は2列に互生してつく。葉身の表は深緑色でやや光沢がある。通常、縁に鋸歯はない。

樹高	樹皮	葉形	葉序
常緑低木	なめらか	単葉	互生

ヒサカキ【柃】

別名シマヒサカキ。生け垣や庭木、公園樹として植栽される。関東ではサカキの代わりに神事に利用する。

学　名	*Eurya japonica*		
科属名	ツバキ科ヒサカキ属	花　期	3～4月
分　布	本州（青森県以外）、四国、九州、沖縄	樹　形	杯形

成木

樹皮は暗褐色～黒灰色でなめらか。たくさんの不規則な小ジワがある。

雌雄異株。3～4月、帯黄白色の小さな花を下向きにつける。花には強い臭気がある。

　高さ4～7m、大きなものでは10mほどになる常緑低木～小高木で、青森県を除く本州、四国、九州、沖縄に分布する。山野にふつうに自生し、生け垣や庭木、公園樹として植栽される。材は緻密で重く、器具材などとして利用される。
　樹皮は暗褐色～黒灰色。なめらかで、多くの不規則な小ジワがある。
　葉は単葉で互生し、側枝では2列状に並ぶ。葉身は楕円形～倒披針形で、長さ3～7cm、幅1.5～3cm。
　雌雄異株で、3～4月、葉腋に1～3個の花を下向きにつける。花は直径2.5～5mmの鐘形～壺形で、強い臭気がある。雄花より雌花のほうが小さい。花弁は5個、黄色味を帯びた白色で、基部は互いにわずかに合着する。萼片（がくへん）は5個、円形で、長さは花弁の半分以下。果実は直径4～5mmの球形をした液果（えきか）で、10～11月、紫黒色に熟す。

表
- 厚い革質で無毛
- 葉身の先端は次第に尖って鈍端
- 縁には低い鈍鋸歯がある
- 表は濃緑色で光沢がある

裏
- 淡緑色またはわずかに黄色を帯びた淡緑色
- 基部は鋭形
- 葉柄は長さ2mmと短い

果実は小さな球形で、10～11月に熟して紫黒色になる。

119

樹高	樹皮	葉形	葉序
落葉高木	はがれ・まだら	単葉	互生

スズカケノキ【鈴懸の木、篠懸の木】

別名プラタナス。大きなものでは高さ35m以上になるものもある。日本には明治初期に渡来し、公園樹や街路樹として植栽される。

学　名	*Platanus orientalis*		
科属名	スズカケノキ科スズカケノキ属	花　期	4〜5月
分　布	バルカン半島〜ヒマラヤ原産	樹　形	卵形

成木
樹皮は大きな薄片状にはがれた跡が、緑褐色と灰白色のまだらとなる。

老木
生長するにつれ、より細かく薄片状にはがれる。

　高さ20mになる落葉高木。大きなものでは高さ35m以上になるものもある。バルカン半島〜ヒマラヤにかけて分布し、日本には明治初期に渡来した。公園樹や街路樹として植栽されるが、多くはモミジバスズカケノキ（P.×acerifolia）である。
　樹皮は大きな薄片状にはがれ、緑褐色と灰白色のまだら模様となる。本年枝は灰白色で、はじめ星状毛があるが、後に無毛。
　葉は単葉で互生し、葉身は広卵形で、掌状に5〜7中裂する。長さ、幅ともに10〜20cm。裂片の先端はやや鋭く尖り、基部は広いくさび形。
　雌雄同株で、4〜5月、花序の軸に直径約2cmで球形の花序を3〜7個、まばらな穂状につけて下垂する。萼片は4個、花弁は雄花だけにあって4個。果実は痩果で、直径3.5cmほどの集合果となる。痩果は上部が尖るため、集合果の表面はトゲが密集して覆っているように見える。

表
- 裂片の先端はやや鋭く尖る
- 葉身の中程まで5〜7中裂して掌状になる
- 裂片の縁には、粗く不揃いな歯牙状の鋸歯がいくつかある

裏
- 表とともに、はじめ灰白色の星状毛が密生するが、後に無毛
- 葉身の基部は広いくさび形
- 葉柄は長さ3〜8cm

果実は集合果で、トゲが密集して覆ったような球形となり、秋に黄褐色に熟す。

樹高	樹皮	葉形	葉序
落葉低木	なめらか	単葉	互生

マルバノキ【丸葉の木】

別名ベニマンサク。山地の日当りのよい岩地に自生するが、あまり多くない。庭木として植栽される。

学　名	*Disanthus cercidifolius*		
科属名	マンサク科マルバノキ属	花　期	10～11月
分　布	本州（中部地方以西）、四国（高知県）	樹　形	卵形

幼木

幼木の樹皮は灰白色でなめらか。円い皮目が多くある。

成木

成木の樹皮は灰褐色でなめらか。横に並ぶ皮目が目立つ。

　高さ2～4mになる落葉低木。日本固有種で、本州の中部地方以西、四国の高知県に分布する。山地の日当りのよい岩地に自生するが、あまり多くない。庭木として植栽される。
　樹皮は灰褐色。若枝は赤褐色で毛はなく、円形の皮目が多い。
　葉は単葉で互生し、葉身は卵円形～卵心形で、長さ5～11cm、幅4.5～10cm。先端は短く尖り、全縁。基部は心形。秋に紅葉して美しい。両面とも毛はなく、裏は白緑色になる。
　花は両性花で、10～11月、紅葉した葉が落葉する前後、葉腋に短い柄を出して、2個の花を背中合わせにするようにつける。花は紅紫色。花弁は5個で、長さ7～8mm、細長く先は糸状。萼片は長さ2mmほど。果実は倒円心形の蒴果で長さ約1.5cm。翌年の秋に熟して2裂する。種子は長さ4～5mm、黒色で光沢がある。

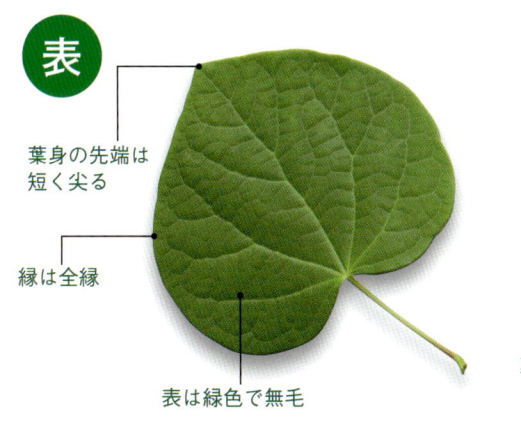

卵円形～卵心形の葉が互生して枝につき、秋に美しく紅葉する。

表
- 葉身の先端は短く尖る
- 縁は全縁
- 表は緑色で無毛

裏
- 裏は白緑色で無毛
- 葉身の基部は心形
- 葉柄は3～6cmと長い

121

樹高	樹皮	葉形	葉序
落葉小高木	なめらか	単葉	互生

マンサク 【満作】

山地の乾燥気味の斜面や尾根の林内に自生し、庭木や公園樹として植栽され、盆栽にも仕立てられる。花は花材として利用される。

学　名	*Hamamelis japonica*		
科属名	マンサク科マンサク属	花　期	3～4月
分　布	本州（関東地方西部以西）、四国、九州	樹　形	卵形

成木

樹皮は灰褐色～灰色で細かな凹凸と皮目が目立つ。

花期は3～4月。線形の黄色い花弁をもった花を2～4個ずつつける。

　高さ2～5mになる落葉低木～小高木。日本固有種で、本州の関東地方西部以西、四国、九州に分布する。山地の乾燥気味の斜面や尾根の林内に自生し、庭木や公園樹として植栽され、盆栽にも仕立てられる。花は花材、材は器具材として利用され、かつては輪かんじきの材料として使われた。
　樹皮は灰褐色～灰色で、細かな凹凸がある。枝は灰褐色で、楕円形の皮目がある。
　葉は単葉で互生し、葉身は菱形状円形～広卵形で、長さ5～10cm、幅4～7cm。左右非対称で上半部は三角形となる。
　花は両性花で、3～4月、葉の展開に先立って開花する。前年枝の葉腋から出た短い花序軸の先に、2～4個の黄色い花をつける。花弁は4個、長さ10～13mmで線形。萼片は4個、卵形で星状毛が密生する。果実は直径約1cmで球形の蒴果。表面に褐色の短毛が密生し、熟すと2裂して2個の黒い種子を出す。

表
- 縁には粗い波状の鋸歯がある
- 葉身の先端は短く尖るか、やや鈍い
- 葉身の上半部は三角形
- 表にははじめ星状毛が散生するが、後に脈腋以外は無毛

裏 
- 裏には星状毛が散生するが、古くなると脈腋以外は無毛
- 葉柄は長さ5～15mm
- 葉身の基部はわずかに歪んだ心形

葉は枝に互生し、左右不揃いの広卵形あるいは菱形状円形で、葉脈が目立つ。

樹高	樹皮	葉形	葉序
常緑高木	なめらか	単葉	互生

イスノキ【柞】

別名ヒョンノキ。暖地の常緑樹林内に自生し、庭木としてもよく植栽される。材は緻密で重く、建築材やそろばん玉などに利用される。

学名	*Distylium racemosum*		
科属名	マンサク科イスノキ属	花期	4～5月
分布	本州（関東地方南部以西）、四国、九州、沖縄	樹形	卵形

成木

樹皮は暗灰色でなめらか。老木になると不規則な鱗片状にはがれる。

葉は枝に互生する。しばしば、葉の一部あるいは全体にさまざまな形の虫えいができる。

　高さ20mになる常緑高木。幹は直径80cmほどになる。本州の関東地方南部以西、四国、九州、沖縄に分布する。暖地の常緑樹林内に自生し、庭木としてもよく植栽される。材は緻密で重く、建築材や器具材、木刀やそろばん玉に利用される。
　樹皮は暗灰色、なめらかで、老木になるとはがれて鱗片状になる。
　葉は単葉で互生し、葉身は長楕円形で長さ4～9cm、幅2～3.5cm。革質で、表はなめらか。
　雌雄同株で、4～5月、葉腋に総状花序をつけて、花序軸の上部に両性花、下部に雄花をつける。花には花弁がなく、萼片は3～6個、披針形で緑色。両性花には褐色の毛が密生して上部が2裂した雌しべがあり、雄しべは5～8個。雄花の雌しべは退化している。果実は長さ7～10mmで広卵形の蒴果で、表面が黄褐色の毛で覆われる。熟すと2裂して、長さ5～7mmの種子を出す。

表
- 革質で表面はなめらかだが、光沢はない
- 葉身の先端は鈍く尖る
- 縁は全縁だが、まれに上部にわずかな鋸歯がある
- 無毛

裏
- 無毛
- 葉身の基部はくさび形
- 葉柄は5～10mm

枝にできた虫えい。寄生したアブラムシが、虫えいから出ると穴があく。

| 樹高 落葉低木 | 樹皮 深・浅裂 | 葉形 単葉 | 葉序 対生 |

ノリウツギ【糊空木】

別名ノリノキ、サビタ。山地から平地の、日当りのよい草原の低木林や林縁にふつうに見られる。庭木として植栽される。

学 名	*Hydrangea paniculata*
科属名	ユキノシタ科アジサイ属
分 布	北海道、本州、四国、九州

花 期	7～9月
樹 形	株立ち

幼木 若い木の樹皮は暗褐色～暗赤褐色で、皮目がある。

成木 生長すると樹皮は灰褐色となり、表面は激しく裂けてはがれるようになる。

　高さ2～5mになる落葉低木～小高木。北海道、本州、四国、九州に分布し、山地から平地の、日当りのよい草原の低木林や林縁にふつうに見られる。庭木として植栽され、材はかたく均質で、細工物などに利用される。幹の内皮から得られる粘液が、和紙を漉（す）く際の糊剤（のりざい）として使われる。

　樹皮は灰褐色で、不規則に縦に裂けて、はがれて落ちる。

　葉は単葉で対生まれに3輪生し、葉身は楕円形～卵状楕円形で長さ5～15cm、幅3～8cm。

　花序は両性花と装飾花からなり、花期は7～9月。長さ8～30cmで円錐状の花序を枝先につける。花序の周辺に装飾花があり、白色で、萼片（がくへん）は3～5個、円形～長楕円形で長さ1～2cm。両性花も白色で花弁は4～5個、卵状楕円形で長さは2.5mmほど。開花時には平開する。果実は楕円形の蒴果（さくか）で、長さ4～5mm、先端に花柱が残る。

開花は7～9月。装飾花と両性花からなる白い花をつける。

表
- 葉身の先端は細く尖る
- 質は革質
- 縁には内側に曲がった鋭鋸歯がある

裏
- 裏の脈沿いと脈腋には伏毛がある
- 表にははじめやや伏した毛が散生するが、後に無毛
- 葉身の基部は広いくさび形～円形
- 葉柄は長さ1～4cm

ガクアジサイ【額紫陽花】

別名ガク、ガクバナ。海岸沿いの日当りのよい草地や疎林に自生し、庭木や公園樹として植栽される。

学　名	*Hydrangea macrophylla* f. *normalis*		
科属名	ユキノシタ科アジサイ属	花　期	6～7月
分　布	本州（一部地域）、伊豆諸島、小笠原など	樹　形	株立ち

成木

樹皮は灰白色～灰褐色で、古くなると縦にたくさんの浅い割れ目が入ってはがれる。

花期は6～7月。中央に両性花、その周囲に白～青紫色の萼片が目立つ装飾花をつける。

株立ちで高さ2～3mになる落葉～半常緑の低木。日本固有種で、房総半島、三浦半島、伊豆半島、伊豆諸島、南北硫黄島の沿海地に分布し、そのほかの地域（紀伊半島など）でも野生状態のものが確認されている。海岸沿いの日当りのよい草地や疎林に自生し、庭木や公園樹として植栽される。

樹皮は古枝では灰白色で、縦に多くの浅い割れ目が入りはがれる。葉は単葉で対生。

花は両性花で、6～7月、枝先に直径10～20cmの集散花序をつける。花序は、少数の大きな装飾花が周囲に、多数の両性花が中央につく。装飾花の萼片（がくへん）は長さ1.5～2.5cmの広卵形、白色～青紫色で3～5個。両性花の花筒は長さ約1.5mmの倒円錐形で、4～5個の小さな萼片があり花弁は5個、淡青紫色で長さ約3mmの卵状長楕円形。果実は蒴果（さくか）で、卵形～楕円形で長さ6～9mm、11～12月に熟す。種子は楕円形で長さ1mm以下と小さく、両端に突起状の短い翼がある。

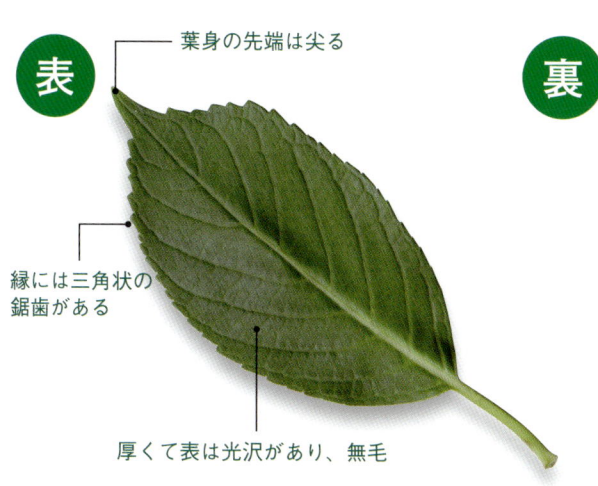

葉は対生して枝につき、表面にはやや光沢がある。

表
- 葉身の先端は尖る
- 縁には三角状の鋸歯がある
- 厚くて表は光沢があり、無毛

裏
- 裏の葉脈上には短い縮毛がある
- 葉身の基部はくさび形～円形
- 葉柄は長さ1～4cm

125

ヤマアジサイ【山紫陽花】

別名サワアジサイ。山地の渓流沿いのやや湿った樹陰などに自生し、庭木として植栽される。

学名	*Hydrangea serrata*
科属名	ユキノシタ科アジサイ属
分布	本州（福島県以南）、四国、九州
花期	6～7月
樹形	株立ち

成木

樹皮は灰褐色で、縦に浅く割れ目が入り、薄くはがれる。

花期は6～7月。両性花のまわりを装飾花が囲む。花は白色または淡い青色などがある。

高さ1～2mになる落葉低木で、株立ちとなる。本州の福島県以南の主に太平洋側、および四国、九州に分布する。山地の渓流沿いのやや湿った樹陰などに自生し、庭木として植栽される。

樹皮は灰褐色で、縦に浅く割れ目があり薄くはがれる。

葉は単葉で対生する。先端は長く尖り、縁には三角状でやや粗い鋸歯があるが、波状の鋸歯も見られるなど多様である。

6～7月、両性花のまわりを装飾花が囲んだ、直径5～10cmの集散花序を枝先につける。装飾花は直径1.5～3cmで、花弁状の萼片は4個あるいは3個。白色または淡青色で、後に淡紅色に変化するものもある。両性花の花筒は長さ1.5mmほどの倒円錐形で、萼片は三角形。花弁は5個で、白色または白青色。果実は卵形～楕円形の蒴果で、長さ3～4mm、10～11月に熟す。

表
- 草質でガクアジサイよりも薄い
- 縁の鋸歯は三角状～波状と変化がある

裏
- 裏の脈腋には短い縮毛が生える
- 裏は淡緑色
- 葉身の基部はくさび形～円形
- 葉柄は長さ1～3cm

葉は枝に対生してつく。縁に三角状のやや粗い鋸歯があるが、波状の鋸歯などもある。

樹高	樹皮	葉形	葉序
落葉低木	はがれ・まだら	単葉	対生

ウツギ【空木】

別名ウノハナ。山野の日当たりのよい場所に自生し、庭木として植栽される。幹や枝の中は空洞で、「空木」の名の由来となる。

学 名	*Deutzia crenata*		
科属名	ユキノシタ科ウツギ属	花 期	5〜7月
分 布	北海道（南部）、本州、四国、九州	樹 形	株立ち

成木

若木の樹皮は褐色でなめらか、縦に浅く割れる。生長すると灰褐色になり、粗く短冊状にはがれる。

花期は5〜7月。枝先に、下を向いた美しい白い花を多数つける。

高さ1〜3mになる落葉低木。北海道南部、本州、四国、九州に分布する。山野の日当たりのよい場所に自生し、庭木として植栽され、花材ともされる。材は楊枝や木釘などに用いられる。幹や枝の中は空洞で、「空木」の名の由来となる。

樹皮は灰褐色で、古くなると短冊状に粗くはがれる。今年枝は赤褐色で星状毛が生える。

葉は単葉で対生し、葉身は卵形、あるいは楕円形〜卵状披針形で、長さ4〜9cm、幅2.5〜3.5cm。先端は長く尖る。

花は両性花で、5〜7月、枝先に円錐花序をつけ、多数の白い花を下向きにつける。花弁は5個、長楕円形〜倒披針形で長さ1〜1.2cm。雄しべは10個で花弁より短い。花柱は3〜4個。果実は直径4〜6mmで椀形の蒴果。先端はややへこんで花柱が残り、10〜11月に熟す。種子は長さ約2.5mmの長楕円形で褐色、片側に膜質の翼がある。

表
- 葉身の先端は尖る
- 質はやや厚い
- 縁にはごく細かい鋸歯がある
- 表は星状毛がわずかに生えて、触るとざらつく

裏
- 裏は淡緑色
- 裏には星状毛が生える
- 葉身の基部は円形〜くさび形
- 葉柄は長さ2〜5mmで、星状毛がやや密生

果実は先端がややへこんだお椀の形で、10〜11月に熟す。

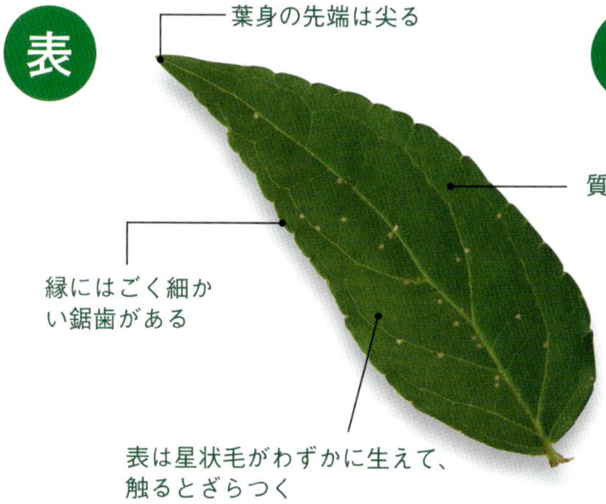

127

| 樹高 常緑低木 | 樹皮 なめらか | 葉形 単葉 | 葉序 互生 |

トベラ【扉】

別名トビラノキ、トビラ。日当りを好み、海岸に生え、庭木や公園樹などとして植栽される。

学 名	*Pittosporum tobira*
科属名	トベラ科トベラ属
花 期	4〜6月
樹 形	円蓋形
分 布	本州（岩手県以南・新潟県以西の海沿い）、四国、九州、沖縄

成木

樹皮は灰緑色〜灰白色で、皮目は若木では点在する程度だが、生長に伴って目立つようになる。

雌雄異株で、4〜6月、枝先に香りのよい白い花を多数上向きにつける。

高さ2〜3m、大きなものでは高さ8m、幹の直径10〜20cmにもなる常緑低木〜小高木。本州の岩手県以南の太平洋側、新潟県以西の日本海側、および四国、九州、沖縄に分布する。日当りを好み、海岸に生え、庭木や公園樹などとして植栽される。

樹皮は灰緑色〜灰白色で円形の皮目が目立つ。本年枝は淡緑色で微毛が生える。

葉は単葉で互生し、葉身は倒卵形あるいは長倒卵形で長さ5〜10cm、幅2〜3cm。先端は円形で、縁は全縁。基部はくさび形に細くなって葉柄に流れる。

雌雄異株で、4〜6月、本年枝の先に出した集散花序に、多数の香りのよい白色の花を上向きにつける。萼片は5個、長さ約3mmで基部は合着。花弁は5個、長さ9〜11mmの広線形または倒披針状線形で、上部は反り返る。果実は直径1〜1.5cmの球形をした蒴果で、11〜12月に灰褐色に熟して3裂し、粘性のある赤色の種子を8〜12個出す。

果実は球形で、11〜12月に熟す。熟すと赤色の種子を8〜12個出す。

表
- 葉身の先端は円形
- 革質で、はじめ微毛が生えるが、後に無毛
- 表は深緑色で光沢がある
- 縁は全縁で裏側に巻くことが多い

裏
- 裏は淡緑色で、はじめ微毛があるが、後に無毛
- 葉身の基部はくさび形で葉柄に流れる
- 葉柄は長さ5〜8mm

| 樹高 落葉低木 | 樹皮 なめらか | 葉形 単葉 | 葉序 互生 |

シモツケ【下野】

別名キシモツケ。山地の日当たりのよいやや乾燥した岩礫地などに自生し、庭木や公園樹、鉢植えとして植栽される。

学名	*Spiraea japonica*		
科属名	バラ科シモツケ属	花期	5〜8月
分布	本州、四国、九州	樹形	株立ち

成木

樹皮は若い枝では赤褐色、生長とともに灰褐色あるいは暗褐色になる。

花期は5〜8月。淡紅色〜濃紅色の花が複散房状に集まって咲く。

株立ちで高さ1mになる落葉低木。本州、四国、九州に分布する。山地の日当たりのよいやや乾燥した岩礫地などに自生し、庭木や公園樹、鉢植えとして植栽され、盆栽、切り花にも利用される。

樹皮は暗褐色で、なめらか。縦に裂けてはがれる。枝は稜はなくほぼ円柱形。

葉は単葉で互生し、葉身は狭卵形〜卵形で、長さ3〜8cm、幅2〜4cm。先端は尖り、縁には不揃いの重鋸歯がある。

花は両性花で、5〜8月、本年枝の枝先に頂端が平らな複散房形花序を出し、淡紅色〜濃紅色、まれに白色の小さな花を密につける。花の直径は3〜6mm。花弁は楕円形または広楕円形で、長さ2.5〜3.5mm、幅1.5〜3mm。雄しべは25〜30個で、花弁より長い。花柱は無毛で、長さ1〜1.5mm。果実は長さ2〜3mmで球形の袋果で、5個集まってつく。表面に光沢があり、先端に花柱が残る。9〜10月に熟して裂開する。

葉は互生して枝につき、葉身は狭卵形〜卵形で、表は緑色。

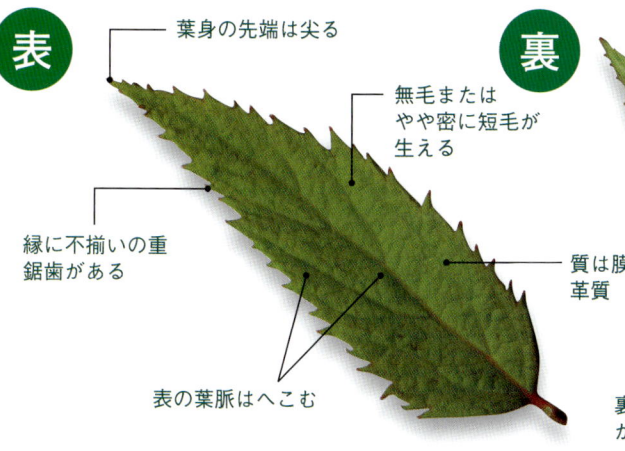

表
- 葉身の先端は尖る
- 無毛またはやや密に短毛が生える
- 縁に不揃いの重鋸歯がある
- 質は膜質〜革質
- 表の葉脈はへこむ

裏
- 裏の葉脈は隆起する
- 裏には白色〜淡黄色の軟毛が生え、ときに無毛
- 葉身の基部は円形〜くさび形
- 葉柄は1〜5mm

| 樹高 落葉小高木 | 樹皮 深・浅裂 | 葉形 単葉 | 葉序 互生 |

ウメ【梅】

日本には奈良時代以前に渡来したとされ、庭木や公園樹、盆栽、果樹として広く植栽されている。果実は食用や薬用にされる。

学 名	*Prunus mume*
科属名	バラ科サクラ属
分 布	中国原産
花 期	2～3月
樹 形	不整形

成木

樹皮は暗灰色で、不規則な割れ目が縦に入る。老木になると縦に裂けたようになる。

花期は2～3月。白色あるいは紅色～淡紅色で芳香のある花を1～3個ずつつける。

高さ5～6mになる落葉小高木～高木。幹の直径は20～30cmになる。中国原産で、日本には奈良時代以前に渡来したとされ、庭木や公園樹、盆栽、果樹として広く植栽されている。九州の一部では野生化したものもある。材は床柱やそろばんの珠、櫛、彫刻材などに利用される。果実は食用や薬用にされる。

樹皮は不揃いな割れ目が入り、暗灰色。新枝は緑色で、無毛かわずかに毛が生える。

葉は単葉で互生し、葉身は倒卵形あるいは楕円形で、長さ4～9cm、幅3～5cm。

花は両性花で、2～3月、葉の展開に先立って、前年枝の葉腋に直径2～3cmで芳香のある花を1～3個つける。花は通常白色で、紅色や淡紅色のものもある。花弁は通常5個、広倒卵形～広卵形で先端は円形。雄しべは多数で花弁より短く、雌しべは1個。果実は直径2～3cmの球形をした核果で、6月に黄色く熟す。

いわゆるウメの実。6月に黄色く熟す。未熟果を梅酒に、熟したものを梅干しにする。

表
- 葉身の先端は急に細くなり長く尖る
- 表には微毛が生える
- 縁には細かい鋸歯がある

裏
- 裏の脈上には褐色の毛が生える
- 裏には微毛が生える
- 葉身の基部は広いくさび形～円形
- 葉柄は長さ1cmほど

| 樹高 落葉高木 | 樹皮 縦模様 | 葉形 単葉 | 葉序 互生 |

イヌザクラ【犬桜】

別名シロザクラ。丘陵や低山地の、日当たりのよい谷間などに自生する。枝葉をもむと青臭いにおいがする。

学名	*Prunus buergeriana*		
科属名	バラ科サクラ属	花期	4～5月
分布	本州、四国、九州	樹形	卵形

老木
老木の樹皮は暗灰褐色で、細かく割れて、はがれる。

花期は4～5月。葉が展開した後に花序を出し、白色の花を多数つける。

高さ10～20mになる落葉高木。幹の直径は20～30cmになる。本州、四国、九州に分布し、丘陵や低山地の、日当たりのよい谷間などに自生する。枝葉をもむと青臭いにおいがする。根の皮を染色に用い、果実を塩漬けにして食べる。

樹皮は灰白色でつやがあり、横長で淡褐色の皮目がある。老木では縦に裂け、小さな薄片状にはがれる。

葉は単葉で互生し、葉身は長楕円形で長さ5～10cm、幅2.5～3.5cm。先端は長く尾状に尖る。

花は両性花で、4～5月、葉が展開した後に、前年枝の節から多数の花がついた総状花序を数個つける。花は白色で直径5～7mm。花弁は倒卵形で先端が円形、長さ2mmほど。雄しべは花弁より長く、12～20個。雌しべは雄しべより短い。果実は直径約8mmで卵円形の核果で、7～9月に赤～黒紫色に熟す。

表
- 葉身の先端は長く尾状に尖る 
- 質は洋紙質
- 縁は波打ち、細かい鋸歯がある
- 表は通常は無毛だが、主脈に沿って微毛が生えることがある

裏
- 裏は通常は無毛だが、主脈に沿って微毛が生えることがある

葉は互生して枝につき、花に先立って展開する。先端は尾状に伸びて、縁は波打つ。

- 葉身の基部はくさび形または円形
- 葉柄は無毛で長さ1～1.5cm

| 樹高 落葉高木 | 樹皮 横模様 | 葉形 単葉 | 葉序 互生 |

ウワミズザクラ【上溝桜】

別名ハハカ。山地の日当たりのよい斜面や谷あいなどに自生する。材は床柱などに用いられ、樹皮は桜皮細工に利用される。果実は食用となる。

学 名	*Prunus grayana*
科属名	バラ科サクラ属
花 期	4〜5月
樹 形	卵形
分 布	北海道（石狩平野以南）、本州、四国、九州（熊本県南部まで）

老木

樹皮はなめらかで、成木では暗紫褐色。老木になると縦にひび割れ、網目状に裂ける。

花期は4〜5月。枝先に白い小さな花が総状に密について開花する。雄しべが花弁より長い。

高さ15〜20mになる落葉高木。幹の直径は50〜60cmになる。北海道の石狩平野以南、本州、四国、九州の熊本県南部までに分布する。山地の日当たりのよい斜面や谷あいなどに自生し、材は床柱や器具材、彫刻材に用いられ、樹皮は桜皮細工に利用される。果実は食用となる。

樹皮は平滑で光沢があり、はじめ帯紫褐色で、成木になると暗紫褐色になる。横長の皮目がある。

葉は単葉で互生し、葉身は卵形〜卵状長楕円形で、長さ6〜10cm、幅2.5〜4.5cm。
花は両性花で、4〜5月、葉が展開した後に開花。新枝の先に長さ8〜15cmの総状花序を出し、白い花を密生してつける。花序の下部には3〜5個の葉がつく。花の直径は6mm。花弁は5個、長さ約3mmの倒卵形で先端は円い。雄しべは30個ほどで、花弁より長く突出する。果実は直径8mmほどで卵形の核果で、8〜9月に赤色〜黒色に熟す。

葉は互生して枝につき、秋に黄色〜橙色に黄葉する。

表
- 葉身の先端は尾状に鋭く尖る
- 表は通常は無毛
- 縁には先端が芒状になった鋭鋸歯がある

裏
- 裏は通常は無毛、まれに脈上に白い毛が生える
- 葉身の基部は鈍形〜円形
- 葉柄は長さ7〜10mm

リンボク【橉木】

別名ヒイラギガシ。やや湿った場所を好み、山地の谷あいの照葉樹林内などに自生する。

学 名	*Prunus spinulosa*
科属名	バラ科サクラ属
花 期	9〜10月
樹 形	卵形
分 布	本州（関東地方以西の太平洋側、福井県以西の日本海側）、四国、九州、沖縄

樹皮はなめらかで、紫がかった黒褐色。横長の皮目がある。

花期は9〜10月。新枝に小さな白い花がたくさんついた総状花序を出す。

高さ5〜10mになる常緑小高木〜高木。幹の直径は30cmになる。本州の関東地方以西の太平洋側、福井県以西の日本海側、および四国、九州、沖縄に分布する。やや湿った場所を好み日陰にも強く、山地の谷あいの照葉樹林内などに自生する。

樹皮は紫色を帯びた黒褐色。なめらかで横長の皮目がある。老木では樹皮が細かくはがれる。

葉は単葉で互生し、葉身は狭長楕円形あるいは狭倒卵形で、長さ5〜8cm、幅2〜3cm。先端は尾状に尖る。

花は両性花で、9〜10月、新枝の葉腋に白い小さな花が多数ついた長さ5〜8cmの総状花序をつける。花序軸や花柄には短毛が密に生える。花は直径5mmほどで、花弁は5個、円形で縁にわずかに鋸歯がある。多数の雄しべがあり、花弁より長く突出する。果実は長さ約1cmで楕円形の核果で、翌年の5〜6月に紫褐色から黒紫色に熟す。

表
- 先端は尾状に尖る 
- 革質で光沢がある
- 縁は波打ち、若木の葉では鋭鋸歯があるが、老木では全縁

裏
- 無毛
- 基部は広いくさび形
- 葉柄は長さ8〜10mmで無毛

葉は枝に互生してつき、葉身は狭長楕円形または狭倒卵形。

| 樹高 落葉小高木 | 樹皮 横模様 | 葉形 単葉 | 葉序 互生 |

カンヒザクラ【寒緋桜】

別名ヒカンザクラ。沖縄県の石垣島や久米島の一部地域のものは、自生するものなのか、持ち込まれたものが野生化したものなのかは不明。

学 名	Prunus cerasoides var. campanulata
科属名	バラ科サクラ属
分 布	中国南部・台湾原産
花 期	1〜3月
樹 形	円蓋形

成木
樹皮は紫褐色で、横長の皮目があり、横に浅く裂けたようになる。

花期は1〜3月。濃紅紫色でときに淡紅紫色や白色の花を下向きにつける。

高さ5〜7mになる落葉小高木。中国南部・台湾が原産で、沖縄の石垣島や久米島の一部地域に野生状態で生えている。これが自生するものなのか、中国か台湾から持ち込まれたものが野生化したものなのかは不明。庭木や公園樹、街路樹などとして植栽される。

樹皮は紫褐色で、横長の皮目があり、横に浅く裂ける。

葉は単葉で互生し、葉身は長楕円形〜楕円形で、長さ8〜13cm、幅2〜5cm。先端は尾状に短く尖る。

花は両性花で、1〜3月、葉の展開に先立って、前年枝の葉腋に下向きに2〜3個の花をつける。花は直径2cmで、満開時でも花弁を半開きにした鐘形、濃紅紫色で、ときに淡紅紫色〜白色。花弁は5個で、長さ1cmほどの卵状楕円形で、先端に切れ込みがある。果実は直径1cmほどで球形の核果で、5〜6月、紅色に熟す。

葉は互生して枝につき、葉身は楕円形〜長楕円形で、先端が尾状に尖る。

表
- 縁には浅く細かい鋸歯がある
- 葉身の先端は尾状に短く尖る
- 無毛

裏
- 無毛
- 葉身の基部は心形または円形
- 葉柄は長さ約1cmで無毛

エドヒガン【江戸彼岸】

別名アズマヒガン、ウバヒガン。山地に自生し、日当たりのよい適湿の場所を好むが、乾燥した場所でも育つ。寿命が長く、名木・巨木が多い。

学　名	*Prunus pendula* f. *ascendens*		
科属名	バラ科サクラ属	花　期	3〜4月
分　布	本州、四国、九州	樹　形	円蓋形

幼木　幼木では樹皮は灰褐色でなめらか、横長の皮目が目立ち、生長すると縦に割れ目が入る。

老木　老木の樹皮は暗灰褐色で、縦に浅く細かい割れ目が入る。

　高さ15〜20mになる落葉高木。幹の直径は1mになる。本州、四国、九州に分布する。山地に自生し、日当たりのよい適湿の場所を好むが、乾燥した場所でも育つ。公園樹などとして植栽される。材は建築材や器具材などとして利用される。
　樹皮は暗灰褐色で、縦に浅く割れ目が入る。新枝は灰褐色で軟毛が生え、小さな皮目が多い。
　葉は単葉で互生し、葉身は長楕円形〜狭倒卵形で、長さ6〜12cm、幅3〜5cm。先端は尖り、縁には鋭い重鋸歯がある。
　花は両性花で、3〜4月、葉の展開に先立って、前年枝の葉腋に、2〜5個の花が散形状につく。花は直径約2.5cm、淡紅色でまれに白色。花弁は5個、楕円形〜倒卵形で、先端が切れ込む。萼筒（がくとう）は紅紫色を帯びた短い筒形。雄しべは18〜27個、花柱よりわずかに短い。果実は直径1cmほどで球形の核果（かくか）、5〜6月に黒紫色に熟す。

表
- 葉身の先端は尖る
- には先が腺に終わるい重鋸歯がある
- 表には軟毛が散生する

裏
- 裏は脈に沿って開出毛（かいしゅつもう）がやや密に生える
- 葉身の基部は広いくさび形
- 葉柄は長さ2〜2.7cmで、上向きの毛が密生する

花期は3〜4月、淡紅色〜白色の花が2〜5個ずつ集まって咲く。

樹高	樹皮	葉形	葉序
落葉高木	横模様	単葉	互生

ソメイヨシノ【染井吉野】

エドヒガンとオオシマザクラの雑種が起源と考えられていて、沖縄を除く全国の公園や学校、川沿いなどに広く植栽されている。

学 名	*Prunus × yedoensis*		
科属名	バラ科サクラ属	花 期	3〜4月
分 布	全国に植栽	樹 形	円蓋形

幼木
幼木の樹皮はなめらかで、皮目がある。生長するにつれ、皮目は横長になる。

成木
樹皮は灰褐色あるいは暗灰色で、横長の皮目が目立つ。

老木
老木になると縦に割れ目が入り、表面が粗く隆起するものが多い。

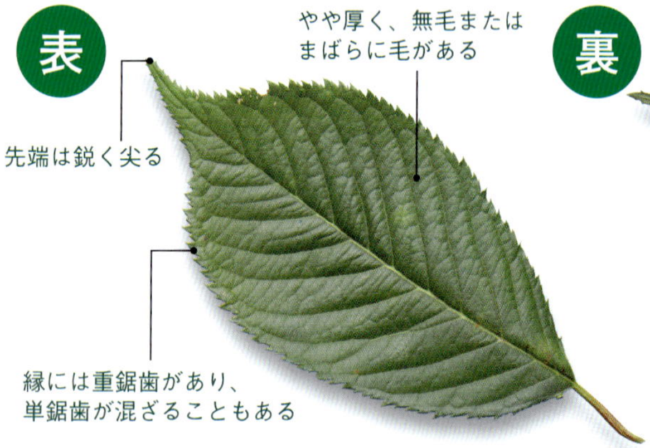

　高さ10〜15mになる落葉高木。幹の直径は80cmほどになる。エドヒガンとオオシマザクラの雑種が起源と考えられていて、沖縄を除く全国の公園や学校、川沿いなどに広く植栽されている。
　樹皮は灰褐色あるいは暗灰色でなめらか、横長の皮目が目立つ。老木では凹凸が顕著で、縦に割れ目が入る。
　葉は単葉で互生し、葉身は広卵状楕円形で、長さ8〜12cm、幅5〜7cm。先端は鋭く尖り、縁には重鋸歯、ときに単鋸歯がある。
　花は両性花で、3〜4月、葉の展開に先立って、前年枝の葉腋に直径4cmほどの花を散形状に3〜5個つける。花は淡紅色で、花柄は長さ2〜2.5cm、花弁は5個、倒卵状楕円形で先端は切れ込む。満開時には平開し、反り返らない。雄しべは30〜35個、萼筒は下部が膨らんだ壺形。果実は直径1cmほどで球形の核果で、5〜6月に黒紫色に熟すが、実際に熟すことはまれ。

表
- 先端は鋭く尖る
- やや厚く、無毛またはまばらに毛がある
- 縁には重鋸歯があり、単鋸歯が混ざることもある

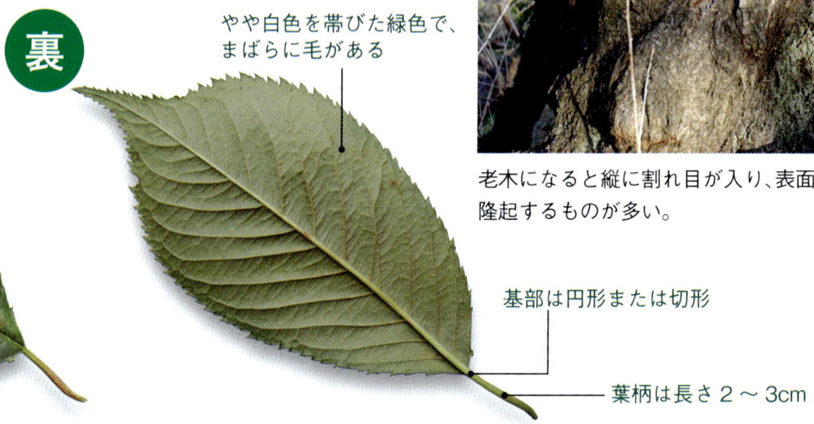

裏
- やや白色を帯びた緑色で、まばらに毛がある
- 基部は円形または切形
- 葉柄は長さ2〜3cm

花期は3〜4月。葉の展開に先立って、直径4cmほどの淡紅色の花を3〜5個ずつつける。

葉は枝に互生してつき、葉身は広卵状楕円形。秋に紅葉または黄葉する。

ソメイヨシノは広く植栽され、サクラの名所が各地に多い。江戸時代につくられた品種で、繁殖は一般に接ぎ木で行われる。樹齢30〜40年で最盛期を迎える。

| 樹高 落葉高木 | 樹皮 横模様 | 葉形 単葉 | 葉序 互生 |

オオシマザクラ【大島桜】

三浦半島、伊豆半島および伊豆諸島に分布するが、伊豆諸島以外の分布は、栽培されていたものが野生化したとの説もある。

学 名	*Prunus speciosa*		
科属名	バラ科サクラ属	花 期	3〜4月
分 布	本州（房総半島・三浦半島・伊豆半島）、伊豆諸島	樹 形	円蓋形

成木

樹皮は灰紫色〜濃褐色でなめらか。横長の皮目が目立つ。

開花期は3〜4月。白色で芳香のある花を3〜4個ずつつける。

高さ8〜10mになる落葉高木。大きなものでは高さ15mに達する。幹の直径は50cmほど。本州の房総半島、三浦半島、伊豆半島および伊豆諸島に分布するが、伊豆諸島以外の分布は、栽培されていたものが野生化したとの説もある。多くの園芸品種があり、庭園や公園などに植栽されている。

樹皮は灰紫色または暗い灰色で、濃褐色の横長の皮目が目立つ。

葉は単葉で互生し、葉身は倒卵状長楕円形〜倒卵状楕円形で、長さ8〜13cm、幅5〜8cm。先端は尾状に伸びる。

花は両性花で、前年枝の葉腋に花を3〜4個散房状につけ、3〜4月、葉の展開とほぼ同時に開花する。花は直径3〜4cm、白色で芳香がある。花弁は5個、広楕円形で先端が切れ込み、長さ約1.5cm。雄しべは24〜32個、雌しべは1個。萼筒は長い鐘形で長さ7〜8mm。果実は直径約1.2cmで球形の核果（かくか）で、5〜6月に黒紫色に熟す。

葉は互生で枝につき、倒卵状長楕円形〜倒卵状楕円形で、先端が短く尾状に伸びる。

表
- 質はやや厚い
- 葉身の先端は尾状に伸びて尖る
- 縁には先端が長く芒状（のぎじょう）になった重鋸歯がある
- 表は濃緑色で光沢があり、無毛

裏
- 裏は淡緑色で無毛
- 葉身の基部は円形
- 葉柄は長さ1.5〜3cmで無毛

樹高	樹皮	葉形	葉序
落葉高木	横模様	単葉	互生

オオヤマザクラ【大山桜】

別名エゾヤマザクラ、ベニヤマザクラ。山地の日当たりのよい適湿地を好み、疎林や林縁に自生し、庭木や公園樹などとして植栽される。

学 名	*Prunus sargentii*		
科属名	バラ科サクラ属	花 期	4～5月
分 布	北海道、本州、四国（石鎚山）	樹 形	円蓋形

成木

樹皮は暗紫褐色でなめらか。横に長い皮目がある。古くなると縦に裂ける。

花期は4～5月。紅色～淡紅色の花が2～3個ずつ集まって咲く。

高さ10～15mになる落葉高木。幹の直径は40～50cmになる。大きなものでは高さ20～25m、幹の直径1mに達する。北海道、本州、四国の石鎚山に分布し、特に本州中部以北、北海道に多い。山地の日当たりのよい適湿地を好み、疎林や林縁に自生し、庭木や公園樹などとして植栽される。材は緻密で建築材や家具材、楽器材、版木などに利用される。

樹皮は暗紫褐色、なめらかで横長の皮目がある。新枝は紫褐色または赤褐色で無毛。

葉は単葉で互生し、葉身は楕円形～倒卵状楕円形で、長さ8～15cm、幅4～8cm。

花は両性花で、4～5月、葉の展開とほぼ同時に、前年枝の葉腋に散形花序を出し、紅色～淡紅色の花を2～3個つける。花の直径は3～4.5cm。花弁は5個、広倒卵形で先端は浅く切れ込み、長さ1.5～2cm。果実は直径1cmほどで球形の核果（かくか）で、5～6月に黒紫色に熟す。

葉は互生して枝につき、葉身は楕円形～倒卵状楕円形で、先端は尾状に伸びる。

表
- 質はやや厚く、表は無毛またはわずかに毛が散生する
- 葉身の先端は尾状に長く尖る
- 縁には先が腺となって終わる粗い鋭鋸歯があり、一部は重鋸歯となる

裏
- 裏は粉白色で無毛
- 葉身の基部は円形～心形
- 葉柄は長さ1.5～3cmで無毛

139

| 樹高 落葉高木 | 樹皮 横模様 | 葉形 単葉 | 葉序 互生 |

カスミザクラ【霞桜】

別名ケヤマザクラ。山地に自生し、ヤマザクラよりも標高の高い所に生える。寒冷地を好み、公園樹や街路樹などとして植栽される。

学 名	Prunus verecunda		
科属名	バラ科サクラ属	花 期	4〜5月
分 布	北海道、本州、四国、九州	樹 形	円蓋形

成木

樹皮はなめらかで灰褐色。横に長い皮目が多く、横筋状になって目立つ。

開花期は4〜5月。白色あるいはわずかに紅色を帯びた花が、2〜3個ずつ集まって咲く。

　高さ15〜20mになる落葉高木。幹の直径は30〜50cmになる。北海道、本州、四国、九州に分布するが、四国や九州ではまれ。山地に自生し、ヤマザクラよりも標高の高い所に生える。寒冷地を好み、公園樹や街路樹などとして植栽される。材は建築材や家具材、器具材、彫刻材などに利用される。
　樹皮は灰褐色でなめらか。横長の皮目が目立つ。新枝は無毛あるいは軟毛が生え、色は灰褐色。

　葉は単葉で互生し、葉身は倒卵形〜倒卵状楕円形で、長さ8〜12cm、幅4〜6cm。
　花は両性花で、4〜5月、葉が展開するのと同時に、前年枝の葉腋に白色あるいはわずかに紅色を帯びた花を2〜3個、散形状または散房状につける。花の直径は2〜3cm。花弁は5個で、長さ1.2〜1.9cmの広倒卵形〜広楕円形で、先端が切れ込む。果実は直径8〜10mmでほぼ球形の核果で、6月に黒紫色に熟す。果実は苦い。

葉は互生して枝につき、葉身は倒卵形〜倒卵状楕円形で、先端は急に細くなって尾状に尖る。

表
- 表は緑色で軟毛が散生する
- 葉身の先端は尾状に伸びて尖る
- 縁には単鋸歯または重鋸歯がある

裏
- 裏は淡緑色でやや光沢がある
- 葉身の基部は円形、まれに心形
- 葉柄は長さ1.5〜2cmで、開出毛が生える

140

ヤマザクラ【山桜】

日当たりを好み、低山地に広く自生し、庭木や公園樹、街路樹などとして植栽される。材は建築材や家具材などに利用される。

学名	*Prunus jamasakura*		
科属名	バラ科サクラ属	花期	3～4月
分布	本州（宮城県・新潟県以西）、四国、九州	樹形	円蓋形

樹皮は紫褐色または暗褐色でなめらか、横長の皮目がある。幼木では、光沢がある。

開花は3～4月。白色、あるいはわずかに紅色を帯びた花が2～5個ずつ集まって咲く。

高さ15～25mになる落葉高木。幹の直径は50～60cmになる。本州の宮城県・新潟県以西、四国、九州に分布する。日当たりを好み、低山地に広く自生し、庭木や公園樹、街路樹などとして植栽される。材は緻密でよい香りがして、建築材や家具材、器具材、楽器材などに利用される。また高級な版木としても知られ、古くは浮世絵の版木として用いられた。

樹皮は紫褐色または暗褐色でなめらか、横長の皮目が目立つ。

葉は単葉で互生し、葉身は長楕円形～卵形で、長さ8～12cm、幅3～5cm。

花は両性花で、3～4月、葉の展開とほぼ同時に、前年枝の葉腋に淡紅色の花を2～5個散房状につけた花序をつくる。花は直径2.5～3.5cm、花弁が5個、円形～広楕円形で先端が切れ込み、長さ1.1～1.9cm。果実は直径7～8mmで球形の核果で、5～6月に黒紫色に熟す。

表
- 葉身の先端は長く尾状に伸びる
- 表は無毛、若葉はわずかに微毛が散生する
- こは先が腺となって終わる鋭単鋸歯、または重鋸歯がある

裏
- 裏は粉白色で無毛
- 葉身の基部は広いくさび形～円形
- 葉柄は長さ2～2.5cmで無毛

新葉は開花と同時に展開する。秋には黄色～黄橙色に黄葉する。

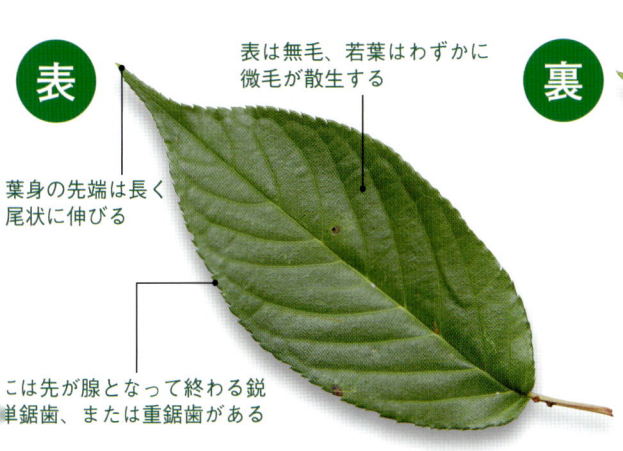

| 樹高 落葉低木 | 樹皮 はがれ・まだら | 葉形 単葉 | 葉序 互生 |

ヤマブキ【山吹】

適湿地を好み、山地の谷川沿いなどに自生し、庭木や公園樹として広く植栽される。鮮やかな黄色の花を咲かせる。

学　名	*Kerria japonica*
科属名	バラ科ヤマブキ属
分　布	北海道、本州、四国、九州
花　期	4〜5月
樹　形	株立ち

幼木
幼木や若枝の樹皮は、鮮やかな緑色でなめらか。生長とともに褐色に変わる。

成木
成木の樹皮は褐色で、数年で枯れて新しい幹枝と交替する。

　株立ちで、高さ1〜2mになる落葉低木。北海道、本州、四国、九州に分布する。適湿地を好み、山地の谷川沿いなどに自生し、庭木や公園樹として広く植栽される。髄は白くて軟らかく、顕微鏡観察で標本の薄切りをつくるときに使うピスとして用いる。
　若枝の樹皮は緑色で、生長するとやがて褐色となり、数年で枯れる。
　葉は単葉で互生し、葉身は倒卵形あるいは長卵形で、長さ4〜8cm、幅2〜4cm。質は薄く、先端は鋭く尖る。
　花は両性花で、4〜5月、新枝の先に直径3〜5cmの鮮やかな黄色の花を1個ずつつける。花柄は長さ8〜15mm。花弁は5個、長さ15〜20mmの倒卵形で円頭、先がわずかにへこむ。多数の雄しべがあり、花柱は5〜8個。萼筒は杯形で、萼裂片は長さ4〜5mmの楕円形。果実は長さ4mmほどで広楕円形の痩果で、1〜5個が集まって9月に茶褐色に熟す。

表
- 葉身の先端は鋭く尖る
- 縁には不揃いな重鋸歯がある
- 表の葉脈はへこむ
- 質は薄く、緑色で無毛

裏
- 裏は淡緑色
- 裏の葉脈はやや隆起し、脈上に短い伏毛が生える
- 葉身の基部は円形またはやや心形

花期は4〜5月。枝先に鮮やかな黄色の5弁花を1つずつつける。

| 樹高 落葉低木 | 樹皮 縦模様 | 葉形 複葉 | 葉序 互生 |

ノイバラ【野薔薇、野茨】

別名ノバラ。原野や林縁、川原などにふつうに生え、庭木などとして植栽される。花は香りがよく香水の材料に、果実は薬用にされる。

学　名	*Rosa multiflora*		
科属名	バラ科バラ属	花　期	5～6月
分　布	北海道、本州、四国、九州	樹　形	株立ち

幼木 幼木や枝は明るい緑色でなめらか。枝には鉤形のトゲがある。

成木 成木の樹皮は暗褐色あるいは黒紫色となり、細かく割れる。

高さ2mになる落葉低木。よく枝分かれをして茂り、枝をややつる状に伸ばし他物を這い上がるように育つことも多い。北海道、本州、四国、九州に分布する。原野や林縁、川原などにふつうに生え、庭木などとして植栽される。花は香りがよく香水の材料に、果実は薬用にされる。バラの園芸品種の繁殖用台木として用いられる。

樹皮ははじめ明るい緑色で、後に暗褐色または黒紫色となる。

葉は奇数羽状複葉で互生し、長さは約10cm。小葉は7～9個、卵形あるいは長楕円形で長さ2～5cm。

花は両性花で、5～6月、枝先に円錐花序を出し、白く芳香のある花を多数つける。花は直径2cmほど、花弁は通常5個で、倒卵形。果実は長さ3～4mmの痩果で、直径6～9mmの液果状になった偽果の中に5～12個入る。偽果は9～11月に赤く熟す。

9～11月に、5～12個の果実が入った実（偽果）が赤く熟す。

表
- 頂小葉は側小葉より少し大きい
- 小葉の先端は急に尖る
- 葉の質は薄くシワがあり、やわらかい
- 小葉の表は浅緑色で光沢はない

裏
- 小葉の縁には鋭鋸歯がある
- 葉軸には軟毛が生える
- 小葉の裏面には軟毛が生える

143

樹高	樹皮	葉形	葉序
落葉低木	縦模様	複葉	互生

ハマナス【浜茄子】

別名ハマナシ。海岸の砂地に自生し、庭木や公園樹として植栽される。花は香水の原料に、果実は食用にされる。

学名	*Rosa rugosa*
科属名	バラ科バラ属
花期	6〜8月
樹形	株立ち
分布	北海道、本州（茨城県以北・島根県以東の海沿い）

成木

樹皮は灰褐色〜淡褐色で、細長いトゲや扁平なトゲが多くある。生長すると縦に裂ける。

花期は6〜8月。紅紫色の5弁花を枝先に1〜3個つける。

幹は叢生して高さ1〜1.5mになる落葉低木。北海道、本州の青森県から茨城県までの太平洋側、および青森県から島根県までの日本海側に分布する。海岸の砂地に自生し、地下茎を伸ばして繁殖し、しばしば群落を形成する。庭木や公園樹として植栽され、鉢植えにも使われる。花は香水の原料に、果実は食用にされる。

枝には軟毛が生え、扁平な太いトゲや細い針状のトゲを多くつける。

葉は奇数羽状複葉で、長さ9〜11cm。小葉は7〜9個、楕円形または卵状楕円形で、長さ3〜5cm、先端は円形。縁には鈍い鋸歯がある。

花は両性花で、6〜8月、枝先に直径5〜8cmで紅紫色の花を1〜3個ずつつける。花弁は倒卵形で5個。萼筒はやや扁平な球形、萼片は3〜4cmで背面に軟毛と細いトゲがある。果実は直径2〜3cmの偽果で、8〜9月に赤く熟し、中に長さ5〜6mmの痩果が入る。

果実（偽果）は表面に光沢があり、8〜9月に赤く熟す。甘酸っぱく食用となる。

表
- 小葉の先端は円形
- 小葉の表の葉脈はへこみ、多くのシワがある
- 深緑色で半光沢
- 縁には鈍鋸歯がある
- 葉軸や葉柄には軟毛が多く生える

裏
- 小葉の裏には軟毛が密生し、間に腺点が混じる
- 小葉の基部は円形または広いくさび形

| 樹高 落葉低木 | 樹皮 なめらか | 葉形 単葉 | 葉序 互生 |

モミジイチゴ【紅葉苺】

山野の日当たりのよい場所に生え、果実は食用となる。和名は葉の形がカエデに似るため。

学　名	*Rubus palmatus* var. *coptophyllus*		
科属名	バラ科キイチゴ属	花　期	3～5月
分　布	北海道（南部）、本州、四国、九州	樹　形	株立ち

幼木

幼木の樹皮は明るい緑色で、生長するにつれ褐色になる。鉤形のトゲが多い。

果実は直径1～1.5cmで球形の集合果で、6～7月に橙黄色に熟す。

　茎は直立してよく分枝し、高さ2mになる落葉低木。北海道南部から九州にかけて、中でも本州の中部地方以北にもっともよく分布する。山野の日当たりのよい場所に生え、果実は食用となる。和名は葉の形がカエデに似るため。中部地方以西の西日本には、3～5裂した葉の中央の裂片が長く突き出たナガバモミジイチゴ（R. palmatus）が分布する。
　茎には鉤形のトゲが多く、枝にははじめわずかに軟毛があり、後に無毛となる。
　葉は単葉で互生し、葉身は卵形あるいは広卵形で、長さ7～15cm。掌状に3～5裂し、多くは5裂する。裂片の先端は鋭く尖り、縁には粗い欠刻と急に尖った鋸歯がある。
　花は両性花で、3～5月、直径3cmほどの白い花を下向きにつける。花弁は菱形状卵形で基部は細い。萼筒は杯形、裂片は先端の尖った狭卵形。果実は直径1～1.5cmで球形の集合果で、6～7月に橙黄色に熟す。

表
- 裂片の先端は鋭く尖る 
- こは粗い欠刻鋸歯がある
- 厚くて光沢があり、無毛

裏
- 脈上には伏毛がある
- 葉身の基部は心形または切形
- 葉柄に鉤状のトゲがある

葉は互生して枝につき、葉身は通常は掌状に5裂する。

145

ナナカマド【七竈】

| 樹高 落葉高木 | 樹皮 深・浅裂 | 葉形 複葉 | 葉序 互生 |

山地に自生し、やや冷涼で日当たりのよい場所を好む。庭木や公園樹、街路樹などとして植栽される。

学　名	*Sorbus commixta*
科属名	バラ科ナナカマド属
分　布	北海道、本州、四国、九州
花　期	5～7月
樹　形	卵形

幼木 若い樹皮は淡褐色でなめらか、楕円形の皮目が目立つ。

成木 生長とともに樹皮は暗灰色になり、浅く縦に、あるいは不規則に裂けるようになる

高さ6～10mになる落葉高木。北海道、本州、四国、九州に分布する。山地に自生し、やや冷涼で日当たりのよい場所を好む。庭木や公園樹、街路樹などとして植栽され、材は緻密で、器具材などに利用される。和名は、材が7回竈(かまど)に入れても燃え残るほど燃えにくいという例えに由来するという説が一般的。

樹皮は暗灰色で浅く縦あるいは不規則に裂け目が入る。若木の頃は淡褐色、なめらかで、楕円形の皮目がある。

葉は奇数羽状複葉で互生し、長さ13～20cm。小葉は9～15個、披針形～長楕円形で長さ3～9cm、幅1～2.5cm。

花は両性花で、5～7月、枝先に直径6～10mmの白い花を多数つけた複散房花序を出す。花弁は円形～卵円形。雄しべは20個、花柱は3～4個で、基部に軟毛が密に生える。果実は直径5～6mmで球形のナシ状果で、9～10月に赤く熟す。

果実は直径5mmほどの球形で、9～10月に真っ赤に熟す。

表
- 小葉の表はほとんど無毛
- 縁には斜上する鋭鋸歯があり、まれに重鋸歯となる
- 小葉の先端は鋭く尖る
- 葉の中央付近の小葉がもっとも大きい

裏
- 小葉の基部は鋭形で左右非対称
- 葉軸上の節には褐色の軟毛が生える
- 葉は長さ13～20cm

| 樹高 落葉高木 | 樹皮 縦模様 | 葉形 単葉 | 葉序 互生 |

アズキナシ【小豆梨】

別名ハカリノメ。低山地の尾根筋や斜面などに多く見られる。庭木として用いられることもあるがまれ。

学名	*Sorbus alnifolia*		
科属名	バラ科ナナカマド属	花期	5～6月
分布	北海道、本州、四国、九州	樹形	卵形

成木 樹皮は灰黒褐色でざらつく。幼木では皮目が目立つ。

老木 老木の樹皮は灰黒褐色で、生長するにつれ、縦に浅く裂ける。

高さ10～15mになる落葉高木。幹の直径は20～30cmになる。北海道、本州、四国、九州に分布し、低山地の尾根筋や斜面などに多く見られる。庭木として用いられることもあるがまれ。材は建築材や器具材などとして利用される。

樹皮は灰黒褐色でざらつき、老木では細長く浅い裂け目が縦に入る。若木では皮目が目立つ。

葉は単葉で互生し、葉身は卵形あるいは楕円形で長さ5～10cm、幅3～7cm。先端は短く尖る。

花は両性花で、5～6月、短枝の先に直径1～1.5cmの白い花を5～20個つけた複散房花序を出す。花弁は5個、円形で開花時には平開する。雄しべは20個ほど、花柱は2個で毛はない。果実は長さ8～10mmで楕円形のナシ状果。10～11月に赤色に熟し、表面にはまばらな白い皮目がある。種子は長さ約6mmの半球形で、4個入る。

表
- 葉身の先端は短く尖る
- 表ははじめ軟毛が散生するが、後に無毛
- 縁には低い重鋸歯がある

裏
- 裏の葉脈は隆起し、脈上に伏毛がある
- 葉身の基部は円形～切形
- 葉柄は長さ1～2cmで赤みを帯び、わずかに軟毛が生える

花期は5～6月。短枝の先に直径1～1.5cmの白い花を複数つける。写真はつぼみ。

147

樹高	樹皮	葉形	葉序
常緑低木	なめらか	単葉	互生

シャリンバイ【車輪梅】

別名タチシャリンバイ。海岸やその近くに自生し、庭木や公園樹などとして植栽される。樹皮は大島紬の褐色を染めるなど、染色に用いられる。

学名	*Rhaphiolepis indica* var. *umbellata*
科属名	バラ科シャリンバイ属
花期	4～6月
樹形	卵形
分布	本州（宮城県・山形県以南）、四国、九州、小笠原、沖縄

成木

樹皮は灰黒色でなめらか。樹皮にはタンニンが多く含まれ、染料とする。

花期は4～6月。枝先に、ウメの花に似た白い小さな5弁花を多数つける。

高さ1～4mになる常緑低木～小高木。本州の宮城県・山形県以南、四国、九州、小笠原、沖縄に分布する。海岸やその近くに自生し、庭木や公園樹などとして植栽される。樹皮は大島紬の褐色を染めるなど、染色に用いられる。

樹皮は灰黒色でなめらか。若枝には褐色の軟毛が生える。

葉は単葉で、車輪状に互生する。葉身は長楕円形～倒卵形で、長さ4～8cm、幅2～4cm。

花は両性花で、4～6月、枝先に白い花を多数つけた円錐花序を出す。花は直径1～1.5cmで、花弁は5個、倒卵形で先端は円形、幅5～8mm、縁にはしばしば歯牙がある。雄しべは長さ5～6mm。花柱は長さ5～6mmで柱頭がわずかに膨らむ。果実は直径1cmで球形のナシ状果、10～11月に黒紫色に熟す。種子は1個で、直径7～8mmの球形。

表
- 葉身の先端は尖るかまたは円頭
- 質は革質で表は光沢がある
- 縁は低い鋸歯がまばらにあるかほとんど全縁で、やや裏側に反る

裏
- 裏は白色を帯びた淡緑色
- 葉身の基部は鋭形～円形
- 葉柄は長さ0.5～2cm

葉は長楕円形～倒卵形で、車輪状に互生して枝につく。

カナメモチ【要黐】

別名アカメモチ。山地の肥沃な傾斜地に多く、尾根筋や沿海地にも自生する。庭園樹や公園樹、生け垣として植栽される。

学　名	*Photinia glabra*
科属名	バラ科カナメモチ属
分　布	本州（東海地方以西）、四国、九州
花　期	5～6月
樹　形	卵形

成木 幼木の樹皮は淡褐色で、横長の皮目がある。生長するにつれ不規則に割れる。

老木 生長とともに樹皮は暗褐色となり、表面は粗く、老木では浅く縦に裂ける。

　高さ5～10mになる常緑小高木。本州の東海地方以西、四国、九州に分布する。山地の肥沃な傾斜地に多く、尾根筋や沿海地にも自生する。庭園樹や公園樹、生け垣として植栽される。材はかたく、器具材や船舶材などに利用される。

　樹皮は暗褐色で粗く、老木では浅く縦に裂ける。

　葉は単葉で互生し、葉身は長楕円形～倒卵状楕円形で、長さ7～12cm、幅2～4cm。先端は鋭く尖る。縁には細かい鋸歯があり、基部はくさび形。

　花は両性花で、5～6月、枝先に小さな白い花を多数つけた直径約10cmの複散房花序を出す。花の直径は1cmほど。花弁は5個、倒広卵形で先端は円形、長さ3mmほど。雄しべは20個で、長さは花弁と同じかわずかに短い。花柱は2個、ときに3個。果実は直径約5mmで卵形のナシ状果、12月に赤く熟す。

表
- 葉身の先端は鋭く尖る
- 縁には細かい鋸歯がある
- 革質で光沢があり、無毛

裏
- 主脈は隆起する
- 葉身の基部はくさび形
- 葉柄は長さ1～1.5cmで無毛

新葉と花のつぼみ。新葉は美しい紅色。花期は5～6月で、枝先に小さな白い花をたくさんつける。

カマツカ【鎌柄】

かつてはウシの鼻輪に用いられたことから別名ウシコロシ。山地や丘陵の日当たりのよい林縁などにふつうに見られる。

学名	*Pourthiaea villosa* var. *laevis*
科属名	バラ科カマツカ属
分布	北海道、本州、四国、九州
花期	4〜6月
樹形	円蓋形

幼木 若い樹皮は灰褐色〜淡灰褐色でなめらか。縦に短い筋状の皮目がある。

成木 縦に筋が入り、生長とともに樹皮に横シワが入るようになる。

高さ5〜7mになる落葉小高木。北海道、本州、四国、九州に分布し、山地や丘陵の日当たりのよい林縁などにふつうに見られる。庭木として植栽され、盆栽にも利用される。材はかたく柔軟性もあり、かつては鍬や鎌の柄、傘の柄、ウシの鼻輪などに用いられた。

樹皮は暗灰色でややなめらか、シワがあり斑紋状になる。

葉は単葉で、長枝では互生し、短枝では輪生状につく。葉身は広倒卵形〜狭倒卵形で、長さ4〜12cm、幅2〜6cm。

花は両性花で、4〜6月、短枝の先に、直径1cmほどの白い花を10〜20個集めた複散房花序を出す。花弁は5個で、長さ、幅ともに5mmほどの円形。基部に短い爪があり、内側の基部には白い軟毛がまばらに生える。雄しべは20個、花柱は3個。果実は長さ8〜10mmで倒卵形あるいは楕円形のナシ状果で、10〜11月に赤く熟す。

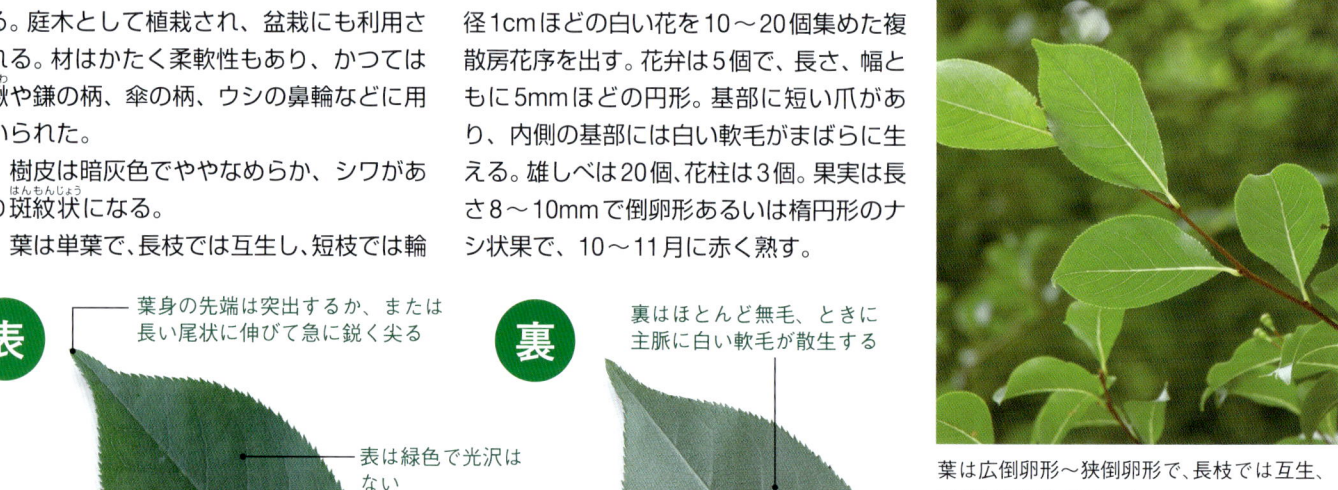

表
- 葉身の先端は突出するか、または長い尾状に伸びて急に鋭く尖る
- 表は緑色で光沢はない
- 紙質でややかたい
- 縁には小さな鋭鋸歯がある

裏
- 裏はほとんど無毛、ときに主脈に白い軟毛が散生する
- 裏は淡緑色
- 葉身の基部はくさび形
- 葉柄は長さ2〜10mm

葉は広倒卵形〜狭倒卵形で、長枝では互生、短枝には輪生状につく。

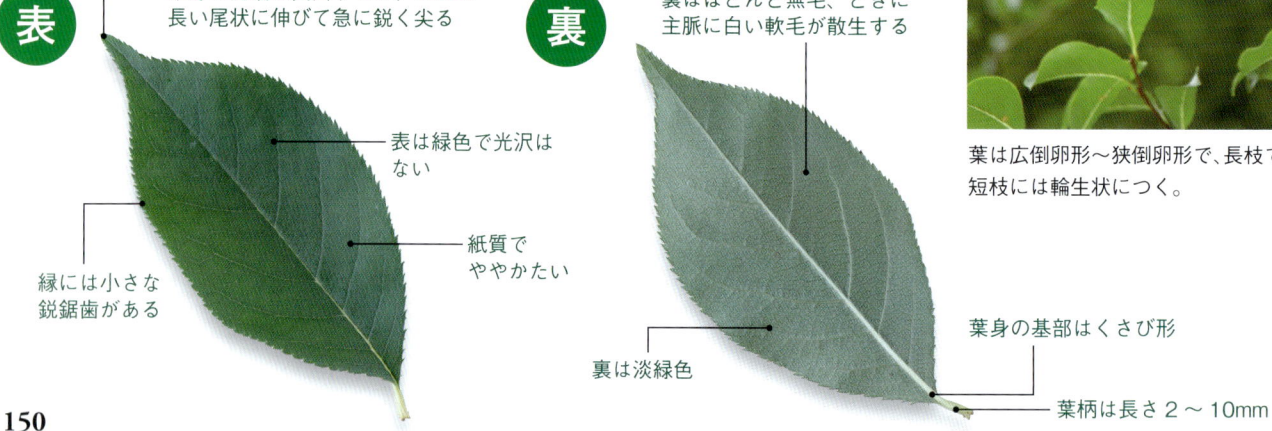

ズミ【酸実】

別名コリンゴ、コナシ、ミツバカイドウ。日当たりのよいやや湿った場所を好み、山地の林縁や湿原などに自生する。

学名	*Malus toringo*
科属名	バラ科リンゴ属
分布	北海道、本州、四国、九州
花期	5〜6月
樹形	不整形

成木

樹皮ははじめ暗紫褐色で、後に灰褐色。縦に割れて短冊状にはがれる。

球形の果実。直径は6〜10mmで、9〜10月に熟して赤くなる。

　高さ6〜10mになる落葉小高木〜高木。幹の直径は30〜40cmになる。北海道、本州、四国、九州に分布する。日当たりのよいやや湿った場所を好み、山地の林縁や湿原などに自生し、庭木や公園樹などとして植栽される。樹皮からは黄色の染料が採れ、材は緻密でかたい。かつてはリンゴの台木として用いられた。
　樹皮は灰褐色で、縦に割れ目が入り、短冊状にはがれる。新枝は紫褐色で毛がある。

　葉は単葉で互生し、葉身は長楕円形または卵状長楕円形で、長さ3〜8cm、幅2〜4cm。長枝につく葉は3〜5裂することが多い。
　花は両性花で、5〜6月、短枝の先に、白い花を4〜8個つけた散形花序を出す。花は直径2〜4cm、花弁は5個、倒卵形で先端は円形、長さ1〜1.5cm。雄しべは多数で、花柱は通常3個、まれに4〜5個。果実は直径6〜10mmで球形のナシ状果、9〜10月に赤色に熟す。

葉は互生して枝につく。長枝の葉の多くは3〜5裂する。

表
- 葉身の先端は尖る
- ほぼ無毛
- 縁には鋭い重鋸歯または細かい鋸歯がある

裏
- ほぼ無毛
- 長枝の葉は葉身が3〜5裂することが多い
- 葉身の基部は円形またはくさび形
- 葉柄は長さ1〜3cmで、白い軟毛が生える

151

樹高	樹皮	葉形	葉序
落葉高木	なめらか	複葉	互生

ネムノキ【合歓の木】

日当たりのよい乾燥した原野や川原に自生し、庭木や街路樹として植栽される。6〜7月に淡紅色の花を咲かせる。

学　名	*Albizia julibrissin*		
科属名	マメ科ネムノキ属	花　期	6〜7月
分　布	本州、四国、九州、沖縄	樹　形	不整形

成木

幼木の樹皮は、なめらかで緑がかった淡褐色。成木では灰褐色になり、皮目が目立つ。

花期は6〜7月。枝先に10〜20個の花が頭状に集まって咲く。紅色の花糸が美しい。

　高さ10mになる落葉高木。本州、四国、九州、沖縄に分布する。日当たりのよい乾燥した原野や川原に自生し、庭木や街路樹として植栽される。

　樹皮は灰褐色でなめらか、皮目が多い。枝は太くまばらに枝分かれをする。

　葉は2回偶数羽状複葉で互生し、羽片は7〜12対でほぼ対生する。羽片には30〜60個の小葉が対生する。小葉は狭卵状楕円形で先端が尖り、長さ10〜17mm、幅4〜6mm。夜になると小葉が閉じ、葉が垂れ下がる。葉柄の基部に杯状の蜜腺がある。

　花は両性花で、6〜7月、枝先に10〜20個の花が頭状に集まって開花する。花は淡紅色、花弁は長さ8mmほどで、中程まで合着して漏斗状となる。雄しべは多数あり、長さ3〜4cm、花の外に長く突出する。果実は長さ10〜15cm、幅1.5〜2cmの豆果で、10〜12月に褐色に熟して裂開し、10〜18個の種子を出す。

果実は種子が10数個入った豆果。10〜12月に褐色に熟して裂開する。

表
- 小葉の縁には毛がある
- 小葉の先端は尖る

裏
- 小葉柄は無柄
- 小葉の裏の主脈上には毛がある

| 樹高 落葉高木 | 樹皮 なめらか | 葉形 複葉 | 葉序 互生 |

サイカチ【皂莢】

別名カワラフジノキ、サイカシ、サイカイシ。日当たりのよい川岸や山野の水辺に多く見られる。庭園や公園、社寺などに植栽される。

学 名	*Gleditsia japonica*		
科属名	マメ科サイカチ属	花 期	5〜6月
分 布	本州、四国、九州	樹 形	卵形

幼木
幹には枝が変化した大形のトゲがある。幼木の樹皮は緑色を帯びた灰褐色で、皮目が多い。

成木
樹皮は灰褐色〜黒褐色。生長に伴い皮目に覆われるようになる。

高さ20mになる落葉高木。幹の直径は1mになる。本州、四国、九州に分布する。日当たりのよい川岸や山野の水辺に多く見られる。庭園や公園、社寺などに植栽され、人家近くでも見ることができる。

樹皮は灰褐色〜黒褐色でなめらか。老木では縦に浅い裂け目が入る。幹には枝が変化した大形のトゲがある。

葉は互生し、短枝につく葉は1回偶数羽状複葉で小葉が12〜24個つく、小葉は狭卵形または楕円形。長枝につく葉は2回偶数羽状複葉で、羽片は4〜8対が互生、各羽片の小葉は12〜20個が互生または対生する。

雌雄同株で、雄花、雌花、両性花があり、5〜6月、短枝の先に淡黄緑色の花を集めた長さ10〜15cmの穂状花序を出す。花は直径7〜8mmで、花弁は4個。雄花はやや小さく、花軸の1カ所に集まり、雌花と両性花はややまばらにつく。果実は長さ20〜30cmの豆果（とうか）で、10〜11月、濃紫色に熟す。

老木
老木では、樹皮が縦に浅く裂けるようになり、トゲは次第に減っていく。

表
- 表は緑色で、無毛か脈上に毛がある
- 小葉の縁は全縁、または波状の鋸歯がある
- 1回偶数羽状複葉につく小葉の先は円頭〜鈍頭

裏
- 裏は淡い緑色で無毛
- 小葉柄は無柄

153

樹高	樹皮	葉形	葉序
落葉高木	深・浅裂	複葉	互生

エンジュ【槐】

日本には古くに渡来し、庭木や街路樹などとして各地で植栽されている。つぼみからは黄色の色素が採れ、薬用とされる。

学　名	*Sophora japonica*		
科属名	マメ科クララ属	花　期	7～8月
分　布	中国原産	樹　形	楕円形

成木

樹皮は暗灰褐色で、縦に割れる。老木では不規則な短冊状にはがれる。

花期は7～8月。黄白色の蝶形花を枝先に多数つける。

　高さ20mになる落葉高木。中国原産で、日本には古くに渡来し、庭木や街路樹などとして各地で植栽されている。材は緻密で、建築材や木工品などに利用される。つぼみからは黄色の色素が採れ、薬用とされる。

　樹皮は暗灰褐色で、縦に割れ目が入る。枝は緑色〜暗い緑褐色。

　葉は奇数羽状複葉で互生し、長さ15〜25cm、9〜15個の小葉が対生または互生する。小葉は卵形で長さ2.5〜6cm、幅1.5〜2.5cm、表は深緑色で毛はなく、裏は淡白色で白い短毛が伏す。

　花は両性花で、7〜8月、長さ30cmほどの2回複総状花序を枝先に出し、長さ約15mmで黄白色の蝶形花を多数つける。雄しべは10個で離生する。雌しべは1個。旗弁はほぼ円形で先がへこみ、中央が黄色を帯びる。果実は長さ4〜7cmの豆果で、数珠状にくびれる。果皮はやや肉質で、乾燥せず、裂開しない。

果実は豆果で、数珠状にくびれ、9〜10月に熟す。

表
- 小葉の先端は鋭頭、またはやや鈍頭でわずかに尖る
- 質は革質で光沢がある
- 表は深緑色で無毛

裏
- 裏は白色を帯びる
- 裏には伏した白い短毛が生える

ハリエンジュ【針槐】

別名ニセアカシア。公園樹や街路樹、砂防樹として広く植栽され、野生化したものもある。花は甘いよい香りがし、貴重な蜜源植物のひとつ。

学 名	*Robinia pseudoacacia*		
科属名	マメ科ハリエンジュ属	花 期	5〜6月
分 布	北アメリカ原産	樹 形	楕円形

成木

樹皮は淡褐色、縦長で網目状の深い割れ目が入り、表面はさらに細かく網目状にひび割れる。

花期は5〜6月。香りのよい白い蝶形花が総状に集まって垂れ下がる。

　高さ15mになる落葉高木。北アメリカ原産で、日本には明治時代初期に渡来し、公園樹や街路樹、砂防樹として広く植栽され、崩壊地や土手、川岸などに野生化したものもある。花は甘い香りがして、貴重な蜜源植物のひとつでもある。材は重くてかたい。
　樹皮は淡褐色で、縦に長い網目状の深い割れ目がある。
　葉は長さ12〜25cmの奇数羽状複葉で、互生する。小葉は7〜23個でほぼ対生し、膜質で、長さ2.5〜5cmの楕円形。
　花は両性花で、5〜6月、10〜15cmの総状花序を葉腋から下垂し、多数の蝶形花が密生する。花は白色で、香りがよく、長さ2cmほど。萼は広鐘形で毛が生え、上部が5裂する。旗弁の基部には黄色の斑点がある。果実は長さ5〜10cm、幅1.5〜2cmの豆果で、背軸側に狭い翼がつき、表面に毛はない。10月に熟して2つに裂けて開き、3〜10個の種子が出る。

葉は、楕円形の小葉が7〜23個対生した奇数羽状複葉で、枝に互生してつく。

表
- 小葉の先端は円頭または凹頭で、小さく尖る
- 縁は全縁
- 小葉の表は無毛、または毛が生える

裏
- 小葉の裏には毛が生える
- 小葉の基部には、通常トゲ状になった托葉がある
- 葉は長さ12〜25cm

155

フジ【藤】

別名ノダフジ。日当たりのよい、やや湿度のある林縁や明るい樹林内に自生し、庭園樹や公園樹として植栽され、鉢植えや盆栽にも利用される。

学 名	*Wisteria floribunda*		
科属名	マメ科フジ属	花 期	5月
分 布	本州、四国、九州	樹 形	つる状形

幼木: 若い枝は赤褐色。菱形状の浅い裂け目模様があり、茎が他物に巻きつくように生育する。

成木: 樹皮は灰褐色で、幹そのものが複雑に隆起し、不規則に裂け、割れ目が生じる。

　落葉つる性木本で、他物に巻きつき、ときに大形となる。日本固有種で、本州、四国、九州に分布する。日当たりのよい、やや湿度のある林縁や明るい樹林内に自生し、庭園樹や公園樹として植栽され、鉢植えや盆栽にも利用される。

　樹皮は灰褐色で、若木では菱形状の浅い裂け目模様があり、生長すると幹に複雑な凹凸が生じ、不規則な裂け目が入る。

　葉は奇数羽状複葉で互生し、長さは20〜30cmで、11〜19個の小葉がつく。小葉は長楕円形または狭卵形で、長さ4〜10cm、先端はやや鋭く尖る。

　花は両性花で、5月、枝先に長さ20〜100cmの総状花序を出し、多数の蝶形花をつける。花は紫色で長さ1.5〜2cm、旗弁は大きく目立ち、基部が黄色い。果実は長さ10〜20cmの豆果で、表面にビロード状の短毛が密生する。10〜12月に熟すと乾燥し、2裂してねじれ、種子を飛び散らせる。

花期は5月。紫色の蝶形花が多数集まって総状花序をつくり、枝先から下垂する。

表
- 小葉の先端はやや鋭く尖る
- 小葉の表は、濃緑色でほぼ無毛
- 薄い革質

裏
- 小葉の裏は淡緑色
- 小葉の基部は鈍形または円形

| 樹高 落葉低木 | 樹皮 縦模様 | 葉形 複葉 | 葉序 互生 |

ヤマハギ【山萩】

別名ハギ。日当たりのよい山野の草地や林縁にふつうに見られる。庭園樹や生け垣などとして植栽され、鉢植えや切り花としても利用される。

学 名	*Lespedeza bicolor*
科属名	マメ科ハギ属
分 布	北海道、本州、四国、九州
花 期	7～9月
樹 形	株立ち

明確な幹はなく、木質化した茎は褐色。よく枝分かれする。

花期は7～9月。紅紫色の蝶形花が新枝の上部に多数集まり開花する。

高さ1～2mの落葉低木。北海道、本州、四国、九州に分布し、日当たりのよい山野の草地や林縁にふつうに見られる。庭園樹や生け垣などとして植栽され、鉢植えや切り花としても利用される。いわゆる「ハギ」とは、ハギ属のヤマハギ亜属の総称で、一般には本種やミヤギノハギを指すことが多い。

樹皮は褐色。明らかな幹はなく、たくさんの細い枝が分岐し、下垂する。

葉は互生し、3出複葉。葉柄は細長く、長さ1～5cm。小葉は広楕円形～広倒卵形で長さ2～4cm。先端は円形またはわずかにへこむが、新枝から出た葉では先端が尖る。基部は円形で、ごく短い柄がある。

花は両性花で、7～9月、新枝の上部の葉腋に多数の長い総状花序を出し、紅紫色の蝶形花をつける。花弁は長さ約1cm、翼弁の色がほかよりも濃い。萼は4深裂する。果実は平らな楕円形の豆果で、10月に熟すが、裂開しない。中に種子が1個入る。

表
- 葉身の先端は円形、またはわずかにへこむ
- 表にははじめ微毛が生えるが、後に無毛
- 小葉の表は緑色
- 葉柄は長さ1～5cmで細い

裏
- 裏には微毛が生えるが、ときに無毛
- 葉身の基部は円形で、ごく短い小葉柄がある

葉は3出複葉で、小葉は広楕円形～広倒卵形。互生して枝につく。

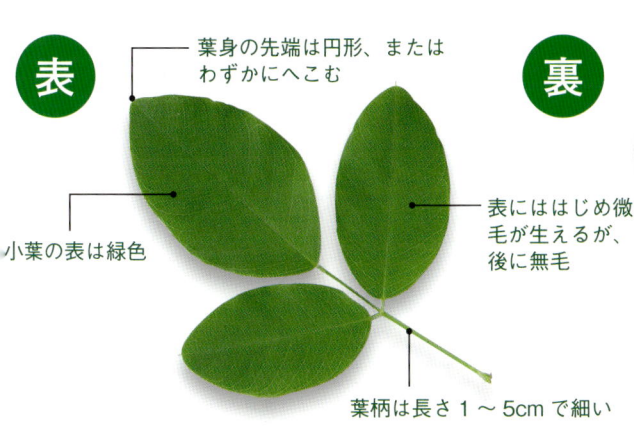

157

樹高	樹皮	葉形	葉序
落葉低木	縦模様	複葉	互生

マルバハギ【丸葉萩】

日当たりのよい山野にふつうに見られ、庭木や公園樹として植栽される。和名は、小葉の形がヤマハギなどに比べて円いことによる。

学 名	*Lespedeza cyrtobotrya*		
科属名	マメ科ハギ属	花 期	8〜10月
分 布	本州、四国、九州	樹 形	株立ち

成木

はじめ樹皮は褐色でなめらか。生育するにつれ、皮目が縦に並ぶ。

花期は8〜10月。濃紅色の蝶形花が密に集まって咲く。

　高さ1〜2mになる落葉低木。本州、四国、九州に分布する。日当たりのよい山野にふつうに見られ、庭木や公園樹として植栽される。和名は、小葉の形がヤマハギなどに比べて円いことに由来する。
　樹皮は褐色でなめらか。枝には縦に稜線があり、白い短毛が生える。
　葉は3出複葉で互生し、小葉は長さ2〜3cmの円形または倒卵形で、先端は円形〜切形、またはややへこむ。基部は円形あるいは鈍形。裏は白色を帯びた淡緑色で、多くの伏毛が生える。
　花は両性花で、8〜10月、葉腋から総状花序を出し、濃紅紫色の蝶形花を密につける。花序はほかのハギの仲間のものより短く、枝の基部につく葉より短い。花の直径は1〜1.5cm。萼は4深裂し、先端は鋭く尖る。果実は長さ6〜7mmの平らな楕円形の豆果で、表面に白色の毛が生える。10〜11月に熟すが、割れない。

表
- 小葉の先端は円形〜切形、またはややくぼむ
- 小葉の縁は全縁
- 小葉の表は無毛
- 側小葉の小葉柄はほぼ無柄

裏
- 小葉の裏には多くの短毛が生え、白色を帯びた淡緑色
- 小葉の基部は円形または鈍形

葉は3出複葉で互生して枝につく。小葉の先端は円形かややくぼみ、尖ることはない。

| 樹高 落葉小高木 | 樹皮 なめらか | 葉形 単葉 | 葉序 互生 |

シラキ【白木】

別名シロキ。山地や丘陵の落葉単葉樹林内に自生し、特に渓流沿いに多い。庭木や公園樹として植栽される。

学 名	*Sapium japonicum*
科属名	トウダイグサ科シラキ属
分 布	本州、四国、九州、沖縄
花 期	5～7月
樹 形	卵形

成木

樹皮は灰白色～灰褐色でなめらか。老木になると縦に浅くて細い裂け目が入る。

花期は5～7月。花は小さく黄色、花序の上部に多数の雄花、基部に1～数個の雌花がつく。

高さ4～6mになる落葉小高木。本州、四国、九州、沖縄に分布する。山地や丘陵の落葉広葉樹林内に自生し、特に渓流沿いに多く見られる。庭木や公園樹として植栽され、材は器具材などに利用される。

樹皮は灰褐色あるいは灰白色でなめらか。老木では縦に細く浅い裂け目がある。

葉は単葉で互生し、葉身は卵状楕円形で、長さ7～17cm、幅6～11cm。

雌雄同株で、5～7月、黄色の小さな花を多数つけた、長さ6～8cmの総状花序をつける。花序の上部には多数の雄花がつき、基部には1～数個の雌花がつくが、雌花を欠くこともある。雄花は長さ2.5～3mmの柄があり、雄しべは2～3個、花糸は短く基部が合着する。雌花の柄は長さ約7mm、萼は3裂して長さ1mmほど。花柱は3個で基部は合着する。果実は直径約1.8cmの三角状扁球形の蒴果で、先端に花柱が残り、10～11月に黒褐色に熟して3裂する。

表
- 葉身の先端は鋭く尖る
- 縁は全縁

裏
- 裏は淡緑白色で無毛

葉は互生して枝につく。裏は粉白色を帯びる。葉身の基部周辺に腺点が目立つ。

- 葉身の基部または葉柄が葉身につく部分に腺点がある
- 葉身の基部は切形
- 葉柄は長さ1～2.5cm

159

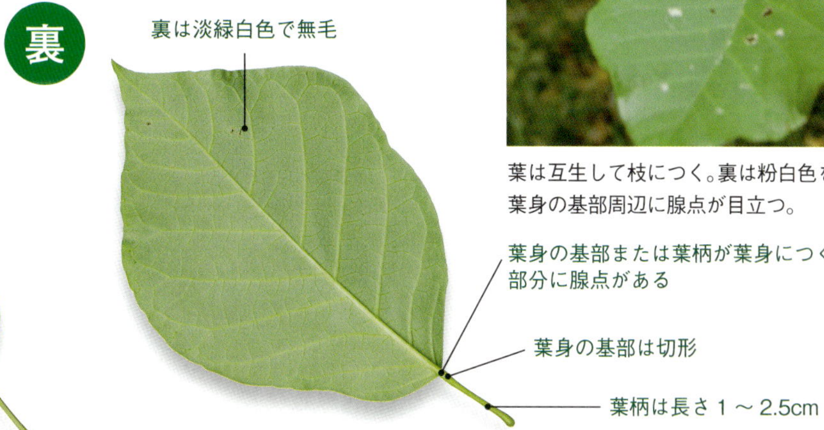

アカメガシワ【赤芽柏】

別名ゴサイバ、サイモリバ。山野にふつうに生え、特に林縁や伐採跡地などの明るい場所に多く見られる。公園樹などとして植栽される。

学 名	*Mallotus japonicus*		
科属名	トウダイグサ科アカメガシワ属	花 期	6〜7月
分 布	本州、四国、九州、沖縄	樹 形	卵形

幼木 幼木の樹皮は灰褐色で、縦に細い筋が入る。筋の底は橙色や黒色。

成木 成木の樹皮は灰褐色で、筋が交叉して、縦に長い菱形の網目模様となる。

　高さ15mになる落葉高木。幹の直径は50cmになる。本州、四国、九州、沖縄に分布する。山野にふつうに生え、特に林縁や伐採跡地などの明るい場所に多く見られる。公園樹などとして植栽される。材は器具材などに利用される。
　樹皮は灰褐色で、縦に浅い割れ目が入る。若枝は灰色で、密に星状毛が生える。
　葉は互生し、葉身は卵形あるいは広卵形で長さ7〜20cm、幅5〜14cm。先端は鋭く尖り、全縁あるいは波状となり、若木では先の方で浅く3裂することがある。
　雌雄異株で、6〜7月、枝先に花弁のない花を多数つけた長さ7〜20cmの円錐花序を出す。花序軸には星状毛が密生する。雄花は数個ずつ苞の腋につき、萼は淡黄色で、3〜4裂する。雌花は1個ずつ苞の腋について、萼は2〜3裂する。果実は直径8mmほどで扁球形の蒴果で、トゲ状の突起が密に生え、9〜10月に褐色に熟す。

若葉には紅色の毛が密生し、鮮やかで美しい紅色になる。

表
- 葉身の先端は鋭く尖る
- 表は明るい緑色または黄緑色で、星状毛が生える

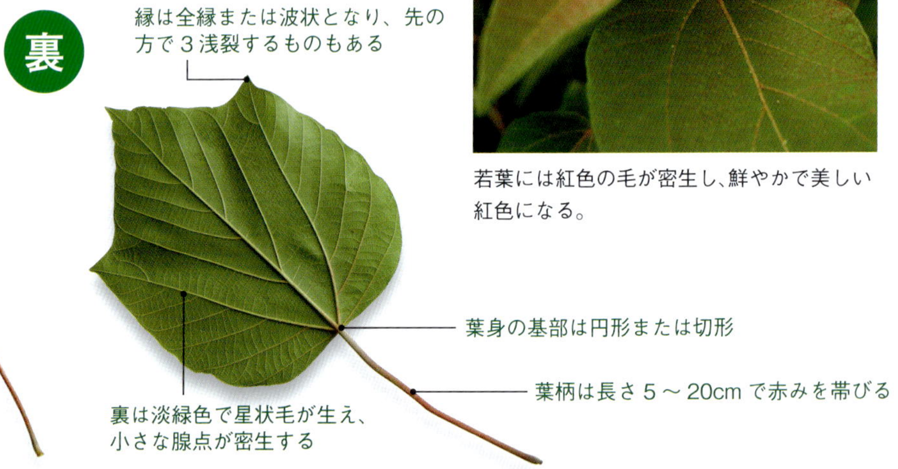

裏
- 縁は全縁または波状となり、先の方で3浅裂するものもある
- 裏は淡緑色で星状毛が生え、小さな腺点が密生する
- 葉身の基部は円形または切形
- 葉柄は長さ5〜20cmで赤みを帯びる

| 樹高 常緑高木 | 樹皮 なめらか | 葉形 単葉 | 葉序 互生 |

ユズリハ【譲葉】

山地の林内に自生し、庭木や公園樹として植栽される。春先に新葉が出ると古い葉が落ちることから「譲り葉」の和名がある。

学　名	*Daphniphyllum macropodum*		
科属名	ユズリハ科ユズリハ属	花　期	5～6月
分　布	本州（東北地方南部以南）、四国、九州、沖縄	樹　形	卵形

成木

樹皮は灰褐色でなめらか、楕円形の皮目があり、縦に細い筋が入る。

花期は5～6月。雌雄異株で雄花は萼片も花弁もなく、雌花の萼片は小さいか、あるいはない。

高さ10mになる常緑高木。幹の直径は30cmになる。本州の東北地方南部以南、四国、九州、沖縄に分布する。山地の林内に自生し、庭木や公園樹として植栽される。春先に新葉が出ると古い葉が落ちることから「譲り葉」の和名があり、葉を正月飾りに用いる。

樹皮は灰褐色でなめらか。縦に細い筋が入り、楕円形の皮目がある。若い枝は紅色を帯びる。

葉は単葉で互生し、葉身は長楕円形～倒披針形で長さ8～20cm、幅3～7cm。枝先に集まってつく。

雌雄異株で、5～6月、長さ4～12cmの総状花序を前年枝の葉腋に出す。雄花の雄しべは6～12個で、花弁と萼片はなく、葯は紫褐色で目立つ。雌花の萼片は小さいか、あるいはない。柱頭は紫褐色で外向きに反り返る。果実は長さ8～9mmで卵状楕円形の核果で、11～12月に黒藍色に熟す。

葉は革質で表は光沢があり、枝先に集まって互生する。

表
- 葉身の先端は短く尖る
- 縁は全縁
- 革質でやや光沢があり、無毛
- 葉身は長さ8～20cm

裏
- 白色を帯びる
- 葉身の基部はくさび形
- 葉柄は長さ4～6cm

樹高	樹皮	葉形	葉序
落葉低木	なめらか	単葉	互生

コクサギ【小臭木】

やや湿った沢沿いの林内や藪に自生する。全体に臭気があり、クマツヅラ科のクサギより小さいためこの名がついた。

学 名	*Orixa japonica*		
科属名	ミカン科コクサギ属	花 期	4〜5月
分 布	本州、四国、九州	樹 形	卵形

成木

樹皮はなめらかで灰褐色あるいは灰白色。円い小さな皮目がある。

雌雄異株で、4〜5月に淡黄緑色の花が咲く。雄花は総状に、雌花は単生する。写真は雄花。

　高さ1〜5mになる落葉低木。よく分枝する。本州、四国、九州に分布する。やや湿った沢沿いの林内や藪に自生する。全体に臭気があり、クマツヅラ科のクサギより小さいためこの名がついた。かつては枝葉を緑肥として用いた。

　樹皮は灰褐色あるいは灰白色でなめらか、小さな円形の皮目がある。若枝は微毛があり、灰緑色または赤紫色。

　葉は単葉で、左右交互に2個ずつつく特殊な互生をする。葉身は倒卵状長楕円形または菱形状卵形で、長さ5〜12cm、幅3〜7cm。

　雌雄異株で、4〜5月、前年枝の葉腋に淡黄緑色の花をつける。雄花序は長さ2.5〜5cmの総状で、10個ほどの雄花がつく。雌花は長さ1〜2cmの柄の先に単生する。花は直径7〜10mmで、花弁は4個で長楕円形。果実は、長さ8〜10mmの歪んだ楕円形をした3〜4個の分果（ぶんか）に分かれる。7〜10月に成熟して上部が裂開し、種子を1個飛ばす。

葉は枝の1側に2個ずつ交互につける〈コクサギ型葉序〉と呼ばれる変則的な互生をする。

表
- 葉身の先端は短く尖る
- 薄くてやわらかい
- 縁は全縁、またはごく低い鋸歯がある
- 表の脈上には短毛が散生する

裏
- 全体に毛があり、特に脈上に多い
- 葉身の基部はくさび形
- 葉柄は長さ2〜7mmで、軟毛が生える

162

| 樹高 落葉低木 | 樹皮 なめらか | 葉形 複葉 | 葉序 互生 |

サンショウ 【山椒】

別名ハジカミ。低山地や丘陵の、やや湿気の多い林内や林縁に自生し、また広く栽培もされる。若葉や果実は薬味や香辛料などとして食用となる。

学名	*Zanthoxylum piperitum*
科属名	ミカン科サンショウ属
分布	北海道、本州、四国、九州
花期	4〜5月
樹形	卵形

成木

樹皮は灰褐色。若木はトゲと皮目が目立つ。生長すると、トゲはイボ状突起となり樹皮は皮目に覆われる。

果実は直径5mmほどの球形、秋に紅色に熟して割れ、黒く光沢のある種子を出す。

高さ1〜5mになる落葉低木。幹の直径は8〜15cmになる。北海道、本州、四国、九州に分布する。低山地や丘陵の、やや湿気の多い林内や林縁に自生し、また利用を目的に広く栽培もされる。太い枝はすりこぎとして利用され、若葉や果実は薬味や香辛料などとして食用となる。

樹皮は灰褐色でなめらか。ごつごつとしたイボ状の突起がある。

葉は長さ5〜18cmの奇数羽状複葉で、互生する。小葉は11〜19個、卵状長楕円形あるいは卵形で、長さ1〜3.5cm、幅6〜14mm。

雌雄異株で、4〜5月、枝先に小さな淡黄緑色の花をつけた長さ2〜5cmの円錐花序を出す。雄花の花被片は長さ約2mmで5〜9個あり、雄しべは4〜8個。雌花の花被片は7〜8個で、花柱は離生する。果実は球形で直径5mmほどの2個の分果に分かれる。9〜10月に紅色に熟して裂開し、1個の黒く光沢のある種子を出す。

表
- 小葉の先端は鈍く尖り2浅裂する
- 小葉柄は無柄か、あっても長さ1mmほど
- 葉軸の上面に白い毛がある
- 小葉の基部は円形または鈍形
- 小葉は主脈がへこみ、毛がある
- 小葉の縁には粗い鈍鋸歯がある

裏
- 小葉の裏は無毛
- 小葉の裏には油点が散在する
- 鋸歯の基部には腺点がある

葉は奇数羽状複葉で互生して枝につく。小葉は11〜19個。葉のつけ根には一対のトゲがある。

キハダ【黄蘗・黄膚】

別名ヒロハノキハダ。山地の沢沿いの林内などに自生し、公園樹などとして植栽もされる。和名は樹皮の内皮が鮮黄色のため。

学名	*Phellodendron amurense*		
科属名	ミカン科キハダ属	花期	5〜7月
分布	北海道、本州、四国、九州	樹形	卵形

幼木 樹皮は灰黒色で、皮目が目立つ以外は、比較的なめらかで生長とともに裂けてくる。

成木 成木では縦に深く裂け、ときに網目状。老木ではコルク層が発達して、樹皮が隆起する。

高さ20mになる落葉高木。北海道、本州、四国、九州に分布する。山地の沢沿いの林内などに自生し、公園樹などとして植栽もされる。和名は樹皮の内皮が鮮黄色のためで、この内皮は薬用とする。材は建築材や家具材、器具材などに利用される。

樹皮は灰黒色あるいは黒褐色で、縦にやや深い溝がある。若枝は赤褐色〜黄褐色で、縦に長い皮目がある。

葉は長さ15〜40cmの奇数羽状複葉で、対生する。小葉は5〜13個、卵状長楕円形で、長さ4〜12cm、幅1.5〜5cm。

雌雄異株で、5〜7月、小さな黄緑色の花を多数つけた円錐花序を枝先に出す。花弁は長さ約4mmの卵状長楕円形で5個、内面に白い毛が密生する。雄花には5個の雄しべがあり、花糸の基部には白毛がある。雌花には退化した小さな雄しべ5個と、雌しべ1個がある。果実は直径約1cmで球形の核果で、9〜10月に黒く熟す。

表
- 小葉の先端は鋭く尾状に尖る
- 小葉の縁には鈍鋸歯がある
- 無毛
- 葉は長さ15〜40cm

裏
- 小葉の裏はわずかに白色を帯び、無毛または主脈の下部に長毛がある
- 小葉柄は長さ1〜4mm
- 小葉の基部は円形〜広いくさび形
- 葉柄は無毛または上面に短毛が生える

葉は奇数羽状複葉で、対生して枝につく。小葉は卵状長楕円形で、もむと芳香がある。

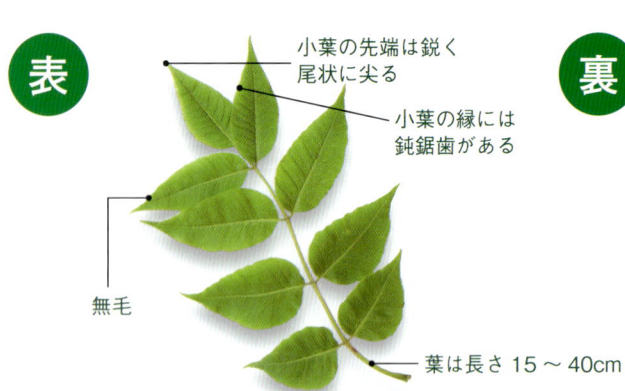

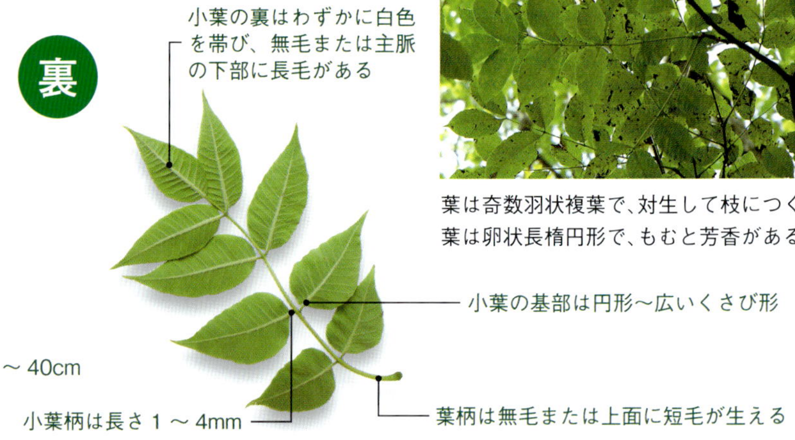

カラタチ【唐橘】

別名キコク。広く各地で栽培され、ときに野生化したものもある。生け垣として植栽され、柑橘類の台木としても用いられる。

学　名	*Poncirus trifoliata*		
科属名	ミカン科カラタチ属	花　期	4～5月
分　布	中国原産	樹　形	不整形

幼木
幼木の樹皮は濃緑色で、縦に褐色の筋がある。生長とともに灰褐色になる。

成木
成木の樹皮は緑がかった灰褐色、あるいは灰黒色になり、細かい縦筋が入る。

高さ2～3mの落葉低木。中国原産で、日本には古くに渡来し、広く各地で栽培され、ときに野生化したものもある。生け垣として植栽され、柑橘類の台木としても用いられる。和名は、"唐"から渡来した"橘"すなわち「カラタチバナ」の略。

樹皮は緑がかった灰褐色で、縦に細長い溝ができる。枝は緑色で、長さ1～3.5cmの太く鋭いトゲがある。

葉は3出複葉で互生し、長さ3～5cm。葉柄に翼がある。小葉は倒卵形あるいは長楕円形で、長さ1.5～3.5cm、幅0.8～2cm。

花は両性花で、4～5月、葉の展開に先立って、芳香のある白い花をつける。花は直径3.5～5cm。花弁は5個、倒卵状長楕円形、先端は円形で下部は細く狭まる。萼片は長さ5～6mm。果実は直径3～5cmで球形のミカン状果。10月、黄色く熟す。果肉は黄色くよい香りがあるが、苦いため食用には向かない。

果実は10月頃黄色く熟す。果肉は良い香りがするが、苦味があって食用には向かない。

表
- 小葉の先端は鈍く、ややへこむ
- 小葉の縁には低い鈍鋸歯がある
- 頂小葉はほかよりも大きい

裏
- 小葉の裏には油点が散在する
- 小葉の基部はくさび形
- 葉柄には翼がある

165

センダン【栴檀】

別名オウチ。暖地の日当たりのよい海岸近くに自生し、公園樹や街路樹として植栽され、学校などにもよく植えられる。

学名	*Melia azedarach* var. *subtripinnata*		
科属名	センダン科センダン属	花期	5〜6月
分布	四国、九州、沖縄	樹形	卵形

成木

若木の樹皮は濃茶色で皮目が目立ち、生長とともに赤褐色〜暗灰褐色となり、縦に粗い裂け目ができる。

花期は5〜6月。淡紫色の5弁花が集散状に集まって咲く。

高さ5〜10mになる落葉高木。大きなものでは高さ20m、幹の直径は80cmに達する。四国、九州、沖縄に分布する。暖地の日当たりのよい海岸近くに自生し、公園樹や街路樹として植栽され、学校などにもよく植えられる。材は家具材などとして利用され、果実や樹皮を駆虫剤に用いる。

樹皮は赤褐色で、縦に粗い裂け目がある。本年枝は緑色〜暗緑色で、皮目がある。

葉は2〜3回奇数羽状複葉で互生し、長さは10〜30cm。小葉は卵状楕円形で長さ3〜6cm、幅1〜2.5cm。

花は両性花で、5〜6月、本年枝の葉腋から集散花序を出して、多数の花をつける。花弁は淡紫色で5個、倒披針形で長さ8〜10mmで、平開する。雄しべは10個で、花糸が合着して紫色の筒状となる。雄しべ筒の先端は細かく切れ込み、内側に葯がある。雌しべは1個。果実は長さ1.5〜2cmの楕円形の核果で、10〜12月に黄褐色に熟す。

果実は長さ2cmほどの楕円形。はじめ緑色で、10〜12月に黄褐色に熟す。

表
- 小葉の先端はやや長く鋭く尖る
- 小葉の縁には不揃いな鈍鋸歯がある
- 葉は長さ10〜30cm

裏
- 主脈や小葉柄には、はじめ毛が生えるが、後に無毛
- 小葉柄の長さは1cm以下
- 小葉の基部は左右非対称

| 樹高 落葉つる性 | 樹皮 縦模様 | 葉形 複葉 | 葉序 互生 |

ツタウルシ【蔦漆】

山地の落葉樹林内に自生する。葉に漆成分を含み、触れるとかぶれる。和名はその姿が「ツタに似たウルシ」であることに由来する。

学　名	*Rhus ambigua*		
科属名	ウルシ科ウルシ属	花　期	5〜6月
分　布	北海道、本州、四国、九州	樹　形	つる状形

幼木

幼木の樹皮は褐色〜淡褐色で皮目が目立つ。生長すると灰褐色〜黒褐色になり、縦に裂ける。

果実は扁球形で、8〜9月に熟して黄褐色になる。

　つるから気根を出し、ほかの樹木や岩の上を這い上る落葉つる性木本。北海道、本州、四国、九州に分布し、山地の落葉樹林内に自生する。葉に漆成分を含み、触れるとかぶれる。和名はその姿が「ツタに似たウルシ」であることに由来する。
　若い樹皮は褐色〜淡褐色で、生長すると灰褐色〜黒褐色となり縦に裂ける。若枝には褐色の毛が密に生えるが、後に無毛となり、たくさんの皮目が目立つようになる。

　葉は3出複葉で互生する。小葉は卵状楕円形で、頂小葉は長さ5〜15cm、幅3〜9cm。
　雌雄異株で、5〜6月、葉腋に小さな花を多数つけた長さ3〜5cmの総状花序をつける。花は黄緑色、花弁は5個、長さ3mmほどの長楕円形で、雄花でも雌花でも反り返る。雄花には雄しべが5個、雌花には退化した雄しべ5個と雌しべ1個があり、花柱は3裂する。果実は直径5〜6mmで扁球形の核果で、8〜9月、黄褐色に熟す。

葉は3出複葉で長い柄があり、互生して枝につく。

表
- 小葉の先端は短く尖る
- 小葉の縁は、成木の葉では全縁、幼木の葉では粗い鋸歯がある
- 小葉の表は無毛

裏
- 頂小葉の下部は左右対称
- 側小葉の下部は歪む
- 小葉の基部はくさび形
- 側脈の基部には軟らかい褐色の毛が密生する

167

| 樹高 落葉小高木 | 樹皮 縦模様 | 葉形 複葉 | 葉序 互生 |

ヌルデ【白膠木】

別名フシノキ。平地から低山地の、日当たりのよい林縁に自生する。幹を傷つけて得られる白い樹液を器具などに塗ったことが和名の由来。

学 名	Rhus javanica var. roxburghii		
科属名	ウルシ科ウルシ属	花 期	8～9月
分 布	北海道、本州、四国、九州、沖縄	樹 形	卵形

成木

樹皮は、幼木では灰黒色で皮目が縦に並ぶ。生長とともに灰褐色となり、皮目が目立つ。

雌雄異株。花期は8～9月、白い小さな花が円錐状に多数集まり、枝先につく。

高さ5～10mになる落葉小高木。幹の直径は10cmになる。北海道、本州、四国、九州、沖縄に分布する。平地から低山地の、日当たりのよい林縁に自生する。幹を傷つけて得られる白い樹液を器具などに塗ったことが和名の由来。虫えい（虫こぶ）を五倍子といい、薬用や媒染剤などに利用する。

樹皮は灰褐色でなめらか、皮目が目立つ。若枝は黄褐色の毛が密生する。

葉は奇数羽状複葉で互生し、長さ30～60cm。小葉は7～13個で、葉軸に翼がある。小葉は長楕円形あるいは卵状長楕円形で、長さ5～12cm、幅3～6cm。

雌雄異株で、8～9月、枝先に小さな白色の花を多数つけた円錐花序を出す。花序軸には淡褐色の毛が密生する。花弁は長さ2mmほどの楕円形で5個、雄花では反り返り雌花では反り返らない。果実は直径約4mmで扁球形の核果で、10～11月に黄赤色に熟す。

表 
- 小葉の先端は鋭く尖る
- 小葉の質はやや厚い
- 小葉の縁には粗い鈍鋸歯がある
- 小葉の表は主脈以外は無毛

裏
- 小葉の裏は黄白色で軟毛が密に生える
- 小葉の基部はくさび形または円形
- 葉軸に翼がある

葉は奇数羽状複葉で、互生して枝につく。羽軸と葉柄には翼がある。

葉は長さ30～60cm

ヤマウルシ【山漆】

丘陵〜山地の日当たりのよい林縁などに自生する。樹液に触れるとかぶれる。漆は少量しかとれないので、漆としての利用はない。

学　名	*Rhus trichocarpa*		
科属名	ウルシ科ウルシ属	花　期	5〜6月
分　布	北海道、本州、四国、九州	樹　形	株立ち

幼木
幼木の樹皮は灰褐色で、菱形の皮目が目立ち、生長とともに浅く縦に裂けていく。

成木
成木の樹皮は灰白色。縦に浅く裂けて、裂けた部分が褐色の縦筋となる。

　高さ3〜8mになる落葉低木〜小高木。幹の直径は5cm以上になる。北海道、本州、四国、九州に分布し、丘陵〜山地の日当たりのよい林縁などに自生する。樹液に触れるとかぶれる。

　樹皮は灰白色で、縦に浅く割れ、褐色の縦筋となる。本年枝には短い軟毛が密生し、円形〜長楕円形の皮目がある。

　葉は奇数羽状複葉で互生し、長さ20〜40cm。葉軸には軟毛が生え、赤褐色を帯びる。小葉は9〜17個、卵形あるいは楕円形で、長さ4〜15cm、幅3〜6cm。紅葉が美しい。

　雌雄異株で、5〜6月、葉腋から小さな黄緑色の花を多数つけた、長さ15〜30cmの円錐花序を出す。花序軸には粗毛が密生する。花弁は長さ2mmほどの狭長楕円形で、5個。雄花の花弁は反り返り、雄しべが花の外に突き出る。雌花の花柱は花の外に突出し、柱頭は3裂、子房には毛が密生する。果実は直径5〜6mmで扁球形の核果で、9〜10月に黄褐色に熟す。

表
- 小葉の先端は急に尖る
- 小葉の表は軟毛が散生する
- 小葉の縁は全縁または〜2個の歯牙があるが、幼木の葉では大きな鋸歯がある

裏
- 小葉の裏は軟毛が散生、特に脈上には密生する
- 葉軸は赤褐色を帯び、軟毛が密に生える
- 小葉の基部は鋭形
- 葉は長さ20〜40cm

葉は奇数羽状複葉で、互生して枝につく。秋には美しく紅葉する。写真は幼木の葉。

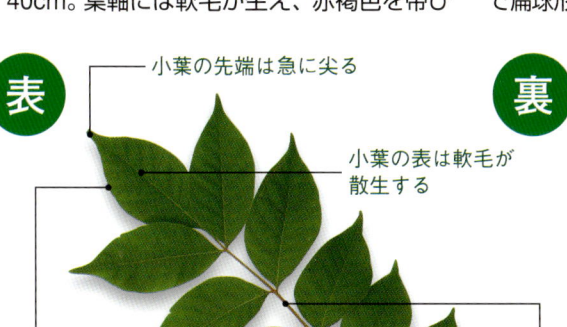

ハゼノキ【黄櫨】

別名ハゼ、リュウキュウハゼ。やや乾燥気味の山野に自生し、本州のものは、栽培されていたものが野生化したものであるとする説もある。

学　名	*Rhus succedanea*		
科属名	ウルシ科ウルシ属	花　期	5〜6月
分　布	本州（関東地方南部以西）、四国、九州、沖縄	樹　形	楕円形

樹皮は灰白色〜灰褐色、または暗赤色ではじめなめらか、しだいに縦に裂け、老木では鱗片状に裂ける。

雌雄異株で、花期は5〜6月。黄緑色の小さな花が円錐状に多数集まって咲く。

　高さ7〜10mになる落葉高木。幹の直径は8〜12cmになる。本州の関東地方南部以西、四国、九州、沖縄に分布する。やや乾燥気味の山野に自生し、古くから木蝋（もくろう）を採取するために栽培されてきた。本州のものは、その栽培されていたものが野生化したものであるとする説もある。

　樹皮は灰白色〜灰褐色あるいは暗赤色でなめらか。生長に伴い縦に裂け目が入り、老木では網目状になることもある。

　葉は奇数羽状複葉で互生し、長さ20〜30cm、小葉は9〜17個。小葉は広披針形〜狭長楕円形で、長さ5〜12cm、幅1.8〜4cm。

　雌雄異株で、5〜6月、葉腋に小さな花を多数つけた、長さ5〜10cmの円錐花序を出す。花弁は黄緑色で5個、長さ約2mmの楕円形で反り返る。果実は直径9〜13mmで扁球形の核果（かくか）で、9〜10月に黄白色に成熟す。果実からはロウが採れる。

表
- 小葉の先端は細長く尖る
- 小葉の縁は全縁
- 小葉柄は無毛
- 葉は長さ20〜30cm

裏
- 小葉の裏は無毛
- 小葉の基部は鋭形

葉は奇数羽状複葉で、互生して枝につく。秋には美しく紅葉する。

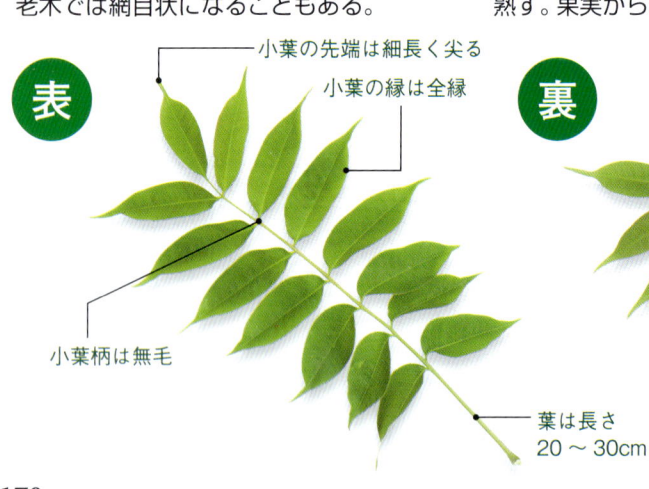

| 樹高 落葉小高木 | 樹皮 深・浅裂 | 葉形 複葉 | 葉序 互生 |

ヤマハゼ【山黄櫨】

別名ハゼ。山地の林内に自生する。辺材は淡灰白色で細工物や器具材に用いられ、心材は鮮やかな黄色で染料に利用される。

学　名	*Rhus sylvestris*		
科属名	ウルシ科ウルシ属	花　期	5〜6月
分　布	本州（関東地方以西）、四国、九州、沖縄	樹　形	楕円形

成木

樹皮は淡褐色〜褐色で皮目があり、生長とともにひび割れて短冊状にはがれる。

花期は5〜6月、円錐花序に黄緑色の小さな花を多数つける。雌雄異株。

高さ5〜8mになる落葉小高木。幹は直径10cmになる。本州の関東地方以西、四国、九州、沖縄に分布し、山地の林内に自生する。辺材は淡灰白色で細工物や器具材に用いられ、心材は鮮やかな黄色で染料に利用される。

樹皮は淡褐色〜褐色で、赤褐色の皮目がある。次第に縦に裂け目が入り、老木では縦に長く裂けてはがれ落ちる。

葉は奇数羽状複葉で、互生する。長さ20〜40cm、小葉は9〜13個。葉軸上面には褐色の軟毛が密に生える。小葉は卵状長楕円形で、長さ4〜13cm、幅2〜5cm。

雌雄異株で、5〜6月、葉腋から小さな黄緑色の花を多数つけた、長さ8〜15cmの円錐花序を出す。雄花序は雌花序より花の数が多い。花弁は長さ2mmほどの楕円形で5個、雄花の花弁は反り返る。果実は直径7〜8mmでやや扁平な球形の核果で、10〜11月に黄褐色に熟す。

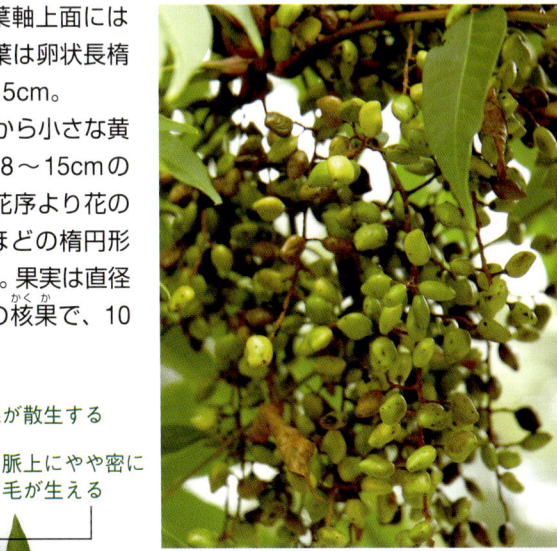

果実は直径8mmほどの扁球形。10〜11月に黄褐色に熟す。

表
- 小葉の先端はやや長く、鋭く尖る
- 小葉の表には毛が散生する
- 葉の縁は全縁

裏
- 小葉の裏は緑白色で毛が散生する
- 脈上にやや密に毛が生える
- 葉軸の上面に褐色の軟毛が密に生える
- 小葉柄は長さ1〜2mm
- 小葉の基部は鋭形

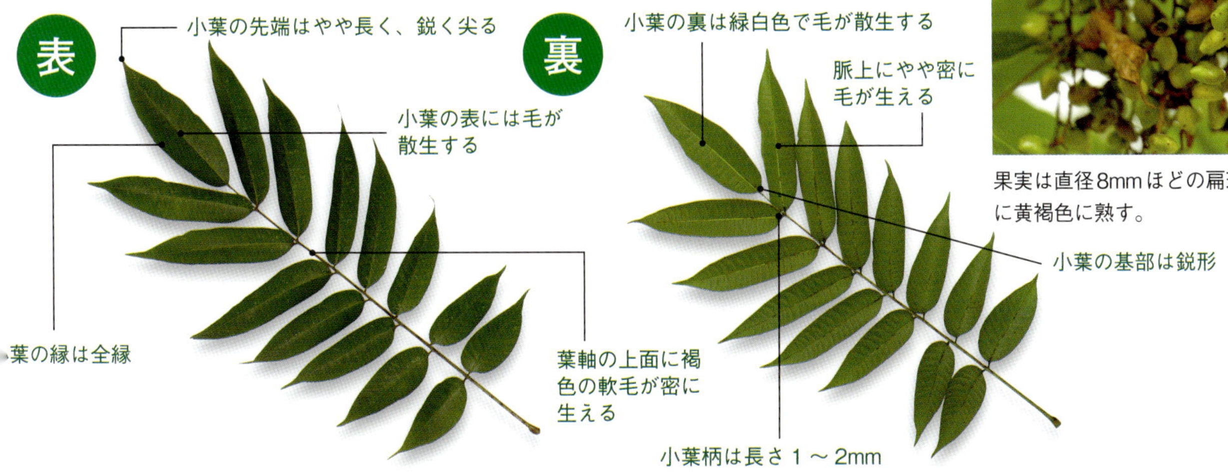

イロハモミジ【いろは紅葉】

別名イロハカエデ、タカオカエデ。山地の日当たりのよい、やや湿気のある沢沿いや斜面に自生し、庭木や公園樹として植栽される。

学 名	*Acer palmatum*		
科属名	カエデ科カエデ属	花 期	4～5月
分 布	本州（福島県以南）、四国、九州	樹 形	不整形

幼木
樹皮ははじめ緑色でなめらか、生長するにつれ浅く縦に裂けはじめる。

成木
成木では淡灰褐色となり、縦に浅い裂け目が入る。

老木
生長とともに、縦の裂け目が深く入り、裂け目は褐色を帯びる。

　高さ15mになる落葉高木。幹の直径は50～60cmになる。本州の福島県以南、四国、九州に分布する。山地の日当たりのよい、やや湿気のある沢沿いや斜面に自生し、庭木や公園樹として植栽され、盆栽にも使われる。材は建築材、器具材、楽器材に利用される。

　樹皮ははじめ緑色でなめらか、成木になると淡灰褐色で縦に浅裂するようになる。

　葉は単葉で対生し、葉身は長さ、幅ともに4～7cmで、掌状に5～9深裂する。葉の基部は切形あるいは浅い心形。

　雌雄同株で、4～5月、枝先に複散房花序を出し、直径4～6mmの花を10～20個つけ、雄花と両性花が混生する。花序には短い軟毛が散生する。花弁は5個、黄緑色で、ときに紫色を帯びる。雄花の雄しべは8個、中心に退化した雌しべがある。両性花は少なく、花柱は先端が2裂し外に曲がる。果実は翼果で、7～9月に熟す。

表
- 葉身は5～7深裂する
- 質は洋紙質
- 裂片の先端は長く尾状に伸びる
- 縁には不揃いな重鋸歯がある
- 表は花時には褐色の毛があるが、すぐに無毛となる

裏
- 裏の基部の脈腋には毛が生える
- 基部は切形または浅い心形
- 葉柄は長さ2～4cm

花期は4〜5月。雌雄同株で、枝先に花序を出し、10〜20個の花をつける。

果実は翼果で、7〜9月に熟す。翼はほぼ水平に開く。熟した翼果は風に舞いながら落下する。

「モミジ」というとふつう本種のことをさすことが多い。園芸品種も多数ある身近なカエデのひとつ。

葉は枝に対生してつき、葉身は掌状に5〜9深裂する。カエデ科の多くは枝に対生して葉をつける。

173

オオモミジ 【大紅葉】

別名ヒロハモミジ。山地の日当たりのよい、やや湿気のある斜面に自生する。特に太平洋側の山地で多く見られる。

学 名	*Acer amoenum*				
科属名	カエデ科カエデ属	花 期	4～5月	樹 形	不整形
分 布	北海道（中部以南）、本州（青森県以南の太平洋側、福井県以西の日本海側）、四国、九州				

樹皮は、若木では緑色。成木は灰褐色となり、縦に浅い割れ目が入る。

果実は翼果で分果は2個、翼は水平かやや鈍角に開く。

高さ10～15mになる落葉高木。幹は直径50～60cmになる。日本固有種で、北海道の中部以南、本州の青森県以南の太平洋側および福井県以西の日本海側、四国、九州に分布する。山地の日当たりのよい、やや湿気のある斜面に自生する。特に太平洋側の山地で多く見られる。庭木や公園樹として植栽され、盆栽にも利用される。

樹皮は灰褐色で、若木ではなめらか、後に浅く縦に割れ目が入る。

葉は単葉で対生し、葉身は長さ、幅ともに7～12cmで、掌状に5～9深裂する。

雌雄同株で、4～5月、小さな花が15～30個ついた散房花序に雄花と両性花が混生する。萼片は長さ約3mm。花弁は5個で淡黄色、ときに紫色を帯び、萼より小さい。雄花の中心には退化した雌しべがあり、雄しべは8個。両性花は少なく、花柱は約2mmで先端が外に湾曲する。果実は翼果で、6～9月に熟す。

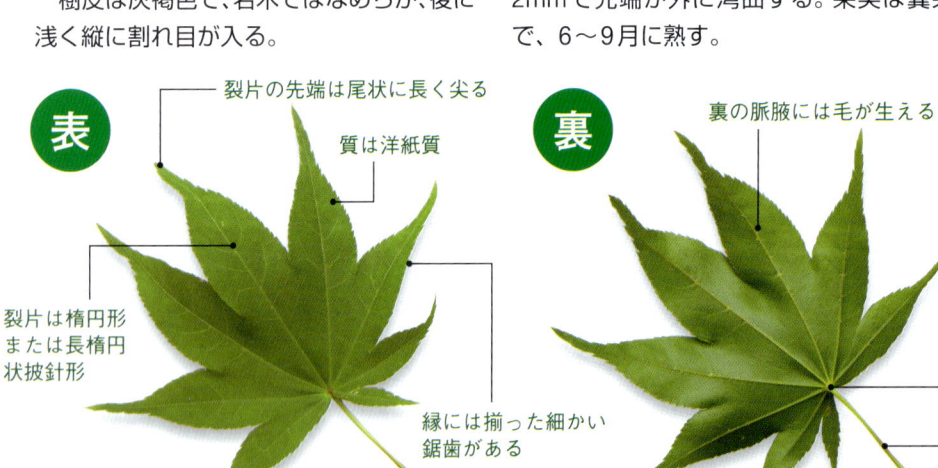

葉は対生して枝につく。葉身は掌状に5～9裂し、イロハモミジの葉よりもやや大きい。

表
- 裂片の先端は尾状に長く尖る
- 質は洋紙質
- 裂片は楕円形または長楕円状披針形
- 縁には揃った細かい鋸歯がある

裏
- 裏の脈腋には毛が生える
- 葉身の基部は切形または浅い心形
- 葉柄の長さは葉身の2分の1～5分の4

ヤマモミジ【山紅葉】

やや湿気のある環境を好み、山地の谷あいの斜面などに自生し、日本海側の多雪地帯の山地に多く見られる。紅葉が美しい。

学　名	*Acer amoenum* var. *matsumurae*		
科属名	カエデ科カエデ属	花　期	5月
分　布	北海道、本州（青森県～島根県の主に日本海側）	樹　形	不整形

成木

樹皮は暗灰褐色。若い樹皮ではなめらかで、生長とともに縦に浅く割れ目が生じる。

果実は翼果で、6～9月に熟す。翼はやや鋭角～鈍角に開く。

　高さ5～10mになる落葉高木。幹の直径は50cmになる。日本固有種で、北海道および本州の青森県から島根県にかけての主に日本海側に分布する。やや湿気のある環境を好み、山地の谷あいの斜面などに自生し、日本海側の多雪地帯の山地に多く見られる。紅葉が美しく庭木や公園樹として植栽され、盆栽にも使われる。

　樹皮は暗灰褐色、若木の頃はなめらかで、成木になると縦に浅く割れ目が入る。

　葉は単葉で対生し、葉身は長さ、幅ともに5～10cmで、掌状に5～9裂する。裂片の先端は尾状に長く尖り、基部は心形。

　雌雄同株で、5月頃、雄花と両性花が混生した複散房状花序を出す。花は直径4～6mm。花弁は淡黄色～淡紅色で5個。雄花の雄しべは8個で、葯は黄色。両性花の子房には毛が生える。萼片は濃紅色で5個。果実は翼果で、6～9月に成熟する。

葉は対生して枝につく。葉身はほぼ円形で、掌状に深く5～9裂する。

表
- 裂片の先端は尾状に尖る
- 裂片の縁にはやや不規則な欠刻状の鋸歯がある
- 表は無毛
- 質は洋紙質

裏
- 裏の主脈の基部には毛が生える
- 裏の脈腋にわずかに毛が生える
- 基部は心形

175

オオイタヤメイゲツ【大板屋名月】

深山に自生し、関東地方では主に標高1,200〜1,800mで見られる。庭木や公園樹として植栽され、盆栽にも利用される。

学名	*Acer shirasawanum*
科属名	カエデ科カエデ属
分布	本州（福島県以南）、四国
花期	5〜6月
樹形	不整形

成木

樹皮は灰褐色あるいは暗灰色で、若い樹皮ではなめらか、成木では縦に浅く割れ目が入る。

果実は翼果で、7〜9月に熟す。翼はほぼ水平に開く。

　高さ10〜15m、大きなものでは高さ20mに達する落葉高木。幹の直径は80cmほどになる。日本固有種で、本州の福島県以南、四国に分布する。深山に自生し、関東地方では主に標高1,200〜1,800mで見られる。庭木や公園樹として植栽され、盆栽にも利用される。

　樹皮は灰褐色あるいは暗灰色で、若木ではなめらか、成木になると縦に浅く割れ目が入る。

　葉は単葉で対生し、葉身は長さ5〜9cm、幅7〜11cmで、掌状に9〜13浅・中裂する。

　雌雄同株で、5〜6月、直径6〜8mmの花を10〜20個つけた複散房花序を出す。花序には雄花と両性花が混生するものと、雄花だけのものがある。萼片は紅色を帯びた黄白色で、長さ3mm。花弁は淡黄色で5個、萼片より短い。雄花の雄しべは8個で、中心に退化した雌しべがある。両性花は少ない。果実は翼果で、7〜9月に熟す。

表
- 裂片の先端は尖る
- 裂片の縁には細かい重鋸歯がある
- 表には花時に白い軟毛があるが、後に無毛
- 裂片は卵状披針形で洋紙質

裏
- 裏には花時に白い軟毛があるが、後に主脈と側脈にわずかな毛を残し無毛

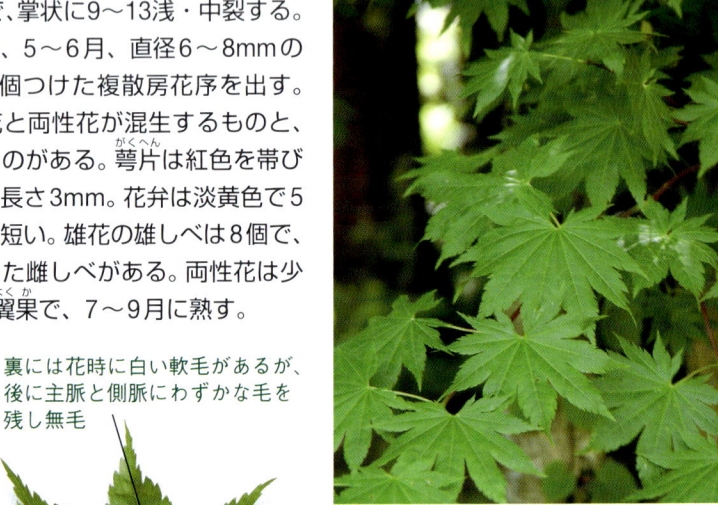

葉は対生して枝につく。葉身は円心形で掌状に9〜13裂する。

- 基部は心形または切形
- 葉柄の長さは葉身と同程度かそれよりやや短い

ハウチワカエデ【羽団扇楓】

別名メイゲツカエデ。山地の日当たりがよくやや湿った谷あいの斜面などに自生する。庭木や公園樹として植栽され、盆栽にも利用される。

学　名	*Acer japonicum*		
科属名	カエデ科カエデ属	花　期	4〜5月
分　布	北海道、本州	樹　形	不整形

樹皮は灰褐色または灰青色で、縦に筋状の割れ目がある。

雌雄同株。花期は4〜5月、紅紫色の花を開く。花序には雄花と両性花が混生する。

高さ5〜10mになる落葉高木。幹の直径は20〜30cmになる。日本固有種で、北海道と本州に分布する。山地の日当たりがよくやや湿った谷あいの斜面などに自生する。関東地方では標高900〜1,800mの場所に多く見られる。庭木や公園樹として植栽され、盆栽にも利用される。材は建築材や器具材、船舶材、彫刻材などに用いられる。

樹皮は灰褐色あるいは灰青色で、縦に筋状の割れ目が入る。

葉は単葉で対生し、葉身は長さ、幅ともに7〜12cmで、掌状に7〜11浅・中裂する。裂片は先端が鋭く尖った狭卵形。

雌雄同株で、4〜5月、小さな花が10〜15個ついた複散房花序を出す。1つの花序に雄花と両性花が混生する。萼片は5個で、長さ6〜7mm、暗紅色。花弁は5個で淡黄色、萼片より小さい。雄しべは8個。両性花は子房に黄白色の毛が密に生える。果実は翼果で、7〜9月に熟す。

果実は翼果で、翼はほぼ水平ないし鈍角に開き、7〜9月に熟す。

表
- 裂片の先端は鋭く尖る
- 裂片は狭卵形でやや厚い
- 縁には重鋸歯がある

裏
- 裏の主脈と脈腋には毛がある
- 基部は心形
- 葉柄の長さは葉身の半分〜4分の1程度で、白い軟毛が生える

コハウチワカエデ【小羽団扇楓】

別名イタヤメイゲツ。山地のやや日当たりのよい、適湿な緩い傾斜地や尾根筋などに自生し、庭木や公園樹として植栽される。

学　名	*Acer sieboldianum*		
科属名	カエデ科カエデ属	花　期	5～6月
分　布	本州、四国、九州	樹　形	不整形

若い樹皮は緑色。成木では暗灰色で、縦に浅い筋状の割れ目が入る。

果実は翼果で翼はほぼ水平に開き、6～9月に熟す。

高さ10～15mになる落葉高木。幹の直径は60cmになる。日本固有種で、本州、四国、九州に分布する。山地のやや日当たりのよい、適湿な緩い傾斜地や尾根筋などに自生し、庭木や公園樹として植栽される。材は器具材などとして利用される。

樹皮は暗灰色。若木ではややなめらかで、成木では縦に浅く割れ目がある。

葉は単葉で対生し、葉身は長さ、幅ともに5～8cmで、掌状に7～11浅・中裂する。

雌雄同株で、通常は1つの花序に雄花と両性花が混生し、5～6月、複散房花序に淡黄色の小さな花を15～20個つける。萼片は淡黄色でときに紫色を帯び、長さ約3mmで5個。花弁も5個で淡黄色、萼片より小さい。雄花の中心に退化した雌しべがあり軟毛が密生し、雄しべは長さ約4mmで8個。両性花は少なく、子房に軟毛が密生し花柱は長さ約3mmで、先端が外に湾曲。果実は翼果で、翼はほぼ水平に開き、6～9月に熟す。

葉は対生して枝につき、葉身は円形で掌状に7～11裂する。

表
- 裂片の先端は短く尖る
- 裂片は狭卵形または広披針形
- 縁には単鋸歯または重鋸歯がある

裏
- 裏には花時に白い綿毛が密生するが、成葉では脈上にわずかに毛が残るほかは無毛
- 基部は心形～切形
- 葉柄の長さは葉身と同程度かその3分の2程度

ウリハダカエデ【瓜膚楓】

山地の日当たりのよいやや湿気のある緩やかな斜面や谷あいに自生し、庭木や公園樹として植栽される。

学 名	*Acer rufinerve*		
科属名	カエデ科カエデ属	花 期	5月
分 布	本州、四国、九州（屋久島まで）	樹 形	卵形

幼木　若木の樹皮は、緑色に暗緑色あるいは緑褐色の筋が縦に入り、菱形の皮目が散在する。

成木　成木の樹皮は灰褐色あるいはくすんだ灰色になり、皮目は目立たない。

老木　年月がたつにしたがって、樹皮の色は淡くなり、表面が縦に浅く裂ける。

高さ8〜10mになる落葉高木。日本固有種で、本州、四国、九州の屋久島までに分布する。山地の日当たりのよいやや湿気のある緩やかな斜面や谷あいに自生し、庭木や公園樹として植栽される。材は白く、細工物や箸、玩具などに利用される。

若木の樹皮は暗緑色で縦の黒い筋があり、皮目が点在する。生長に伴って樹皮は灰褐色となり、縦に浅く裂ける。

葉は単葉で対生し、葉身は長さ、幅ともに10〜15cmのほぼ五角形で、浅く3〜5裂し、中央の裂片は広三角形でほかより大きい。

雌雄異株、まれに同株で、5月頃、長さ5〜10cmの総状花序に淡緑色〜淡黄色の花を10〜15個つけて下垂する。雄花の萼片は楕円形で長さ3mmほど。花弁はヘラ形で長さ約5mm。縁に波状の鋸歯がある。雄しべは8個。雌花には退化した雄しべが8個あり、花被片は雄花よりやや小さい。果実は翼果で、7〜10月に熟す。

表
- 裂片の先端は尾状にやや長く尖る
- 質はやや厚い
- 縁には重鋸歯がある

裏
- 裏には脈上と脈腋に赤褐色の毛がある
- 基部は浅い心形〜切形
- 葉柄は長さ2〜6cm

ヒトツバカエデ【一葉楓】

別名マルバカエデ。山地の沢沿いや山腹のやや湿度の高い場所に自生する。材は装飾用建築材、器具材などに利用される。

学名	*Acer distylum*
科属名	カエデ科カエデ属
分布	本州（秋田県・岩手県〜紀伊半島）
花期	5〜6月
樹形	不整形

幼木　樹皮は暗灰色。若い木では皮目が目立つ以外はなめらか。

成木　成木になると縦あるいは不規則に浅い裂け目が入る。

　高さ5〜10mになる落葉高木。幹の直径は30〜40cmになる。日本固有種で、本州の秋田県・岩手県から紀伊半島にかけて分布する。山地の沢沿いや山腹のやや湿度の高い場所に自生する。材は装飾用建築材、器具材などに利用される。

　樹皮は暗灰色で、若木の頃は皮目が目立つ。成木になると浅い裂け目ができる。

　葉は単葉で対生し、葉身は切れ込みがなく、卵状円形で長さ10〜20cm、幅5〜14cm。

　雌雄同株で、5〜6月、枝先に総状花序を出して淡黄色の花を30〜100個つける。1つの花序に雄花と両性花が混生し、長さ7〜12cm。花弁と萼片はそれぞれ5個。花弁は長さ約2mmの倒披針形で無毛、萼片は楕円形で花弁よりやや小さい。雄しべは8個、花糸は紅色を帯び、葯は黄色、雄花では長さ約3mm、両性花では長さ約2mm。子房には赤褐色の毛が密生する。果実は翼果で、8〜10月に熟す。

葉は対生して枝につく。葉身は卵状円形で切れ込みはない。

表
- 裂片の先端は短く尖る
- 縁には波状の鋸歯がある
- 表は花時に細かい伏毛があるが、成葉ではほとんど無毛

裏
- 裏には花時に細かい伏毛があるが、成葉ではほとんど無毛
- 基部は深い心形
- 葉柄は長さ3〜5cm

| 樹高 落葉小高木 | 樹皮 深・浅裂 | 葉形 単葉 | 葉序 対生 |

チドリノキ【千鳥の木】

別名ヤマシバカエデ。やや湿った場所を好み、山地の谷あいに自生し、沢沿いなどに群生することが多い。庭木として植栽される。

学 名	*Acer carpinifolium*
科属名	カエデ科カエデ属
分 布	本州（岩手県以南）、四国、九州
花 期	5月
樹 形	不整形

成木

樹皮は暗灰色～灰色。若木はなめらかで皮目が目立つが、成木になると縦に裂け目が入る。

雌雄異株。5月、枝先に総状花序をつくり、淡黄色の花が開く。

高さ8～10mになる落葉小高木～高木。幹の直径は10～15cmになる。日本固有種で、本州の岩手県以南、四国、九州に分布するが、東北地方の日本海側には分布せず、北陸地方にも少ない。やや湿った場所を好み、山地の谷あいに自生し、沢沿いなどに群生することが多い。庭木として植栽される。

樹皮は暗灰色～灰色で、若木の頃はなめらかで皮目が目立つが、成木になると縦に裂け目が入る。

葉は単葉で対生し、葉身は長さ7～15cm、幅3～7cmの卵状長楕円形で切れ込みはない。

雌雄異株で、5月頃、直径1cmほどで淡黄色の花をつけた長さ5～8cmの総状花序を出す。雄花序では15個ほどの、雌花序では3～7個の花がつく。花弁と萼片（がくへん）は通常4個。雄花の花弁は0～4個で、長さ3.5～7mm、雄しべは長さ3mmほど。雌花の萼片と花弁は長さ4～7mm。果実は翼果（よくか）で、8～10月に熟す。

表
- 先端は尾状に鋭く尖る
- 縁に鋭い重鋸歯がある
- 表には花時、葉脈上に伏した軟毛があるが、成葉では無毛

裏
- 裏には花時に伏した軟毛が全体に生えるが、成葉では葉脈上を除いて無毛
- 基部は浅い心形～円形
- 葉柄は長さ0.5～2cm

葉は対生して枝につく。葉身は切れ込みがなく、卵状長楕円形。

イタヤカエデ【板屋楓】

別名アサヒカエデ、エンコウカエデ、ナナバケイタヤ。山地の適湿な谷あいや斜面に自生し、庭木や公園樹として植栽される。

学名	Acer mono var. marmoratum f. dissectum		
科属名	カエデ科カエデ属	花期	4～5月
分布	本州（岩手県～兵庫県）、四国、九州	樹形	不整形

幼木 若い樹皮は灰色～暗灰色でなめらか、縦に筋が入る。

成木 生長にしたがって縦に浅い裂け目が入る。老木になると裂け目は深くはっきりとする。

高さ20mになる落葉高木。日本固有種で、本州の岩手県から兵庫県にかけて、および四国、九州に分布し、秋田県から富山県にかけての日本海側には分布しない。山地の適湿な谷あいや斜面に自生し、庭木や公園樹として植栽される。

樹皮は灰色～暗灰色で、縦に筋状の裂け目があり、老木では縦にやや深く裂けるものもある。

葉は単葉で対生し、葉身は長さ4～9cm、幅5.5～12cmの五角形で、掌状に5～9中・深裂する。縁は全縁または波状。

雌雄同株で、4～5月、雄花と両性花を混生させた複総状花序を出し、10～50個の花を上向きにつける。花は淡黄色で、花弁、萼片ともに5個。雄花の雄しべは8個、両性花の雄しべは長さ約0.5mmと短い。子房に毛はなく、花柱が渦巻き状に巻く。果実は翼果で、7～9月に熟す。

イタヤカエデには変種・品種が多い。

表
- 縁は全縁または波状
- 表はほとんど無毛
- 裂片の先端は尾状に鋭く尖る

裏
- 基部の脈腋には短毛が生える
- 基部は浅い心形または切形
- 葉柄は長さ3～13cm

葉は対生して枝につく。葉身は5角形で掌状に5～9裂する。写真は新緑のイタヤカエデの葉。

トウカエデ【唐楓】

日本には江戸時代の享保年間に持ち込まれたとされ、街路樹、公園樹、庭木として広く植栽される。また盆栽にも利用され、園芸品種も多い。

学 名	*Acer buergerianum*		
科属名	カエデ科カエデ属	花 期	4〜5月
分 布	中国・台湾原産	樹 形	不整形

成木 樹皮は灰褐色で、縦に短冊状やうろこ状に激しくはげる。

老木 樹皮は荒々しくはがれ、幹そのものが隆起してくる。

　高さ10〜20mになる落葉高木。中国および台湾が原産。日本には江戸時代の享保年間に持ち込まれたとされ、街路樹、公園樹、庭木として広く植栽される。また盆栽にも利用され、園芸品種も多い。

　樹皮は灰褐色で、若木では縦に浅く裂け、生育とともに短冊状や鱗片状に激しくはがれる。

　葉は単葉で対生し、葉身は長さ3〜8cm、幅2〜5cmの倒卵形で、掌状の3脈があって3裂する。裂片は三角形で先端は尖る。縁は全縁で、幼木では大きな鋸歯がある。

　雌雄同株で、4〜5月、雄花と両性花が混生する長さ2〜3cmの散房花序を出し、20個ほどの淡黄色の花をつける。花序は全体に白い毛が密生する。花弁は5個、萼片は狭長楕円形で長さ約2mm、花弁は萼片より短い。雄しべは8個で、雄花では花弁より長く、両性花では短い。果実は翼果で、10月頃熟す。

表
- 裂片の先端は尖る
- 縁は全縁だが、幼木では大きな鋸歯がある
- 各裂片はほぼ三角形。浅〜深裂する
- 表は光沢がある

裏
- 裏はやや白色を帯びた青緑色
- 基部は浅い心形〜円形
- 葉柄は長さ2〜6cm

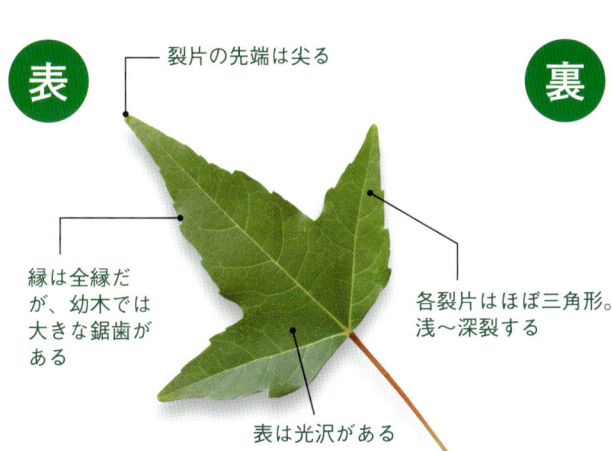

葉は3裂し、裂片は先が尖った三角形。秋には美しく紅葉する。

183

樹高	樹皮	葉形	葉序
落葉高木	縦模様	複葉	対生

メグスリノキ 【目薬の木】

別名チョウジャノキ。山地のやや湿気のある谷あいや山腹に自生し、庭木としても植栽される。和名は、葉や樹皮を煎じて目を洗ったことから。

学 名	*Acer nikoense*		
科属名	カエデ科カエデ属	花 期	5月
分 布	本州（宮城県・山形県以南）、四国、九州	樹 形	不整形

成木

樹皮は灰褐色。若い木ではなめらかで、生長にともなって縦に細かい筋が入るようになる。

果実は翼果で、直角～鈍角に開く。8～10月に熟す。

高さ10～15mになる落葉高木。幹は直径30～40cmになる。日本固有種で、本州の宮城県・山形県以南、四国、九州に分布する。山地のやや湿気のある谷あいや山腹に自生し、庭木として植栽もされる。材は強靭で建築材や器具材などに使われる。

樹皮は灰褐色で、若木ではなめらかだが、生長に伴って縦に細かく割れ目が入る。

葉は3出複葉で対生する。頂小葉は楕円形で長さ5～14cm、幅2～6cm。先端は短く尖り鈍端、基部はくさび形。

雌雄異株で、5月、葉の展開と同時に散形花序を枝先に出し、淡黄色の花をつける。通常、雄花序には3～5個、雌花序には1～3個の花がつく。花弁と萼片はそれぞれ6個、長楕円形で、萼片は長さ約4mm、花弁は萼片よりわずかに大きい。雄花の雄しべは12個、長さ8mmほどで花弁より長い。雌花には退化した雄しべがあり、長さ約3mm。果実は翼果で、8～10月に熟す。

表
- 頂小葉の先は短く尖り、先端は鈍い 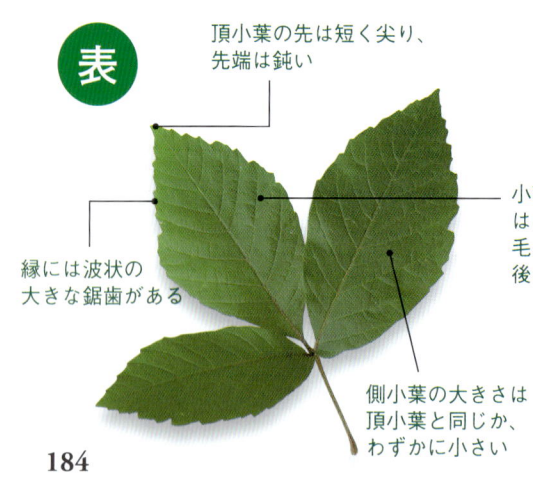
- 縁には波状の大きな鋸歯がある
- 側小葉の大きさは頂小葉と同じか、わずかに小さい
- 小葉の表にははじめ短い伏毛があるが、後に無毛

裏
- 頂小葉の基部はくさび形
- 側小葉の基部は左右非対称
- 頂小葉の小葉柄は長さ0.2～1cm
- 側小葉の小葉柄は長さ2～3mm
- 葉柄は長さ1.5～5cm

葉は3出複葉で対生して枝につく。秋には美しく紅葉する。

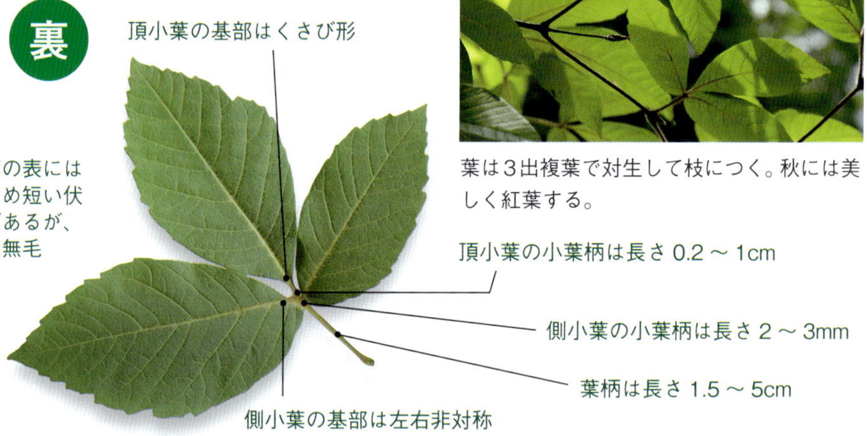

| 樹高 落葉高木 | 樹皮 なめらか | 葉形 複葉 | 葉序 対生 |

ミツデカエデ【三手楓】

山地の適湿で肥沃な谷あいや山腹の緩い傾斜地などに自生し、庭木や公園樹、街路樹などとして植栽される。葉は3出複葉。

学名	*Acer cissifolium*
科属名	カエデ科カエデ属
分布	北海道（南部）、本州、四国、九州
花期	4～5月
樹形	不整形

成木 幼木や成木の樹皮は灰褐色、なめらかで皮目がある。

老木 生長するにつれて裂け目が入り、老木の樹皮では縦に割れ目が入る。

　高さ8～10mになる落葉高木。幹の直径は10～20cm。日本固有種で、北海道の南部、本州、四国、九州に分布する。山地の適湿で肥沃な谷あいや山腹の緩い傾斜地などに自生し、庭木や公園樹、街路樹などとして植栽され、材は器具材などに利用される。

　樹皮は灰褐色でなめらか。老木になると縦に裂け目が入る。

　葉は3出複葉で対生する。頂小葉は楕円形で、長さ約5～11cm、上半部に欠刻状のやや大きな鋸歯がある。

　雌雄異株で、4～5月、葉が展開した後に、黄色の花を20～40個つけた長さ5～15cmの総状花序を下垂する。花序には白い短毛が生える。花弁と萼片はそれぞれ4個、萼片は卵形で長さ約1mm、花弁は線形で長さ2.5mmほど。雄花の雄しべは4個で、長さ約2mm。雌花に退化した雄しべはなく、花柱はごく短い。果実は翼果で、7～10月に熟す。

表
- 小葉の先端は鋭く尖るか、やや尾状に伸びて尖る
- 側小葉の大きさは頂小葉より少し小さい
- 表にはまばらに白い毛がある
- 質はやや薄い
- 表の上半部の縁には欠刻状の大きな鋸歯がある

裏
- 裏にはまばらに白い毛があり、脈腋には毛が密生する
- 側小葉の基部は左右非対称
- 頂小葉の基部はくさび形

葉は3出複葉で、対生で枝につく。楕円形の小葉には、上半部にやや大きな欠刻状の鋸歯がある。

185

樹高	樹皮	葉形	葉序
落葉高木	なめらか	複葉	互生

ムクロジ【無患子】

日当たりのよい適湿地に生え、社寺によく植栽される。果皮にサポニンを含み、かつては洗剤や石けんの代用とした。

学 名	Sapindus mukorossi		
科属名	ムクロジ科ムクロジ属	花 期 6月	樹 形 卵形
分 布	本州（茨城県・新潟県以南）、四国、九州、沖縄、小笠原		

成木　若い木や成木の樹皮は淡黄褐色でなめらか。縦に筋が入る。

老木　生長とともに縦方向に割れ、老木では大きく割れて薄くはがれる。

　高さ15mになる落葉高木。本州の茨城県・新潟県以南、四国、九州、沖縄、小笠原に分布し、日当たりのよい適湿地に生え、社寺によく植栽される。果皮にサポニンを含み、かつては洗剤や石けんの代用とした。また、核が羽根突きの羽根の球に使われた。

　若木の樹皮は、淡黄褐色でなめらか。縦に筋が入る。古くなると大きく割れて、薄くはがれ落ちる。

　葉は偶数羽状複葉で互生し、長さ30〜70cm、幅7〜20cm。小葉は8〜16個。狭長楕円形で、長さ7〜15cm、幅3〜4.5cm。

　雌雄同株。6月、枝先に長さ20〜30cmで小さな花を多数つけた円錐花序を出す。1つの花序に雄花と雌花が混生する。花は黄緑色で直径4〜5mm。花弁、萼片ともに4〜5個、花弁は長卵形で長さ約2.5mm、萼片は円形で直径約1.5mm。果実は直径2〜3cmの球形の核果で、果皮は半透明なあめ色の袋状。核は黒色で、直径約1cm。

表　縁は全縁／無毛

裏　表裏ともに細脈が隆起／小葉の基部は左右不揃いで、下側がくさび形で上側は円形／葉は長さ30〜70cm

果皮は半透明で黄褐色の袋状で、光沢のない黒い種子が入る。10月頃熟す。

トチノキ 【栃の木・橡の木】

低山地の渓流沿いの適湿で肥沃な場所に自生する。公園樹や街路樹、緑化樹として植栽され、種子からトチ餅がつくられる。

学 名	*Aesculus turbinata*		
科属名	トチノキ科トチノキ属	花 期	5～6月
分 布	北海道（札幌市以南）、本州、四国、九州	樹 形	卵形

幼木 樹皮は暗褐色～灰褐色で、褐色の大きな波形の模様がある。

成木 生長とともに大きく割れて、成木～老木でははがれる。

高さ20～30mになる落葉高木。幹は直径2mになる。日本固有種で、北海道の札幌市以南、本州、四国、九州に分布する。低山地の渓流沿いの適湿で肥沃な場所に自生する。公園樹や街路樹、緑化樹として植栽され、種子からトチ餅がつくられる。材は建築材や楽器材に利用される。

樹皮は暗褐色～灰褐色で、大きな模様があり、生長すると大きく割れてはがれる。

葉は掌状複葉で対生する。小葉は5～9個で、中央の小葉がもっとも大きく、長さ13～30cm、幅4.5～12cmの長倒卵形。

雌雄同株で、5～6月、雄花と両性花を混生させた円錐花序が枝先に直立する。花序は長さ15～25cmで直径1.5cmの花が多数つく。ほとんどが雄花で、花序の下部に両性花がつく。花弁は4個、白色で基部に淡紅色の大きな斑紋がある。果実は直径約5cmで倒卵状球形の蒴果で、9月に熟し、1～2個の大形の種子を出す。

表
- 小葉の先端は急に鋭く尖る
- 中央の小葉がもっとも大き 長さ13～30cm
- 無毛

裏
- 脈上、脈腋に毛がある
- 基部はくさび形で次第に細くなる
- 葉柄は長さ5～25cm

葉は大きな掌状複葉で、対生して枝につく。果実は9月に熟す。

|樹高 落葉高木|樹皮 なめらか|葉形 単葉|葉序 互生|

アワブキ【泡吹】

山地の林内や丘陵の雑木林などに自生する。和名は、生木を燃やすと切り口から泡が出ることに由来する。

学 名	*Meliosma myriantha*		
科属名	アワブキ科アワブキ属	花 期	6〜7月
分 布	本州、四国、九州	樹 形	卵形

成木

幼木の樹皮は灰褐色、皮目が点在する。生長とともに樹皮はなめらかな灰黒色となる。

果実は球形の核果で、9〜10月に果柄にまばらについて赤く熟す。

高さ10〜12mになる落葉高木。幹は直径30cmになる。本州、四国、九州に分布し、山地の林内や丘陵の雑木林などに自生する。和名は、生木を燃やすと切り口から泡が出ることに由来する。

樹皮は灰黒色でなめらか。褐色で楕円形の皮目が目立つ。若い枝には褐色の伏毛が生える。

葉は単葉で、枝先に集まって互生する。葉身は長楕円形あるいは倒卵状長楕円形で、長さ8〜25cm、幅4〜8cm。

花は両性花で、6〜7月、本年枝の先に小さな淡黄白色の花を多数つけた、長さ15〜25cmの円錐花序を出す。花序には毛が密に生える。花は芳香があり、直径約3mm。花弁は5個で、外側の3個が大きく内側の2個が小さい。雄しべは5個で、通常はそのうち3個が、退化した仮雄しべ。果実は直径4〜5mmで球形の核果で、9〜10月に果柄にまばらについて赤く熟す。

葉は枝先に集まって互生する。葉の裏は淡緑色で淡褐色の毛が生える。

表
- 葉身の先端は鋭く尖る
- 表は脈上を除いて無毛
- 縁には小さな鋸歯があり、鋸歯の先端は芒状
- 質は薄い

裏
- 裏全体に淡褐色の毛が生える
- 側脈はほぼ平行に並び裏に隆起する
- 裏の脈上には毛が密生する
- 基部は広いくさび形
- 葉柄は長さ1〜2cmで褐色の毛が斜上して密生する

| 樹高 常緑小高木 | 樹皮 なめらか | 葉形 単葉 | 葉序 互生 |

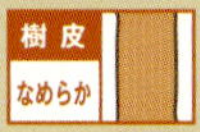

イヌツゲ【犬黄楊】

山地の日当たりのよい林縁や草地、岩場などに自生する。庭木として植栽される。和名は、ツゲに似ているが、材の利用価値が低い(=イヌ)ため。

学　名	*Ilex crenata*
科属名	モチノキ科モチノキ属
分　布	本州、四国、九州
花　期	6～7月
樹　形	卵形

幼木 幼木の樹皮は灰白色でなめらか。楕円形の皮目が点在する。

成木 生長すると樹皮は灰黒色となり、なめらかで、縦に筋模様が入るようになる。

高さ2～6mになる常緑小高木。大きなものでは高さ15m、幹の直径10～15cmに達する。本州、四国、九州に分布する。山地の日当たりのよい林縁や草地、岩場などに自生する。庭木として植栽され、盆栽にも利用される。

樹皮は灰黒色、なめらかで皮目が多い。本年枝は稜があり緑色で、毛が生える。

葉は単葉で互生し、葉身は楕円形～長楕円形で長さ1～3cm、幅0.5～1.5cm。

雌雄異株で、6～7月、本年枝の葉腋に淡黄白色の花をつける。雄花序は散形状で、長さ5～15mmの花序に2～6個の雄花をつける。雌花は葉腋に1個ずつつく。花弁は4個で、長さ約2mmの卵形状。萼片は4個。雄しべは4個で、雌花の雄しべは小さな退化雄しべ。子房は緑色で、柱頭は4裂する。果実は直径5～6mmで球形の核果で、10～11月に黒色に熟す。核は長さ約4mmの三角状楕円形で、中に種子が1個。

表
- 質はやや厚く革質で、無毛
- 葉身の先端は鈍く尖る
- 縁には少数の浅い鋸歯がある

裏
- 裏は淡緑色で無毛
- 裏には腺点が散在する
- 基部は鋭形または鈍形
- 葉柄は長さ1～2mm

葉は互生して枝につく。革質でやや厚く、裏には灰黒色の腺点がある。

クロガネモチ【黒鉄黐】

山地の常緑樹林内に自生し、庭木や公園樹、街路樹として植栽される。和名は、「若枝や葉柄が黒紫色がかったモチノキ」ということから。

学 名	*Ilex rotunda*
科属名	モチノキ科モチノキ属
分 布	本州（関東地方・福井県以西）、四国、九州、沖縄
花 期	6月
樹 形	卵形

樹皮は灰白色でなめらか、皮目が点在する。樹皮からは鳥もちがとれる。

雌雄異株。花期は6月、白色または淡紫色の花をつける。写真は雌花。

　高さ5〜10mになる常緑高木。まれに高さ20mになるものがある。本州の関東地方・福井県以西、四国、九州、沖縄に分布する。山地の常緑樹林内に自生し、庭木や公園樹、街路樹として植栽される。和名は、「若枝や葉柄が黒紫色がかったモチノキ」という表現に由来する。
　樹皮は灰白色、なめらかで皮目がある。本年枝は紫色を帯び、無毛。
　葉は単葉で互生し、葉身は楕円形で、長さ6〜10cm、幅3〜4cm。革質で鋸歯はなく、表裏ともに無毛。
　雌雄異株で、6月頃、雄花、雌花ともに本年枝の葉腋に長さ約1cmの花序を出して、白色または淡紫色の花を2〜7個つける。花柄は2〜5mm、花弁は4〜6個、円形で雄花では長さ約1.5mm、雌花では長さ約2mm。果実は長さ6mmほどで球形の核果で、11〜12月に赤色に熟し、中に4〜6個の核がある。核は三角状卵形で1個の種子が入る。

11〜12月、直径6mmほどで球形の果実が多数赤色に熟す。

表
- 葉身の先端は尖る
- 革質で表は無毛
- 縁は全縁

裏
- 無毛
- 裏は側脈が不明瞭
- 基部は広いくさび形
- 葉柄は長さ1〜2cmで紫色を帯びる

樹高	樹皮	葉形	葉序
常緑高木	なめらか	単葉	互生

モチノキ【黐の木】

海岸近くの丘陵地や山地に自生し、庭木や公園樹として植栽される。樹皮からは鳥もちがとれ、材はろくろ細工や櫛などに利用される。

学 名	*Ilex integra*		
科属名	モチノキ科モチノキ属	花 期	4月
分 布	本州（宮城県・山形県以南）、四国、九州、沖縄	樹 形	楕円形

成木

樹皮は灰白色でなめらか。皮目が点在する。幼木では縦に裂け目が入るものもある。

雌雄異株。4月、雄花序では2〜15個、雌花序では1〜4個の花を束生する。

　高さ6〜10mになる常緑高木で、まれに30mまで達する。本州の宮城県・山形県以南、四国、九州、沖縄に分布する。海岸近くの丘陵地や山地に自生し、庭木や公園樹として植栽される。樹皮からは鳥もちが採られ、材はかたく緻密で、ろくろ細工や櫛、印材などに利用される。
　樹皮は灰白色でなめらか。本年枝は緑色で不明瞭な稜があり、無毛。
　葉は単葉で互生し、葉身は楕円形で、長さ4〜7cm、幅2〜3cm。両端とも尖る。
　雌雄異株で、4月、本年枝の葉腋からごく短い短枝を出して、翌年、黄緑色の花をつける。雄花序は2〜15個、雌花序は1〜4個の花を束生する。萼片は4個、広三角形で毛はない。花弁は4個で、長さ約3mmの楕円形。雄しべは4個。雌花には小さな退化した雄しべがある。果実は直径約1cmで球形の核果で、11〜12月に赤色に熟し、中に4個の核がある。

葉は互生して枝につく。やややわらかい革質で、葉脈はほとんど見えない。

表
- 葉身の先端は尖る
- 縁は全縁
- 革質で濃緑色、無毛

裏
- 側脈が不明瞭
- 淡緑色で無毛
- 基部はくさび形で葉柄に流れる
- 葉柄は長さ5〜15mm

191

| 樹高 常緑高木 | 樹皮 なめらか | 葉形 単葉 | 葉序 互生 |

タラヨウ【多羅葉】

別名モンツキシバ。山地の常緑樹林内に自生する。庭木や公園樹として植栽され、社寺によく植えられている。葉の裏を傷つけると黒く変色する。

学名	*Ilex latifolia*		
科属名	モチノキ科モチノキ属	花期	5～6月
分布	本州（静岡県以西）、四国、九州	樹形	卵形

成木

樹皮は灰褐色。幼木では皮目が目立つ以外はなめらか。生長してもあまり変化はない。

果実は直径8mmほどの球形で、11月に赤く熟す。

高さ10～20mになる常緑高木。本州の静岡県以西、四国、九州に分布し、山地の常緑樹林内に自生する。庭木や公園樹として植栽され、特に社寺によく植えられている。葉の裏を傷つけると黒く変色する。

樹皮は灰褐色で、なめらか。本年枝は緑色で鈍い稜があり、無毛。

葉は単葉で互生し、葉身は楕円形で、長さ10～17cm、幅4～7cm。先端は短く尖り、縁に鋭い鋸歯がある。

雌雄異株で、5～6月、前年枝の葉腋に出た短枝に、ごく短い円錐花序を出し小さな黄緑色の花を多数つける。花弁と萼片は4～5個。花弁は長さ約4mmの楕円形で、萼片は卵円形。雄花には雄しべ4個と退化した雌しべがあり、雌花には退化した雄しべ4個と半球形の雌しべがある。果実は直径8mmほどで球形の核果で、11月に赤く熟し、中に4個の核が入る。核は長さ約6mmの三角状楕円形で、種子が1個入る。

表
- 質は革質で厚い
- 葉身の先端は短く尖る
- 縁には細かい鋭鋸歯がある
- 表は濃緑色で光沢がある

裏
- 裏は黄緑色で無毛
- 裏は側脈が不明瞭
- 基部は円形または鈍形
- 葉柄は長さ1.5～2cm

葉は互生して枝につく。葉身は楕円形、表は濃緑色で光沢がある。

樹高	樹皮	葉形	葉序
落葉高木	なめらか	単葉	互生

アオハダ【青膚】

低山地の落葉樹林内に自生し、ときに公園樹や庭園樹として植栽される。和名は、外皮をはいだときに見える内皮の緑色に由来する。

学　名	*Ilex macropoda*		
科属名	モチノキ科モチノキ属	花　期	5〜6月
分　布	北海道、本州、四国、九州	樹　形	卵形

幼木　若い樹皮はわずかに緑がかった灰白色でなめらか、小さな皮目が点在する。

成木　成木の樹皮は灰白色ないし灰色で、小さな皮目が点在する。

　高さ8〜10m、大きなものでは高さ15mに達する落葉高木。幹の直径は60cmほど。北海道、本州、四国、九州に分布し、低山地の落葉樹林内に自生し、ときに公園樹や庭園樹として植栽される。和名は、外皮をはいだときに見える内皮の緑色に由来する。

　樹皮は灰白色、なめらかで皮目が多い。外皮は簡単にはがれ、緑色の内皮が見える。

　葉は単葉で互生し、葉身は広楕円形〜広卵形で長さ3〜7cm、幅2〜5cm、短枝の先に集まってつく。

　雌雄異株で、5〜6月、葉に混ざり短枝の先に緑白色の花がつく。雄花序は5〜40個の花が束生し、雌花序は1〜10個が束生する。花弁、萼片ともに4〜5個。萼片は広円形または広三角形で縁に毛があり、花弁は長さ約2mmの楕円形。雄しべは4〜5個。果実は直径約7mm球形の核果で、9〜10月に赤色に熟し、中に4〜5個の核が入る。核は長さ5mmほどの三角状楕円形。

表
- 表は細かい毛が散生するか、または無毛
- 身の先端は短く尖る
- 縁には浅い鋭鋸歯が多数ある

裏
- 裏は脈上に粗い開出毛が生える
- 基部は鋭形または円形で葉柄に流れる
- 葉柄は長さ1〜2cm

果実は球形で、9〜10月に熟して鮮やかな赤色になる。

193

| 樹高 落葉低木 | 樹皮 なめらか | 葉形 単葉 | 葉序 互生 |

ウメモドキ 【梅擬】

山中の湿地や湿った落葉広葉樹林内に自生し、庭木や公園樹として植栽され、盆栽にも利用される。

学名	*Ilex serrata*		
科属名	モチノキ科モチノキ属	花期	6月
分布	本州、四国、九州	樹形	卵形

幼木 幼木の樹皮は暗灰褐色で皮目がある。生長するにつれ灰褐色になる。

成木 樹皮は灰褐色でなめらか、ときに不規則な裂け目ができる。

高さ2〜3mになる落葉低木。日本固有種で、本州、四国、九州に分布する。山中の湿地や湿った落葉広葉樹林内に自生し、庭木や公園樹として植栽され、盆栽にも利用される。和名は、葉がウメの葉に似ていることに由来する。

樹皮は灰褐色でなめらか。本年枝は細くてよく分枝し、短毛が生える。

葉は単葉で互生し、葉身は楕円形または卵状長楕円形で、長さ3〜8cm、幅1.5〜3cm。

雌雄異株で、6月頃、本年枝の葉腋に、雄花序は5〜20個、雌花序は2〜4個の淡紫色の花を集散状につける。花序軸はごく短い。花弁は4〜5個、楕円形で雄花では約2mm、雌花では約2.5mm。萼片(がくへん)は先の鈍い広卵形。雄花には4〜5個の雄しべと退化した雌しべがあり、雌花には退化した雄しべがある。果実は直径約5mmで球形の核果(かくか)で、9〜10月に赤色に熟し、中に4〜5個の核が入る。核は長さ約2mmの三角状楕円形。

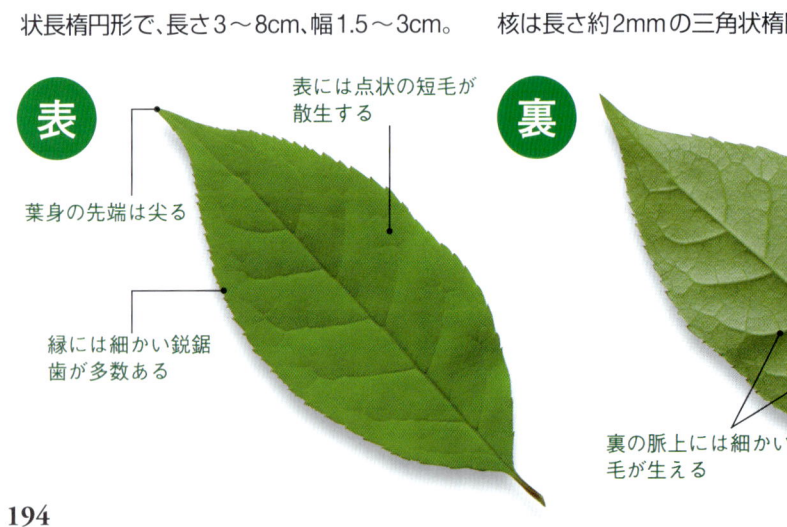

雌雄異株。花期は6月、葉腋に淡紫色の小さな花が集まって咲く。

表
- 葉身の先端は尖る
- 表には点状の短毛が散生する
- 縁には細かい鋭鋸歯が多数ある

裏
- 裏の脈上には細かい毛が生える
- 基部は鋭形で葉柄に流れる
- 葉柄は長さ4〜9mmで短毛が生える

ニシキギ【錦木】

別名アオハダニシキギ。丘陵から山地の落葉広葉樹林内や林縁にふつうに見られ、庭木や公園樹として植栽される。美しく紅葉する。

学　名	*Euonymus alatus*		
科属名	ニシキギ科ニシキギ属	花　期	5～6月
分　布	北海道、本州、四国、九州	樹　形	株立ち

成木

幼木の樹皮は緑色～灰褐色で、生長とともに灰褐色で、縦に浅い筋模様が生じる。

葉は長楕円形あるいは倒卵形で、対生して枝につく。秋には美しく紅葉する。

　高さ1～3mになる落葉低木。下部で数多く枝分かれして株立ちとなる。北海道、本州、四国、九州に分布する。丘陵から山地の落葉広葉樹林内や林縁にふつうに見られ、庭木や公園樹として植栽される。
　樹皮は灰褐色で、縦に浅い筋模様がある。若枝は緑色で4稜あり、稜上には褐色で薄い翼があるが、自生のものはそれほど目立たない。
　葉は単葉で対生し、葉身は長楕円形あるいは倒卵形で、長さ2～7cm、幅1～3cm。
　花は両性花で、5～6月、長さ1～4cmの集散花序を出し、淡緑色の花を1～7個つける。花弁は4個、長さ約3mmの広楕円形で縁に不揃いの鋸歯がある。雄しべは4個で、長さ1mmほど、雌しべは1個。果実は蒴果で、1～2個の分果に分かれる。分果は楕円形で、長さ5～8mm、10～11月に熟して裂開し、種子を出す。種子は赤色の仮種皮に包まれている。

枝には薄い翼があるが、自生のものはそれほど目立たない。

表
- 葉身の先端は鋭く尖る
- 縁には細かい鋭鋸歯がある
- 無毛

裏
- 無毛
- 基部はくさび形
- 葉柄は長さ1～3mm

| 樹高 常緑低木 | 樹皮 縦模様 | 葉形 単葉 | 葉序 対生 |

マサキ【柾・正木】

別名オオバサマキ、ナガバマサキ。暖地に多く、海岸近くの林内や林縁に自生し、生け垣や庭木として植栽される。

学 名	*Euonymus japonicus*		
科属名	ニシキギ科ニシキギ属	花 期	6〜7月
分 布	北海道（南部）、本州、四国、九州、沖縄、小笠原	樹 形	卵形

幼木

幼木の樹皮は緑色で褐色の縦の筋が入る。本年枝は緑色で断面は円い。

成木

樹皮は灰褐色で、縦に裂け目が入る。老木になると暗褐色で、浅い筋状の模様ができる。

　高さ2〜6mになる常緑低木。北海道南部、本州、四国、九州、沖縄、小笠原に分布する。暖地に多く、海岸近くの林内や林縁に自生し、生け垣や庭木として植栽される。
　樹皮は灰褐色で縦に裂け目が入り、老木では暗褐色で、浅い筋状の模様となる。
　葉は単葉で対生し、まれに互生する。葉身は楕円形で、長さ3〜8cm、幅2〜4cm。質は厚く、縁に浅い鋸歯がある。
　花は両性花で、6〜7月、本年枝上部の葉腋から、黄緑色あるいは緑白色の花を7〜15個つけた集散花序を出す。花の直径は7mmほど。花弁、萼片はともに4個で、花弁は長さ約3mmの広卵円形、萼片は直径約2.5mmの半円形。雄しべは4個で、花盤の基部から生じる。子房には4稜あり、花柱は長さ1.5mmほどで、柱頭は短く4裂する。果実は直径8mmほど球形の蒴果で、11〜1月に紅色に熟し、4裂して種子を出す。種子は橙赤色の仮種皮に包まれる。

花期は6〜7月、葉腋に黄緑色または緑白色の花が7〜15個集まって咲く。

表
- 葉身の先端が尖る
- 縁には基部を除いて低い鋸歯がある

裏
- 無毛
- 質は革質で厚く、無毛
- 基部は円形〜くさび形
- 葉柄は長さ5〜15mm

マユミ【真弓】

丘陵や山地の林縁にふつうに自生し、公園樹などとして植栽される。材は緻密で、木工品などに利用される。

学　名	*Euonymus sieboldianus*
科属名	ニシキギ科ニシキギ属
分　布	北海道、本州、四国、九州
花　期	5～6月
樹　形	卵形

幼木
樹皮は灰褐色で、幼木では縦に浅く裂け、生長とともに縦じまや網目模様となって裂ける。

老木
コルク質が発達し、老木では裂け目の凹凸が比較的はっきりとしてくる。

　高さ3～5mになる落葉小高木。大きなものでは10mに達する。北海道、本州、四国、九州に分布し、丘陵や山地の林縁にふつうに自生し、公園樹などとして植栽される。材は緻密で、木工品などに利用される。
　樹皮は灰褐色で、若木では縦に浅く裂け、老木になると縦縞、あるいは網目模様にやや深く裂ける。
　葉は単葉で対生し、葉身は長楕円形で長さ5～15cm、幅2～8cm。

　花は両性花で、5～6月、本年枝にある葉より下の芽鱗痕の腋から集散花序を出し、1～7個の小さな花をつける。花は緑白色で直径1cmほど、花弁、雄しべはともに4個。花柱は長短2つのタイプがあり、長いものは長さ約1mm、短いものは突起状となる。果実は直径約1cmで倒三角形の蒴果で、4稜がある。10～11月に淡紅色に熟し、4裂して種子を出す。種子は橙赤色の仮種皮に包まれている。

果実は4つの稜がある倒三角形で、10～11月に淡紅色に熟して裂け、種子を出す。

表
- 先端は鋭頭または急に鋭く尖る
- 縁には細かい鋸歯がある
- 表裏ともに無毛

裏
- 基部は円形またはくさび形
- 葉柄は長さ0.5～2cm

樹高	樹皮	葉形	葉序
落葉低木	なめらか	単葉	対生

ツリバナ【吊花】

低山地の樹林内にふつうに自生し、下垂する果実の風情から、日本庭園や茶庭に植栽される。和名は花や実が吊り下がることから。

学 名	*Euonymus oxyphyllus*		
科属名	ニシキギ科ニシキギ属	花 期	5～6月
分 布	北海道、本州、四国、九州	樹 形	卵形

成木

樹皮は灰白色で小さな皮目がまばらにあり、それ以外はなめらか。

花期は5～6月、緑白色または淡紫色の花を数個～30個ほどつけた集散花序を下垂する。

　高さ1～4mになる落葉低木。北海道、本州、四国、九州に分布する。低山地の樹林内にふつうに自生し、下垂する果実の風情から、日本庭園や茶庭に植栽される。

　樹皮は灰白色で小さな皮目が散在し、なめらか。本年枝は緑色。

　葉は単葉で対生し、葉身は卵形あるいは長楕円形で、長さ3～10cm、幅2～5cm。洋紙質で表裏ともに無毛。

　花は両性花で、5～6月、葉腋から数個～30個ほどの花をつけた集散花序を下垂する。花は直径8mmほどで、緑白色あるいは淡紫色。花弁、萼片はともに5個。萼片は半楕円形で直径約1.5mm、花弁は長さ約3.5mmの広楕円形で、内側に小さな突起がある。雄しべは5個で発達した花盤の上につく。雌しべは1個で子房はほとんど花盤に埋もれる。果実は直径約1cmで球形の蒴果で、9～10月に紅色に熟して5裂し、橙赤色の仮種皮に包まれた種子を5個出す。

果実は直径1cmほどの球形。9～10月に紅色に熟すと5裂して、種子を5個出す。

表
- 葉身の先端は急に細くなり尖る
- 質は洋紙質でやや薄く無毛
- 縁には細かい鈍鋸歯がある

裏
- 無毛
- 葉身の基部は円形～くさび形
- 葉柄は長さ0.3～1cm

ツルウメモドキ【蔓梅擬】

山野の林縁や道端にふつうに自生する。赤く熟す果実が美しく、雌株を庭木として植栽する。

学　名	*Celastrus orbiculatus*		
科属名	ニシキギ科ツルウメモドキ属	花　期	5〜6月
分　布	北海道、本州、四国、九州、沖縄	樹　形	つる状形

幼木でははじめ黄緑色で、やがて赤褐色に変わる。

樹皮は灰色。若い樹皮では菱形の皮目があり、古くなると縦長の網目模様となって隆起する。

　長さ数mのつる状に枝を伸ばす落葉つる性木本。北海道、本州、四国、九州、沖縄に分布する。山野の林縁や道端にふつうに自生する。赤く熟す果実が美しく、雌株を庭木として植栽する。
　樹皮は灰色で、老木になると縦長の網目状に隆起する。
　葉は単葉で互生し、葉身は楕円形あるいは倒卵形で、長さ4〜10cm、幅2〜8cm。
　雌雄異株で、5〜6月、枝先と葉腋から長さ1〜1.5cmの短い集散花序を出し、雄花序では数個、雌花序では1〜3個の花をつける。花は淡緑色で、雄花の萼片は長さ約1.5mmの卵状楕円形、花弁は狭長楕円形で長さ約1.5mm。雌花の萼裂片は卵形で長さ約1mm、花弁は長さ約2.5mmの狭長楕円形。花柄は長さ4〜5mmで、中央より下に関節がある。果実は直径7〜8mmで球形の蒴果で、10〜12月に黄色く熟すと3裂し、橙赤色の仮種皮に包まれた種子を出す。

果実は直径8mmほどの球形で、10〜12月に黄色く熟して3裂し、橙赤色の種子を出す。

表
- 葉身の先端は急に尖る
- 縁には不揃いで低い波状の鋸歯がある
- 表裏ともに無毛

裏
- 葉身の基部は狭いくさび形または円形
- 葉柄は長さ1〜2cm

199

ゴンズイ【権萃】

別名ゴゼノキ。山地や丘陵の日当たりのよい、やや乾燥した明るい林内や林縁に自生する。

学名	*Euscaphis japonica*		
科属名	ミツバウツギ科ゴンズイ属	花期	5〜6月
分布	本州（関東地方以西）、四国、九州	樹形	卵形

幼木 若い木の樹皮は灰褐色で、縦に浅い筋状の模様が入る。

成木 生長すると樹皮は黒褐色となり、縦長で白褐色の筋模様が入り、縦に不規則に裂ける。

　高さ3〜8mになる落葉小高木。本州の関東地方以西、四国、九州に分布し、山地や丘陵の日当たりのよい、やや乾燥した明るい林内や林縁に自生する。和名は、材がもろく役に立たないため、利用価値のない魚であるゴンズイに例えたとされる。

　樹皮は若木では灰褐色で、生長すると黒褐色となり、白褐色で縦長の筋が入る。

　葉は奇数羽状複葉で対生し、長さ10〜30cm、幅6〜12cm。小葉は5〜11対。側小葉は狭卵形で、長さ5〜9cm、幅2〜5cm、頂小葉はそれよりもやや小さい。

　花は両性花で、5〜6月、本年枝の先に黄緑色の小さな花を多数つけた、長さ15〜20cmの円錐花序を出す。花弁と萼片は5個、楕円形で長さ2mmほど。雄しべは5個で、花弁とほぼ同じ長さ。雌しべは雄しべと同じ長さで、3個の柱頭と花柱が合着している。果実は長さ1cmほどの半月形をした袋果で、果皮は厚く、9〜11月に赤色に熟す。

果実は半月形をした袋果で、9〜11月に赤く熟して割れ、黒い種子が現れる。

表
- 小葉の先端は鋭く尖る
- 頂小葉は側小葉よりわずかに小さい
- 小葉の縁には先端が芒状になった鋸歯がある
- 小葉の質はかたく表は光沢がある

裏
- 小葉の基部は円形〜広いくさび形
- 側小葉の小葉柄は長さ2〜12mm
- 頂小葉の小葉柄は長さ2〜3cm
- 葉柄は長さ3〜10cm

ツゲ【黄楊】

別名アサマツゲ、ホンツゲ。山地の石灰岩地や蛇紋岩地に多く自生し、庭木として植栽される。材は将棋の駒、櫛、細工物などに利用される。

学　名	*Buxus microphylla* var. *japonica*		
科属名	ツゲ科ツゲ属	花　期	3～4月
分　布	本州（関東地方以西）、四国、九州	樹　形	卵形

幼木：樹皮は灰褐色あるいは淡褐灰色でなめらか。生長するにつれ、縦に裂け目が入る。

成木：生長するに従って、縦に裂け目が入り、その後うろこ状の割れ目になる。

高さ2～3mになる常緑低木～小高木で、大きなものでは高さ4m、幹の直径が30cmに達する。本州の関東地方以西、四国、九州に分布する。山地の石灰岩地や蛇紋岩地に多く自生し、庭木として植栽される。材は木目が細かくてかたく、将棋の駒、櫛、細工物などに利用される。

樹皮は灰白色～淡褐灰色で縦に裂け目があり、古くなると鱗片状の割れ目となる。

葉は単葉で対生し、葉身は倒卵形で、長さ1～3cm、幅7～15mm。質は厚く、先端は小さくくぼむ。

雌雄同株で、3～4月、葉腋に淡黄色の小さな花が束生する。花序の中央に雌花が1個あり、それを取り囲んで数個の雄花がある。雄花、雌花ともに花弁はなく、萼片が雄花では4個、雌花では6個ある。雄しべは4個で長さ6～7mm、花から長く突き出る。雌花の柱頭は3個。果実は長さ1cmほどで倒卵形の蒴果で、10月頃緑褐色に熟す。

葉は対生して枝につく。質は厚く、倒卵形で先が小さくくぼむ。

表：葉身の先端は小さくくぼむ／表は革質で厚く、光沢がある／縁は全縁でやや裏に反る

裏：葉身は長さ1～3cm／葉身の基部はくさび形

201

| 樹高 落葉つる性 | 樹皮 はがれ、まだら | 葉形 単葉 | 葉序 互生 |

ヤマブドウ【山葡萄】

巻きひげで他物をよじ登り大きく生育する。山地の沢沿いや林縁に自生し、果実は生食でき、ジュース、ジャムなどに加工する。

学 名	*Vitis coignetiae*		
科属名	ブドウ科ブドウ属	花 期	6～7月
分 布	北海道、本州、四国	樹 形	つる状形

成木
樹皮は濃い褐色で、縦に裂けてはがれる。樹皮をはがしたものでかごなどの細工物を編む。

老木
老木になると、樹皮表面が裂けてはがれ、短冊状やうろこ状に割れ目が入る。

　落葉つる性木本で、巻きひげで他物をよじ登り大きく生育する。北海道、本州、四国に分布し、山地の沢沿いや林縁に自生する。果実は生食でき、ジュース、ジャムなどに加工する。
　樹皮は濃褐色で、縦に裂けてはがれる。本年枝はなめらかで褐色ないし赤褐色、軟毛やクモ毛が散生する。
　葉は単葉で互生し、葉身は心円形で五角形状または、3～5浅裂する。

　雌雄異株で、雄花と両性花が別の株につく。6～7月、小さな黄緑色の花を多数つけた長さ20cmほどの円錐花序を葉と対生して出す。花弁は5個で、上部が合着し、下部は分離していて、開花と同時に脱落する。雄しべは5個で、雄花の雄しべは長く、両性花の雄しべは短い。果実は直径8mmほどで球形の液果(えきか)で、10月頃、紫黒色に熟す。果実の表面には紫色を帯びた白色の粉がつく。種子は広倒卵形で長さ約5mm。

表
- 表ははじめクモ毛が生えるが、後に無毛
- 縁には低く尖った鋸歯がある
- 葉身は長さ10～30cm

裏
- 裏は葉脈が隆起する
- 裏は赤褐色のクモ毛に覆われる
- 葉身の基部は深い心形
- 葉柄は長さ約20cm

直径8mmほどで球形の果実がまばらな房状に集まって、10月頃、紫黒色に熟す。

| 樹高 落葉つる性 | 樹皮 縦模様 | 葉形 単葉 | 葉序 互生 |

ノブドウ【野葡萄】

つるの基部は木質化する。北海道、本州、四国、九州、沖縄に分布し、山野にふつうに見られる。

学名	Ampelopsis brevipedunculata		
科属名	ブドウ科ノブドウ属	花期	7〜8月
分布	北海道、本州、四国、九州、沖縄	樹形	つる状形

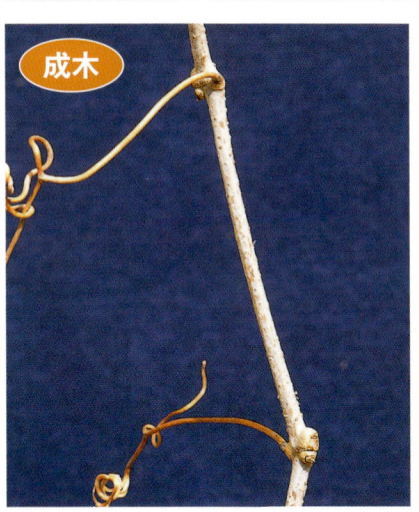

成木

茎はつる性で毎年枯れるが、基部は木質化し、樹皮は暗灰褐で皮目がある。

花期は7〜8月。葉と対生して花序を出し、黄色を帯びた緑色の花を多数つける。

　巻きひげで他物に絡みついて生長する落葉つる性植物。つるの基部は木質化する。北海道、本州、四国、九州、沖縄に分布し、山野にふつうに見られる。
　樹皮は暗灰褐色ではがれない。節の部分が膨らみ、若枝には、はじめ粗い毛が密に生えるが、後に無毛となる。
　葉は単葉で互生し、葉身は卵形で3〜5裂し、長さ8〜11cm、幅5〜9cm。裂片の先端は急に尖る。縁には粗い鋸歯がある。

　花は両性花で、7〜8月、小さな花を多数つけた集散花序を葉と対生して出す。花序には1.5〜3.5cmの柄があり、粗毛が生える。花は黄色を帯びた緑色で、直径約3mm。花弁は5個、長さ2.5mmほどの卵状狭三角形で、すぐに落ちる。雄しべは5個。果実は直径6〜8mmで球形の液果で、はじめ白色を帯び、淡紫色を経て、空色に熟すが、虫えいをつくることが多く、変色したり形が歪んだものとなる。

果実は、はじめ白色を帯び、淡紫色から空色へと熟す。

表 ─ 裂片の先端は急に尖る
には低く粗い鋸歯がある

裏 ─ 脈上には粗い毛が生える
─ 葉身の基部は心形
─ 葉柄は長いものでは葉と同じ長さ

| 樹高 落葉つる性 | 樹皮 深・浅裂 | 葉形 単葉 | 葉序 互生 |

ツタ【蔦】

山野の林内や林縁にふつうに見られる。冬でも葉をつけているキヅタに対して、本種は落葉するのでナツヅタの別名がある。

学 名	Parthenocissus tricuspidata		
科属名	ブドウ科ツタ属	花 期	6～7月
分 布	北海道、本州、四国、九州	樹 形	つる状形

成木

吸盤のある巻きひげでよじ登る。成木の樹皮は黒褐色で、古くなると縦に裂ける。

葉は秋に美しく紅葉するため、観賞用としても広く栽培される。

　先端が吸盤状になった巻きひげを使って樹木や岩壁をよじ登るようにつるを伸ばす落葉つる性木本。北海道、本州、四国、九州に分布し、山野の林内や林縁にふつうに見られる。

　樹皮は黒褐色で、古くなると縦に割れ目が入る。本年枝は緑色～褐色で毛はなく、皮目がある。

　葉は互生。短枝につく葉は単葉で、長さ、幅ともに5～15mの広卵形、3裂する。長枝につく葉は小さく広卵形で、切れ込みのないものから1～3裂するもの、3全裂するものなどが混在する。

　花は両性花で、6～7月、黄緑色の小さな花を多数つけた、長さ3～6cmの集散花序を短枝から出す。花は直径2～3mm、花弁、雄しべはともに5個。果実は直径5～7mmで球形の液果で、秋に藍黒色に熟す。果実の表面には白い粉がつく。種子は1～3個で、倒卵形、長さ4～5mm。

表
- 裂片の先端は鋭く尖る 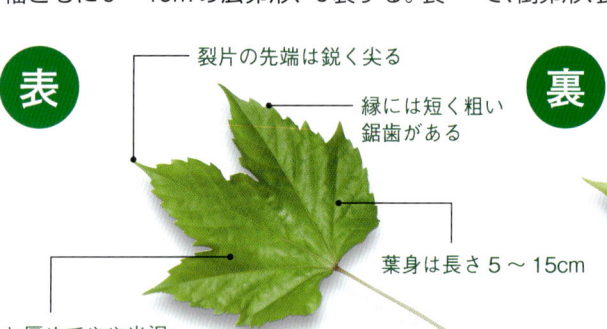
- 縁には短く粗い鋸歯がある
- 葉身は長さ5～15cm
- 少し厚めでやや光沢があり、無毛

裏
- 葉身の基部は深い心形
- 葉柄は長さ15cmほど

果実は球形で、秋に、表面に白い粉がついた藍黒色に熟す。

樹高	樹皮	葉形	葉序
常緑高木	なめらか	単葉	互生

ホルトノキ【ほるとの木】

別名モガシ。暖地の常緑広葉樹林に自生し、庭木や公園樹、街路樹に植栽される。樹皮や枝葉は大島紬の黒褐色の染料に利用される。

学 名	*Elaeocarpus sylvestris* var. *ellipticus*		
科属名	ホルトノキ科ホルトノキ属	花 期	7～8月
分 布	本州（千葉県南部以西）、四国、九州、沖縄	樹 形	円蓋形

成木

樹皮は灰褐色で皮目があり、なめらか。生長すると皮目が縦の模様となり目立つようになる。

花期は7～8月、15～20個の白い小さな花が集まって咲く。

　高さ10～15m、大きなものでは30mに達する常緑高木。幹の直径は40～50cmになる。本州の千葉県南部以西、四国、九州、沖縄に分布する。暖地の常緑広葉樹林に自生し、庭木や公園樹、街路樹に植栽される。材は建築材や器具材などとされ、樹皮や枝葉は大島紬の黒褐色の染料に利用される。
　樹皮は灰褐色で、なめらかで皮目がある。生長とともに縦模様が目立つようになる。
　葉は単葉で互生し、葉身は倒披針形あるいは長楕円状披針形で長さ5～12cm、幅2～3.5cm。革質でやわらかく、両面とも無毛。
　花は両性花で、7～8月、白い小さな花を15～20個つけた、長さ4～7cmの総状花序を葉腋に出す。花弁、萼片ともに5個。萼片は長さ約5mmの広披針形。花弁は萼片の2倍以上長く、倒卵状くさび形で先端が糸状に細かく裂ける。雄しべは多数。花柱は細長く直立する。果実は長さ1.5～2cmで楕円形の核果で、11月～2月に黒紫色に熟す。

葉はやわらかい革質で、互生して枝につく。表裏ともに毛は生えない。

表
- 葉身の先端は鋭く尖る
- 質はやわらかい革質
- 縁には低い鈍鋸歯がある
- 表は深緑色（一部に紅色になった老葉がある）で無毛

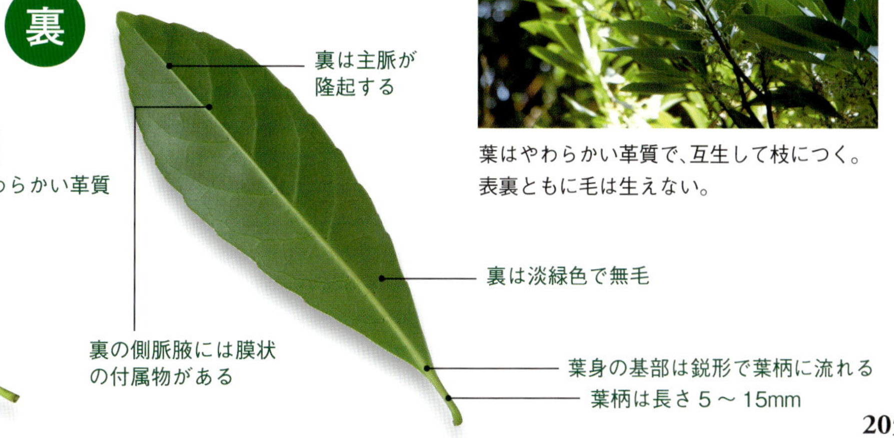

裏
- 裏は主脈が隆起する
- 裏の側脈腋には膜状の付属物がある
- 裏は淡緑色で無毛
- 葉身の基部は鋭形で葉柄に流れる
- 葉柄は長さ5～15mm

205

樹高	樹皮	葉形	葉序
落葉高木	深・浅裂	単葉	互生

シナノキ【科の木】

山地に自生し、尾根から山腹、谷間まで広い範囲で見られる。庭園樹として植栽され、かつて樹皮の繊維は布や縄の原料として用いられた。

学　名	*Tilia japonica*		
科属名	シナノキ科シナノキ属	花　期	6〜7月
分　布	北海道、本州、四国、九州	樹　形	卵形

成木
若木の樹皮は白っぽいが、成木では樹皮は暗灰色ないし灰褐色となり、縦に浅く裂ける。

花期は6〜7月、葉腋に淡黄色の花が10数個集まって咲く。

高さ8〜10mになる落葉高木。大きなものでは高さ30mになる。日本固有種で、北海道、本州、四国、九州に分布する。山地に自生し、尾根から山腹、谷間まで広い範囲で見られる。庭園樹として植栽され、材は建築材、器具材などとされる。かつて樹皮の繊維は布や縄の原料として用いられた。

樹皮は暗灰色〜灰褐色で、浅く縦に裂ける。本年枝は黄褐色あるいは赤褐色で光沢があり、楕円形の皮目が多い。

葉は単葉で互生し、葉身は歪んだ心円形で、長さ4〜10cm、幅4〜8cm、左右非対称。先端は尾状に伸びて尖る。

花は両性花で、6〜7月、淡黄色の花を10数個つけた、長さ5〜8cmの集散花序を葉腋に出す。花の直径は1cmほど。花序の柄には狭長楕円形で長さ3〜6cmの総苞葉（そうほうよう）がつく。雄しべは多数で、花弁状になった仮雄しべが5個ある。果実は直径5〜7mmで球形の堅果（けんか）で、10月頃に熟す。

表 — 葉身の先端は尾状に伸びて尖る
縁には低い鋭鋸歯がある

裏 — 裏の側脈の基部には淡褐色の毛がある
葉身の基部は歪んだ心形
葉柄は長さ2〜5cm
裏はやや白色を帯びる

葉は、互生して枝につく。歪んだ心形で、先が尾状に伸びる。

ボダイジュ【菩提樹】

社寺の境内によく植栽される。釈迦がその木の下で悟りを開いたとされるのは、クワ科イチジク属のインドボダイジュ。

学 名	*Tilia miqueliana*
科属名	シナノキ科シナノキ属
分 布	中国原産

花 期	6月
樹 形	卵形

幼木
幼木の樹皮はやや暗い灰色で皮目があり、なめらか。

成木
樹皮は暗灰色〜灰褐色で、コルク層が発達し、縦に裂け目が入るようになる。

老木
老木ではコルク層がさらに隆起して短冊状にはがれる。

　高さ8〜10mになる落葉高木。中国原産で、社寺の境内によく植栽される。釈迦がその木の下で悟りを開いたとされるのは、クワ科イチジク属のインドボダイジュ。

　樹皮は暗灰色、あるいは紫色を帯びた暗灰色で、縦に割れ目がある。

　葉は単葉で互生し、葉身は三角状円形で長さ5〜10cm、幅4〜8cm。先端は尖り、基部は浅い心形または歪んだ切形。縁には鋭い鋸歯がある。

　花は両性花で、6月、淡黄色の花を10〜20個つけた、長さ8〜10cmの集散花序を葉腋から出す。総苞葉は裏面に星状毛が生え、長さ5〜8cm。萼片は長さ約5mmの狭卵形で、先端はやや鈍く、内面に長毛が密生し、外面には星状毛が生える。花弁は長さ約6mmの狭披針形。雄しべは長さ3mmほど。花弁よりやや短く線状長楕円形をした仮雄しべがある。果実は直径7〜8mmで球形の堅果で、短い星状毛が密生し、10月に熟す。

表
- 葉身の先端は鋭く尖る
- 縁には鋭鋸歯がある
- 無毛

裏
- 裏には星状毛が密生し、灰白色
- 葉身の基部は歪んだ切形または浅い心形
- 葉柄は長さ2〜4cm

207

樹高	樹皮	葉形	葉序
落葉高木	なめらか	単葉	互生

アオギリ【青桐】

別名アオノキ。暖地には野生化したものが見られる。公園樹、街路樹として各地で植栽される。

学名	*Firmiana simplex*		
科属名	アオギリ科アオギリ属	花期	5〜6月
分布	沖縄	樹形	卵形

幼木
若い木の樹皮は淡緑色ないし白緑色で、とてもなめらか。

成木
生長すると樹皮は灰白色となり、縦に細かい筋状の模様が入る。

高さ15mになる落葉高木。沖縄に分布し、本州の伊豆半島と紀伊半島、四国の愛媛県と高知県、九州の大隅半島などの暖地には野生化したものが見られる。公園樹、街路樹として各地で植栽される。

樹皮は緑色でなめらか。生長すると灰白色になり、縦に細かい筋が入る。

葉は単葉で互生し、葉身は広卵形で掌状に3〜5裂し、長さ、幅ともに15〜25cm。裂片は卵形で先端が鋭く尖る。

雌雄同株で、5〜6月、黄色味を帯びた多数の花をつけた、長さ25〜50cmの円錐花序を枝先あるいは葉腋に出す。花序には雄花と雌花が混じる。花弁のように見えるのは5個の萼片で、花弁はない。萼片は細長い楕円形で、平開して反り返る。雄花の雄しべは合着し、花糸は長さ10mmほどの柱状となる。果実は袋果で、熟す前に裂開して舟形となり、縁に直径4〜6mmで球形の種子をつける。

表
- 裂片の先端は鋭く尖る
- 縁は全縁
- はじめ毛が密生するが、後に無毛

裏
- 葉身は長さ、幅ともに15〜25cm
- 毛が生える
- 葉身の基部は湾入して深い心形
- 葉柄は長さ15〜20cmで星状毛が生える

果実は熟す前に舟形に裂開して、その縁に球形の種子をつける。

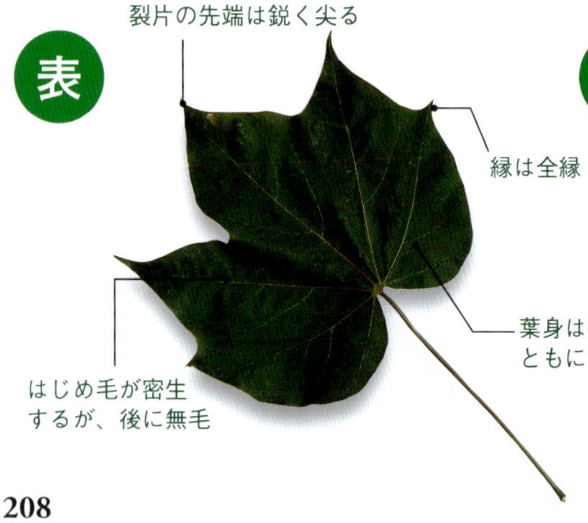

| 樹高 落葉低木 | 樹皮 なめらか | 葉形 単葉 | 葉序 互生 |

ナツグミ【夏茱萸】

山野の日当たりのよい場所に自生し、庭木などとして植栽される。果実は甘酸っぱく食用になる。

学名	*Elaeagnus multiflora*		
科属名	グミ科グミ属	花期	4〜5月
分布	北海道（南部）、本州（福島県〜静岡県の太平洋側）	樹形	卵形

成木
成木の樹皮は暗褐色で、楕円形の皮目がまばらにある。

老木
老木になると、樹皮は不規則に縦に割れて細長くはがれる。

高さ2〜4mになる落葉低木、まれに高木。日本固有種で、北海道の南部と本州の福島県から静岡県までの太平洋側に分布する。山野の日当たりのよい場所に自生し、庭木などとして植栽される。

樹皮は暗褐色で、老木では細長く縦に不規則にはがれる。若枝は褐色の鱗状毛に覆われる。

葉は単葉で互生し、葉身は広楕円形あるいは広卵形で、長さ3〜9cm、幅2〜5cm。

花は両性花で、4〜5月、葉腋から長さ8〜12mmの細い花柄を出し、淡黄色の花が1〜3個下垂する。花柄は花後に伸張する。萼筒は円筒形で長さ約8mm。萼片は4個、広卵形で長さ5.5〜6.5mm、幅2.5〜3mm。萼筒、萼片、子房の外側には銀色の鱗状毛が密に生える。果実は長さ1.2〜1.7cmで広楕円形の偽果で、5〜7月に紅色に熟す。種子は倒卵状長楕円形で長さ約1.2cm、長軸方向に深い溝が8個ある。

花期は4〜5月、10mmほどの花柄の先に、淡黄色の花を1〜3個下垂させる。

表
- 葉身の先端は短く尖るが、鈍頭で鈍端となるものもある
- 縁は全縁
- 表には銀色の鱗状毛がある

裏
- 裏には銀色の鱗状毛が密生し、赤褐色の鱗状毛が散生する
- 葉身の基部は広いくさび形〜ほぼ円形
- 葉柄は長さ5〜10mmで赤褐色の鱗状毛が密生する

樹高	樹皮	葉形	葉序
常緑低木	深・浅裂	単葉	互生

ナワシログミ【苗代茱萸】

海岸近くから山地の林縁に自生し、庭木や生け垣として植栽される。和名は、苗代をつくる頃に果実が熟すことから。

学 名	*Elaeagnus pungens*		
科属名	グミ科グミ属	花 期	10〜11月
分 布	本州（伊豆半島以西）、四国、九州	樹 形	卵形

成木

樹皮は灰褐色で円い皮目がある。生長すると縦に割れ目が入り、はがれ落ちる。

花期は10〜11月。葉腋に、淡黄褐色で褐色の鱗状毛が点在する花を数個つける。

高さ2〜3mになる常緑低木。日本固有種で、本州の伊豆半島以西、四国、九州に分布する。海岸近くから山地の林縁に自生し、庭木や生け垣として植栽される。

樹皮は灰褐色、円形の皮目があり、生長に伴って縦に割れ目が入り、はがれ落ちる。若枝は鱗状毛(りんじょうもう)に覆われて褐色。小枝の先はしばしばトゲになる。

葉は単葉で互生し、葉身は長楕円形だが変化が多く多様で、長さ5〜10cm、幅2.5〜3.5cm。先端は円頭または尖り、基部は円形のものが多い。革質で光沢があり、かたく、縁は波状になる。

花は両性花で、10〜11月、葉腋に数個の花がつく。花は淡黄褐色で、萼筒(がくとう)は長さ6〜7mmで4稜あり、基部がくびれる。萼片(がくへん)は卵状三角形で、長さは萼筒のほぼ半分、外面に銀色の鱗状毛が密生して、褐色の鱗状毛が散生する。果実は長さ1.5cmほどで長楕円形の偽果(ぎか)、5〜6月に赤く熟す。

果実は長楕円形で、5〜6月に赤く成熟し、細い柄で下垂する。

表
- 葉身の先端は円頭または鋭頭
- 縁は波状
- 質は革質でかたい
- 表は深緑色で光沢がある

裏
- 裏の主脈に褐色の鱗状毛が密生する
- 裏は銀色の鱗状毛に覆われて光沢がなく、さらに褐色の鱗状毛も散生する
- 葉身の基部は円形のものが多い
- 葉柄は長さ6〜12mm

| 樹高 落葉高木 | 樹皮 なめらか | 葉形 単葉 | 葉序 互生 |

イイギリ 【飯桐】

別名ナンテンギリ。山地のやや湿った場所に自生し、公園樹や街路樹などとして植栽される。材は器具材や下駄の材料とされる。

学 名	*Idesia polycarpa*		
科属名	イイギリ科イイギリ属	花 期	4〜5月
分 布	本州、四国、九州、沖縄	樹 形	卵形

成木

樹皮は灰褐色でなめらか。褐色で横長や点状の皮目が目立つ。

果実は直径1cmほどの球形で、10〜11月に成熟して赤くなる。

　高さ10〜15mになる落葉高木。幹の直径は40〜50cmになる。本州、四国、九州、沖縄に分布する。山地のやや湿った場所に自生し、公園樹や街路樹などとして植栽される。材は器具材や下駄の材料とされる。
　樹皮は灰白色、なめらかで褐色の皮目が目立つ。本年枝は太く、輪状に開出し無毛。
　葉は単葉で互生し、葉身は卵心形で長さ10〜20cm、幅8〜20cm。先端は鋭く尖り、縁には粗い鋸歯がある。基部は浅い心形。

　雌雄異株で、4〜5月、枝先および葉腋に長さ20〜30cmの円錐花序を出し、帯緑黄色の花を多数つける。花に花弁はない。萼片は卵形で5〜6個が重なるようにつき、淡緑色で、両面に帯黄色の毛が密に生える。雄花は直径約1.5cmで、雄しべは多数。雌花は直径8mmほどで、子房は球形で3〜6個の花柱があり、雄しべは退化して小さい。果実は直径8〜10mmの球形で液果で、10〜11月に赤色に熟す。

葉は枝に互生してつき、葉身は卵心形。

表
- 葉身の先端は鋭く尖る
- 縁には粗い鋸歯がある
- 表は緑色〜濃緑色で光沢がある
- 基部の近くの葉柄に長楕円形の蜜腺が2個ある

裏
- 裏の脈腋に白い毛がある
- 裏は粉白色
- 葉身の基部は浅い心形
- 掌状の5〜7脈がある
- 葉柄は長さ10〜20cmで赤味を帯びる

| 樹高 落葉低木 | 樹皮 縦模様 | 葉形 単葉 | 葉序 互生 |

キブシ【木五倍子】

やや湿った日陰を好み、山野の疎林内や林縁、道端などに見られる。庭園樹、公園樹として植栽される。

学 名	*Stachyurus praecox*
科属名	キブシ科キブシ属
分 布	北海道（西南部）、本州、四国、九州
花 期	3～4月
樹 形	株立ち

幼木 若い樹皮は暗褐色～赤褐色で皮目が目立つ。

成木 成木になると暗灰褐色になり、縦にしわが入るものもある。

高さ2～4mになる落葉低木～小高木。日本固有種で、北海道の西南部、本州、四国、九州に分布する。やや湿った日陰を好み、山野の疎林内や林縁、道端などに見られる。庭園樹、公園樹として植栽される。

若い樹皮は暗褐色あるいは赤褐色で、生長すると暗灰褐色になる。本年枝は緑色または赤味を帯びた緑色で、やや光沢がある。

葉は単葉で互生し、葉身は長楕円形～卵形で、長さ6～12cm、幅3～6cm。

雌雄異株で、3～4月、葉が展開するのに先立って、前年枝の葉腋から長さ3～10cmの総状花序が下垂する。雄花序は雌花序に比べてやや大きい。花は長さ7～9mmの鐘形。萼片は4個で、内側の2個は大きく花弁状。花弁は4個、倒広卵形で、開花時も開出しないで直立する。雄花は淡黄色で、雌花の花弁は淡黄緑色。果実は直径7～12mmで楕円状球形のかたく乾いた液果で、7～10月に黄褐色に熟す。

表
- 葉身の先端は尖る
- 縁には鋸歯がある
- 質は草質で表は光沢があり無毛

裏
- 裏は淡緑色で無毛、まれに脈上や脈腋に軟毛が生える
- 葉身の基部は円形か切形、または浅い心形
- 葉柄は長さ1～3cm

雌雄異株で、花期は3～4月。淡黄色の花が連なった花序が、枝から下垂する。

| 樹高 落葉小高木 | 樹皮 はがれ・まだら | 葉形 単葉 | 葉序 互生 |

サルスベリ【百日紅】

別名ヒャクジッコウ。公園樹、街路樹として各地に植栽されている。和名は、「サルも滑り落ちるほど木の肌がなめらか」という表現に由来する。

学　名	*Lagerstroemia indica*		
科属名	ミソハギ科サルスベリ属	花　期	7～10月
分　布	中国南部原産	樹　形	不整形

成木
淡紅紫色の表皮がはがれてすべすべになり、肌色や橙色を基本としたまだら模様になる。

老木
老木になると、さらにはがれて隆起することが多い。

　大きなものでは高さ10mに達する落葉小高木。幹は直径30cmになる。中国南部の原産で、日本には江戸時代に渡来し、公園樹、街路樹として各地に植栽されている。和名は、「サルも滑り落ちるほど木の肌がなめらか」という表現に由来する。
　樹皮は淡紅紫色、なめらかで、薄くはがれて落ち、淡色の木の肌が露出する。
　葉は単葉で、互生あるいは対生する。枝の左右に、交互に2個ずつ並んだコクサギ型葉序となるものもある。葉身は倒卵状楕円形で長さ2.5～5cm、幅2～3cm。
　花は両性花で、7～10月、円錐花序に桃紫色～紅紫色、または白色の花をつける。花は花序の基部から咲き始め、徐々に先端に咲き及んでいく。花は直径3～4cm、花弁は6個、下部は細長く、上部は直径1.3cmほどのほぼ円形で、縁が縮れたように波打つ。果実は直径約7mmで球形の蒴果で、熟して6裂する。種子は長さ4～5mm。

表
- 葉身の先端は鈍頭または円頭
- 縁は全縁
- 質はやや革質で表は少し光沢があり、ほぼ無毛

裏
- 裏はほぼ無毛だが、主脈に毛が生えることがある
- 葉柄はほとんどない

花期は7～10月。枝先に花弁が縮れた花が円錐状に集まって咲く。花色は白色、桃色、紅色など。

213

ザクロ【石榴・柘榴】

日本には平安時代に渡来したとされ、庭木や鉢植えとして利用される。西アジアでは古くから子孫繁栄、豊穣の象徴とされてきた。

学 名	*Punica granatum*		
科属名	ザクロ科ザクロ属	花 期	6月
分 布	西南アジア原産	樹 形	不整形

幼木
樹皮は褐色。若い樹皮では、縦に走る筋状の模様が目立つ。

成木
生長とともに、樹皮は不規則にはがれて落ちる。

高さ5～6mになる落葉小高木。イランやトルコなど西南アジア原産で、日本には平安時代に渡来したとされ、庭木や鉢植えとして利用される。

樹皮は褐色で、若木では縦の筋状の模様が目立ち、生長とともに不規則にはがれる。本年枝には4稜があり、短枝の先はトゲ状。

葉は単葉で対生し、葉身は長楕円形で長さ2～5cm、幅1～2cm。表には光沢がある。縁は全縁または波打つことも多い。

花は両性花と雌性が退化した雄花とがあり、6月、朱赤色で直径5cmほどの花を枝先につける。花弁は6個、薄く紙状で、シワがある。萼は筒状、肉質で光沢があり、上部が6裂する。果実は果托が発達したもので、直径約5cm、球形で先端に萼片がくちばし状に残る。果皮は厚く、秋に熟して裂開し、多数の種子を出す。種子は淡紅色の外皮に覆われ、甘酸っぱい液を多く含み、食用となる。

球形の果実の先端には萼片が残り、くちばし状になる。秋に熟して割れ、多数の種子を出す。

表 — 縁は全縁／濃緑色で光沢があり、無毛

裏 — 緑色／無毛または主脈上にごくわずかに毛が残る

| 樹高 落葉低木 | 樹皮 なめらか | 葉形 単葉 | 葉序 互生 |

ハナイカダ【花筏】

別名ママッコ、ヨメノナミダ。山地や丘陵のやや湿気のある林内に自生し、沢沿に多い。和名は、花が葉の上に咲く様子をイカダに見立てたため。

学　名	*Helwingia japonica*		
科属名	ミズキ科ハナイカダ属	花　期	4～6月
分　布	北海道（南部）、本州、四国、九州	樹　形	株立ち

幼木
幼木の樹皮はなめらかで、やや光沢のある明るい緑色。褐色の皮目がある。

成木
生長すると樹皮は深緑色、さらに暗褐色となり、皮目は小さな突起やイボ状となる。

　高さ1～3mになる落葉低木。幹は叢生（そうせい）し、多く分枝する。北海道の南部、本州、四国、九州に分布し、山地や丘陵のやや湿気のある林内に自生し、沢沿いなどに多い。和名は、葉の上に乗ったようについた花をイカダに乗った人に見立てたことに由来する。
　樹皮は緑色～深緑色、なめらかで、まばらに縦長や円形の皮目がある。本年枝は淡紫緑色で、毛はない。
　葉は単葉で互生し、葉身は広楕円形で、長さ3～16cm、幅1.5～6cm。
　雌雄異株で、4～6月、葉の主脈中央近くに、雄株では数個の雄花を、雌株では通常1個、ときに2～3個の雌花をつける。花は淡緑色で、直径4～5mm。花弁は3～4個で、卵状三角形。雄花の花柱は退化し、雄しべは3～4個。雌花の花柱は3～4個で、雄しべはない。果実は直径7～10mmで扁球形の核果（かくか）で、葉の中央付近について、8～10月に紫黒色に熟す。

表
- 葉身の先端は尾状に鋭く尖る
- 縁には先端が芒状（のぎじょう）で腺に終わる浅い鋸歯がある
- 表の主脈の中央付近に花がつく
- 質は草質で表は光沢があり、無毛

裏
- 裏は無毛
- 葉身の基部は鈍形または広いくさび形
- 葉柄は長さ1～7cm

雌雄異株で花期は4～6月。淡緑色の花を葉の主脈中央近くにつける。

樹高	樹皮	葉形	葉序
常緑低木	深・浅裂	単葉	対生

アオキ【青木】

山野の樹林下に自生し、特に照葉樹林内に多く見られ、また明るい雑木林や植林地にも生える。庭木として広く植栽される。

学　名	*Aucuba japonica*		
科属名	ミズキ科アオキ属	花　期	3〜5月
分　布	北海道（南部）、本州、四国、九州、沖縄	樹　形	株立ち

幼木　幼木の樹皮は光沢のある緑色。灰褐色の細い筋と横長の皮目がある。

成木　成木になると樹皮は灰褐色となり、老木では縦に浅く細かい裂け目ができる。

　高さ2〜3mになる常緑低木。日本固有種で、北海道（南部）、本州、四国、九州、沖縄に分布する。山野の樹林下に自生し、特に照葉樹林内に多く見られ、また明るい雑木林や植林地にも生える。観賞用として、日本だけでなく海外でも人気が高く、庭木として広く植栽される。

　樹皮は若木では光沢のある緑色で、細い灰褐色の筋があり、横長の皮目が目立つ。しだいに縦に浅く裂けて、灰褐色となる。

　葉は単葉で対生し、葉身は卵状長楕円形で長さ8〜25cm、幅2〜12cm。

　雌雄異株で、3〜5月、前年枝の枝先に、紫褐色の小さな花を多数つけた円錐花序を出す。雄花序は長さ5〜15cm、雌花序は長さ2〜5cm。花は雌雄ともに直径1cmほど。花弁は先端の尖った長卵形で4個。果実は長さ1.5〜2cmで長楕円形あるいは卵状長楕円形の核果（かくか）で、12〜5月に赤く熟す。表面に光沢があり、中に核が1個入る。

雌雄異株で、花期は3〜5月。枝先に紫褐色の小さな花を多数集めた円錐花序をつける。

表
- 葉身の先端は尖る
- 表は濃緑色で光沢があり、無毛
- 縁に粗い鋸歯がある
- 質は革質

裏
- 裏の脈はへこまない
- 裏は淡緑色で無毛
- 葉柄は長さ1〜5cm
- 葉身の基部は広いくさび形

クマノミズキ【熊野水木】

山地の林内にふつうに自生し、ときに庭木や公園樹として植栽される。和名は、「三重県〜和歌山県の熊野に産するミズキ」を意味する。

学　名	*Swida macrophylla*		
科属名	ミズキ科ミズキ属	花　期	6〜7月
分　布	本州、四国、九州	樹　形	卵形

成木

樹皮は灰黒緑色で、若い木では縦の筋が入り、成木になると縦に浅く裂け目が入る。

果実は直径5mmほどの球形で、7〜10月に紫黒色に熟す。

高さ8〜12mになる落葉高木。幹は直径30cmになる。本州、四国、九州に分布する。山地の林内にふつうに自生し、ときに庭木や公園樹として植栽される。和名は、「三重県〜和歌山県の熊野に産するミズキ」を意味する。

樹皮は灰黒緑色で、縦に浅く裂け目が入る。若枝は緑色または赤褐色で、稜があり、無毛。

葉は単葉で対生し、枝先に集まる。葉身は卵状長楕円形で長さ6〜15cm、幅3〜7cm。先端は尾状になって鋭く尖り、縁は全縁。基部は広いくさび形となる。

花は両性花で、6〜7月、枝先に小さな黄白色の花を密につけた散房花序を出す。花弁は4個、長さ4〜5mmの狭長楕円形。雄しべは4個で花盤の縁につく。花柱は1個。萼筒には白い伏毛が密に生える。果実は直径5mmほどで球形の核果で、7〜10月に紫黒色に熟す。核は球形で直径3〜4mm。

葉は枝先に集まって対生する。葉身は卵状長楕円形で、先は尾状になって尖る。

表
- 葉身の先端は尾状になって鋭く尖る
- 縁は全縁
- 白く短い伏毛が生える

裏
- 白く短い伏毛が生える
- やや粉白色
- 葉身の基部は広いくさび形
- 葉柄は長さ1〜3cm

ミズキ【水木】

別名クルマミズキ。山地にふつうに自生し、特に水辺など湿気の多い場所を好む。和名は、早春に枝を切ると水が滴り落ちるほどであるため。

学　名	*Swida controversa*		
科属名	ミズキ科ミズキ属	花　期	5〜6月
分　布	北海道、本州、四国、九州	樹　形	卵形

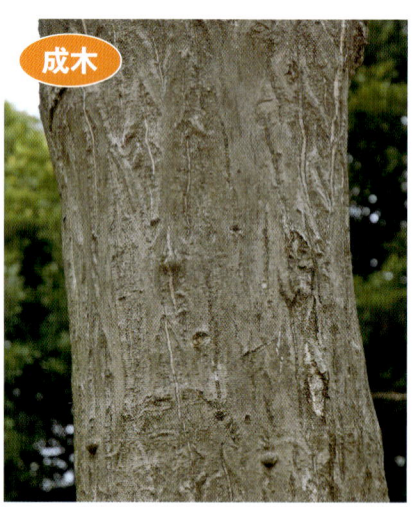

成木
樹皮は灰褐色あるいは灰黒色。若木はほぼ平滑で、成木になると縦に細い筋状の溝ができる。

老木
老木になると、樹皮に縦方向のやや深い裂け目が入る。

　高さ10〜20mになる落葉高木。幹の直径は10〜50cmになる。北海道、本州、四国、九州に分布する。山地にふつうに自生し、特に水辺など湿気の多い場所を好む。材は白色で、こけしなどの民芸品に使われる。和名は、樹液が多く、特に早春に枝を切ると水が滴り落ちるほどであるため。
　樹皮は灰褐色あるいは灰黒色で、縦に浅い筋状の溝がある。若枝は紫紅色、断面は円形で、稜はない。

　葉は単葉で互生し、枝先に集まる。葉身は広卵形または広楕円形で、長さ6〜15cm、幅3〜8cm。
　花は両性花で、5〜6月、小さな白い花を多数つけた散房花序を枝先に出す。花弁は4個で、長さ5〜6mm、幅2mmほどの披針状長楕円形で平開する。雄しべは4個で、花盤の縁につく。子房は2室で、花柱は長さ3mmほど。果実は直径6〜7mmで球形の核果で、6〜10月に紫黒色に熟す。

果実は直径6mmほどの球形で、6〜10月に紫黒色に熟す。

表
- 葉身の先端は急に短く尖る
- 縁は全縁
- 光沢がある
- 葉柄は長さ2〜5cmで、上面に溝があり無毛

裏
- 粉白色で短い伏毛がある
- 葉身の基部は広いくさび形

サンシュユ【山茱萸】

別名ハルコガネバナ。日本には江戸時代に薬用植物として持ち込まれたが、現在は花木として植物園や公園などに植栽されている。

学名	*Cornus officinalis*		
科属名	ミズキ科サンシュユ属	花期	3〜4月
分布	中国・朝鮮半島原産	樹形	杯形

幼木 幼木の樹皮は褐色ないし赤褐色で、表面が薄くはがれる。

成木 成木の樹皮は灰黒褐色で、不規則に激しくはがれて、淡褐色の肌が出る。

　高さ3m、大きなものでは5mに達する落葉小高木。中国および朝鮮半島原産。日本には江戸時代に薬用植物として持ち込まれたが、現在は花木として植物園や公園などに植栽されている。果実は果実酒に利用する。

　樹皮は灰黒褐色で、薄く不規則にはがれ、その後は淡褐色になる。若い枝葉は紫褐色を帯び、4個の鈍い稜がある。

　葉は単葉で対生し、葉身は広卵形あるいは卵状広楕円形で、長さ4〜12cm、幅2〜7cm、枝先に集まってつく。

　花は両性花で、3〜4月、葉の展開に先立って、淡黄色の小さな花を多数つけた直径2〜3cmの散形花序を短枝の先に出す。花序の基部には4個の総苞片（そうほうへん）がつく。総苞片は広楕円形で長さ6〜8mm、伏毛が密生する。花弁は4個、長さ3mmほどで反り返る。雄しべは4個、長さ1.5〜2mmで斜上する。花柱は1個。果実は長さ1.2〜2cmで長楕円形の核果（かくか）で、9〜11月に赤く熟す。

表
- 葉身の先端は尾状に鋭く尖る
- 縁は全縁

裏
- 裏の全面に白い伏毛が生える
- 裏の脈腋には褐色の毛がある
- 葉柄は長さ5〜15mmで、伏毛が生える

花期は3〜4月、葉の展開前に、淡黄色の小さな花を多数つけた散形花序を短枝の先につける。

| 樹高 落葉高木 | 樹皮 はがれ・まだら | 葉形 単葉 | 葉序 対生 |

ヤマボウシ 【山法師】

別名ヤマグワ。山地の林内や草原に自生する。やや湿気の多い場所を好む。街路樹や公園樹などとして植栽される。

学 名	*Benthamidia japonica*		
科属名	ミズキ科ヤマボウシ属	花 期	5～7月
分 布	本州、四国、九州	樹 形	卵形

幼木
幼木の樹皮は灰色～褐色で、なめらか。生長するにつれはがれる。

成木
成木の樹皮は暗赤褐色で、不規則に大きくはがれる。

老木
老木では不規則に細かくはがれて、まだら模様になる。

　高さ5～15mになる落葉高木。本州、四国、九州に分布し、山地の林内や草原に自生する。やや湿気の多い場所を好む。街路樹や公園樹などとして植栽される。材はかたく、木槌の頭などに利用される。
　樹皮は暗赤褐色で、老木になると不規則にはがれて、まだら模様となる。
　葉は単葉で対生し、枝先に集まってつく。葉身は広楕円形～広卵状楕円形で、長さ4～12cm、幅3～7cm。

　花は両性花で、5～7月、葉が展開した後、短枝の先に長さ3～10cmの柄を出し、頭状花序をつける。白い花びらのように見えるのは大形の総苞片で、長さ3～8cmの卵形あるいは長楕円状卵形。中心に淡黄緑色の小さな花が20～30個密集してつく。萼片は目立たず、花弁は4個で長楕円形、長さ2.5mmほど。雄しべは4個。果実は直径1～1.5cmで球形の集合果で、1～5個の核が入り、9～10月に赤く熟す。

表
- 葉身の先端は鋭く尖る
- 縁は全縁で波打つ

裏
- 裏の脈腋には褐色の毛がある
- 葉身の基部は円形
- 葉柄は長さ5～10mm

果実は直径1〜1.5cmで、9〜10月に赤く熟し、甘く食用になる。

葉は枝に対生し、枝先に集まってつく。葉身は広楕円形〜広卵状楕円形。

花期は5〜7月。白い花びらのように見えるのは大型の総苞片で、中心に淡黄緑色の小さな花が20〜30個密集してつく。和名は、中心の花序を僧兵の頭、総苞片を頭巾に見立てたことからといわれる。

樹高	樹皮	葉形	葉序
落葉高木	深・浅裂	単葉	対生

ハナミズキ【花水木】

別名アメリカヤマボウシ。大正時代初期にサクラの苗木をアメリカに贈った返礼として日本に贈られ、庭木などとして広く植栽される。

学 名	*Benthamidia florida*		
科属名	ミズキ科ヤマボウシ属	花 期	4〜5月
分 布	北アメリカ原産	樹 形	卵形

幼木
幼木の樹皮は灰褐色で、細い縦の筋模様と皮目がある。

成木
成木の樹皮は灰黒色となり、細かい網目状に深く裂け、老木では細かくはがれ落ちる。

　日本では高さ5m、原産地では高さ12mになる落葉高木〜小高木。大きなものでは幹の直径が45cmに達する。大正時代初期に当時の東京市長がサクラの苗木をアメリカに贈った際、その返礼として日本に贈られ、現在では庭木や公園樹、街路樹として広く植栽される。

　樹皮は灰黒色で、網目状に深く裂けて、老木でははがれ落ちる。本年枝は緑色。

　葉は単葉で対生し、葉身は卵状楕円形または卵円形で長さ8〜15cm、枝先に集まる。

　花は両性花で、4〜5月、葉が展開する前、あるいは同時に頭状花序を出す。総苞片は大きく花弁状で、長さ4〜6cmの広倒卵形、先がへこむ。白色〜淡紅色で、ときに紅色。4個の総苞片の中心に、淡黄色の小さな花が15〜20個球形に集まる。花弁は4個、長楕円形、長さ約6mmで反り返る。果実は長さ約1cmで楕円形の核果で、9〜10月に暗紅色に熟す。

花期は4〜5月、葉の展開より前に、白色〜淡紅色の花をつける。花弁状のものは総苞片。

表
- 葉身の先端は短く尖る
- 縁は全縁でわずかに波打つ

裏
- 裏の脈腋には毛叢がある
- 裏は粉白色を帯びる
- 裏には伏した短毛が密生する
- 葉身の基部は円形
- 葉柄は長さ5〜15mm

| 樹高 落葉低木 | 樹皮 なめらか | 葉形 複葉 | 葉序 互生 |

タラノキ 【楤の木】

別名タランボ。低山地や丘陵に自生し、崩壊した斜面や荒れ地に群生することが多い。若芽を山菜として採取し、天ぷらや和え物などにする。

学 名	*Aralia elata*
科属名	ウコギ科タラノキ属
分 布	北海道、本州、四国、九州
花 期	8～9月上旬
樹 形	楕円形

成木
淡褐色でなめらか、たくさんのトゲがある。生長するとトゲはやや減り、縦に裂ける。

雌雄同株で、花期は8～9月上旬。枝先に雄花と両性花を混ぜた淡緑白色の花を多数つける。

高さ2～6mになる落葉低木。ときに高さ10m、直径10cmに達するものもある。北海道、本州、四国、九州に分布する。低山地や丘陵に自生し、崩壊した斜面や荒れ地に群生することが多い。若芽を山菜として採取し、天ぷらや和え物などにする。

樹皮は灰褐色、なめらかで鋭いトゲが多く、円形の皮目がある。

葉は長さ50～100cmの大きな2回羽状複葉で互生し、枝先に集まってつく。羽片は5～9個で、それぞれの羽片には多数の小葉がつく。小葉は卵形～卵状広楕円形で、長さ5～10cm、幅3～7cm。

雌雄同株で、8～9月上旬、小さな淡緑白色の花を多数つけた複散形花序を枝先に出す。花序の上部に両性花の花序を、下部に雄花の花序をつけることが多い。花は直径約3mm、花弁は5個、先端が尖った三角状卵形。雄しべと花柱は5個。果実は直径3mmほどで球形の液果（えきか）で、9～10月に黒く熟す。

新芽はいわゆるタラノメ。山菜として採取されて、天ぷらや和え物などとされる。

表
- 小葉の先端は尖る
- 小葉の表には粗い毛が散生する
- 小葉の縁には粗い鋸歯がある
- 葉柄や葉軸には細長く鋭いトゲがある

裏
- 小葉の裏には粗い毛が密生する
- 小葉の基部は円形または浅い心形
- 小葉の裏はやや白色を帯びる
- 葉は長さ50～100cm

223

| 樹高 常緑つる性 | 樹皮 なめらか | 葉形 単葉 | 葉序 互生 |

キヅタ【木蔦】

別名フユヅタ。照葉樹林内や林縁、原野などに自生し、まれに庭園樹や生け垣として植栽される。

学 名	Hedera rhombea
科属名	ウコギ科キヅタ属
分 布	本州、四国、九州

花 期	10～12月
樹 形	つる状形

成木

樹皮は灰色で、やや隆起した皮目が目立つ。新枝は緑色で、はじめ黄褐色の細かい毛が生える。

花期は10～12月。枝先に、数多くの黄緑色の小さな花が咲く。

岩や木の幹を這い上がって生長する、常緑つる性木本。大きなものでは幹の直径が6cmを超える。本州、四国、九州に分布する。照葉樹林内や林縁、原野などに自生し、まれに庭園樹や生け垣として植栽される。

樹皮は灰色で皮目が目立つ。本年枝は緑色で、はじめ黄褐色のごく細かい鱗状毛（りんじょうもう）が生えるが、後に無毛。

葉は単葉で互生し、葉身は三角形状あるいは五角形状で、掌状に3～5浅裂し、長さ3～7cm、幅2～4cm。花序がつく枝には、倒卵形または楕円形の葉がつき、浅裂しない。

花は両性花で、10～12月、黄緑色の小さな花を多数つけた球形の散形花序を枝先に出す。花序は直径2～3cm。花は直径約1cm、花弁は5個、長卵形で長さ4mmほど、反り返る。花盤（かばん）は暗紅色。雄しべは5個、葯（やく）は黄色で裂開して褐色となる。果実は直径8～10mmで球形の液果（えきか）で、赤紫色、翌年の5～6月に紫黒色に熟す。

葉は互生して茎につく。葉身は三角形あるいは五角形で、浅く3～5裂するものもある。

表
- 縁は全縁
- 表は濃緑色で光沢がある
- 質は厚い革質
- 若葉では、はじめ星形をした褐色の小さな鱗状毛があるが、後に無毛

裏
- 葉身の基部は切形または心形
- 葉柄は長さ1.5～5cm

樹高	樹皮	葉形	葉序
常緑小高木	なめらか	単葉	互生

カクレミノ【隠れ蓑】

海に近い湿度の多い常緑樹林内に自生し、庭木として植栽される。和名は葉の形を、姿を隠すことができるという「隠れ蓑」にたとえたことから。

学 名	*Dendropanax trifidus*		
科属名	ウコギ科カクレミノ属	花 期	7～8月
分 布	本州（関東地方以西）、四国、九州	樹 形	杯形

成木

樹皮は灰褐色でなめらか、点在する円形の小さな皮目が目立つ。

雌雄同株で、花期は7～8月。たくさんの小さな淡緑色の花が枝先に球形に集まる。

高さ3～8m、大きなものでは15mに達する常緑小高木～高木。本州の関東地方以西、四国、九州に分布する。海に近い湿度の多い常緑樹林内に自生し、庭木として植栽される。

樹皮は灰白色でなめらか。小さな円形の皮目が目立つ。本年枝は緑色。

葉は単葉で互生し、枝先に集まる。成葉の葉身は菱形状広卵形あるいは広卵形で、長さ7～12cm、幅3～8cm。若木の葉は深く3～5裂する。先端は短く尖る。

雌雄同株で、7～8月、小さな淡緑色の花を15～40個つけた球形の散形花序を枝先に出す。両性花だけがつく花序と、両性花と雄花とが混生する花序がある。萼は先端が浅く不規則に裂けた鐘形。花弁は5個で、長さ約2mmの卵形。果実は長さ1cmほどで広楕円形の液果で、10～11月に紫黒色に熟し、先端に花柱が残る。種子は2～5個、長さ6～7mmの歪んだ楕円形。

果実は長さ1cmほどの広楕円形。10～11月に紫黒色に熟す。写真は未熟果。

表
- 縁は全縁でやや波打つ
- 葉身の先端は短く尖る
- 質は厚く表は光沢があり、無毛

裏
- 裏は淡緑色で無毛
- 若木の葉は3～5深裂する
- 裏は3脈が顕著で目立つ
- 葉身の基部は広いくさび形
- 葉柄は長さ2～10cm

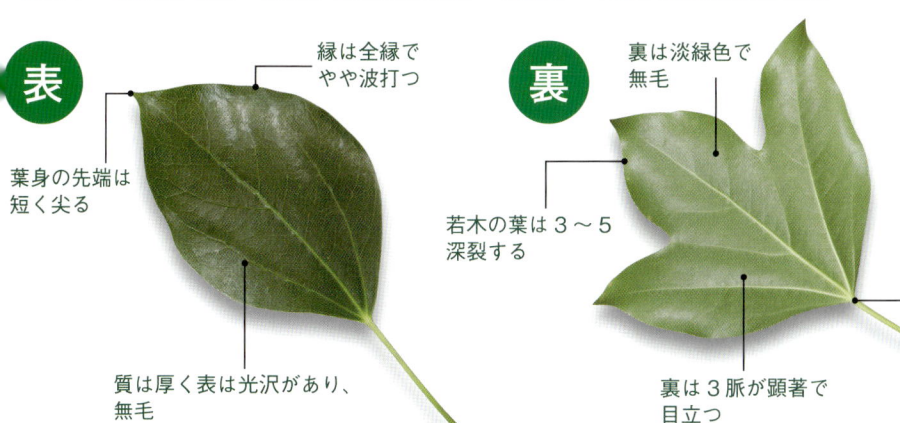

樹高	樹皮	葉形	葉序
常緑低木	なめらか	単葉	互生

ヤツデ【八手】

別名テングノハウチワ。半日陰～日陰の場所を好み、海岸近くの林内に自生し、庭木や公園樹として広く植栽される。

学 名	*Fatsia japonica*		
科属名	ウコギ科ヤツデ属	花 期	11～12月
分 布	本州（茨城県以南の太平洋側）、四国、九州、沖縄	樹 形	株立ち

幼木 幼木の樹皮は淡緑色～淡褐色で、半月形の葉痕が目立つ。

成木 生長すると樹皮は灰褐色になりなめらか。褐色の皮目がある。

高さ1～3mになる常緑低木。本州の茨城県以南の太平洋側、四国、九州、沖縄に分布する。半日陰～日陰の場所を好み、海岸近くの林内に自生し、庭木や公園樹として広く植栽される。

樹皮は灰褐色で、大きな縦長の皮目があり、半月形の葉痕が目立つ。若枝は緑色で、長い褐色の毛が生える。

葉は単葉で互生し、葉身は直径20～40cmの円形で、掌状に5～9深裂する。裂片の先端はやや鋭く尖り、縁に粗い鋸歯がある。

雌雄同株で、11～12月、枝先に白い小さな花を多数つけた散形花序を円錐状につける。上部の花序には両性花、下部の花序には雄花がつく。花弁は5個で、長さ3～4mmの卵形。雄しべは5個。両性花では雌しべが熟す前に雄しべが花粉を出し、自家授粉を避けている。果実は直径7～10mmで扁球形の液果で、翌年の4～5月に赤紫褐色～黒紫色に熟す。

雌雄同株で、花期は11～12月。枝先に白い花を集めた球形の散形花序を円錐形につける。

表
- 裂片の先端はやや鋭く尖る
- 縁に粗い鋸歯がある
- 葉身は直径10～30cm
- 厚く光沢があり、無毛

裏
- 葉脈は隆起する
- 葉身の基部は浅い心形
- 葉柄は長さ20～40cm
- わずかに縮毛がある

ヤマウコギ【山五加木】

別名ウゴキ。原野や丘陵から山地の林内に自生する。かつては庭に植栽された。若葉は食用になる。

学名	*Acanthopanax spinosus*
科属名	ウコギ科ウコギ属
分布	本州（岩手県以南）、四国（高知県）
花期	5〜6月
樹形	株立ち

成木の樹皮は灰黒色で、縦長の皮目があり、老木になると縦に浅く裂けて溝ができる。

果実は扁平な球形。7〜8月に赤褐色〜黒紫色に熟す。写真は未熟果。

高さ2〜4mになる落葉低木。日本固有種で、本州の岩手県以南、四国の高知県に分布。原野や丘陵から山地の林内に自生する。

樹皮は灰黒色で、縦長の皮目がある。老木では細長い溝ができる。本年枝は緑褐色あるいは灰褐色。葉痕や葉の下に細い扁平なトゲがつく。

葉は掌状複葉で互生し、長枝にはまばらに、短枝には群がるようにつく。小葉は5個で、すべてがほぼ同じ形、同じ大きさで、倒卵形あるいは倒卵状長楕円形、長さ3〜7cm、幅1.5〜4cm。

雌雄異株で、5〜6月、黄緑色の小さな花を多数つけた短い散形花序を短枝の先に1個出す。花序の柄は長さ2〜6cm。花弁は5個で、長さ1.5〜2mmの卵状長楕円形。雄花の雄しべは5個で、花弁より長い。雌花の花柱は2裂する。果実は直径5〜6mmで扁平な球形の液果で、7〜8月に赤褐色〜黒紫色に熟す。

表
- 小葉の先端は鈍い
- 縁には低く粗い鋸歯があり、鋸歯の先端は小さく尖る

裏
- 裏の脈腋には薄い膜がある
- 無毛
- 小葉の基部はくさび形で小葉柄に流れる

葉は掌状複葉で枝に互生してつき、短枝には群がるようにつく。
- 小葉柄の基部は、無毛または短毛が散生
- 葉柄は長さ3〜7cm

樹高	樹皮	葉形	葉序
落葉高木	なめらか	複葉	互生

コシアブラ【漉油】

別名ゴンゼツノキ、ゴンゼツ。山地の林内に自生し、やわらかい若葉は香りがよく、山菜として食用にされる。

学　名	*Acanthopanax sciadophylloides*
科属名	ウコギ科ウコギ属
分　布	北海道、本州、四国、九州
花　期	8〜9月
樹　形	卵形

成木

樹皮は灰白色でなめらか。楕円形の皮目がまばらにある。

花期は8〜9月。枝先に多数の小さな黄緑色の花を球状に集め、散形花序をつくる。

　高さ5〜20mになる落葉高木。日本固有種で、北海道、本州、四国、九州に分布する。山地の林内に自生し、やわらかい若葉は香りがよく、山菜として食用にされる。
　樹皮は灰白色。なめらかで、まばらに楕円形の皮目がある。本年枝は灰褐色で、縦長の皮目がある。
　葉は長さ20〜40cm、幅40cmほどの掌状複葉で、長枝では互生し、短枝では群がってつく。小葉は5個、倒卵状長楕円形あるいは倒卵形で、頂小葉がもっとも大きく、長さ10〜20cm、幅4〜9cm。
　花は両生または単生で、8〜9月、本年枝の先端に小さな黄緑色の花を多数つけた、長い柄の散形花序を出す。単生の花では花序の上部に雌性の小花序をつけ、そのまわりに雄性の小花序をつける。花弁、雄しべはともに5個、花柱は短く2浅裂する。果実は直径4〜5mmのやや扁平で球形の液果で、10〜11月に紫黒色に熟す。

表
- 小葉の先端は短く尖る
- 質はやや薄く表は光沢があり、無毛
- 縁には不揃いな鋸歯があり、その先端は尖る

裏
- 側脈基部に縮毛が散生するほかは無毛
- 裏は淡緑色
- 小葉の基部はくさび形で小葉柄に流れる
- 葉柄は長さ10〜20cm
- 小葉柄は長さ1〜2cm

若芽や若い葉は独特の香りがあってやわらかく、山菜として珍重される。

| 樹高 落葉高木 | 樹皮 深・浅裂 | 葉形 単葉 | 葉序 互生 |

ハリギリ 【針桐】

別名センノキ。山地の林内に自生する。材は家具材として価値が高い。和名は、材がキリに似て、枝や幹にトゲがあることに由来する。

学　名	*Kalopanax pictus*		
科属名	ウコギ科ハリギリ属	花　期	7〜8月
分　布	北海道、本州、四国、九州	樹　形	卵形

老木

樹皮は灰白色で、若い幹には鋭いトゲがある。老木になると黒褐色となり、縦に深く裂ける。

若い幹だけでなく、枝にも鋭いトゲがある。本年枝は灰褐色で、はじめ毛が生え、すぐに無毛。

高さ10〜20mになる落葉高木。大きなものでは高さ25m、幹の直径1mに達する。北海道、本州、四国、九州に分布し、山地の林内に自生する。材は家具材として価値が高い。和名は、材がキリに似て、枝や幹にトゲがあることに由来する。

樹皮は灰白色で、老木になると黒褐色となり、縦に深く裂ける。本年枝は灰褐色で、はじめ毛が密生するが、すぐに無毛。円形の皮目がある。幹や枝にはトゲが多い。

葉は単葉で互生し、枝先に集まる。葉身は長さ、幅ともに10〜30cmの円形で、掌状に5〜9浅・中裂する。裂片の先端は尾状に尖り、縁には鋭く細かい鋸歯がある。

花は両性花で、7〜8月、小さな花を多数つけた球形の散形花序を数多く枝先に出す。萼筒（がくとう）は長さ約1.5mm。花弁は5個、長さ約2mmの楕円形。雄しべは5個、葯（やく）は赤紫色。花柱は2裂する。果実は直径4〜5mmで球形の液果（えきか）で、赤褐色から黒くなり熟す。

表 — 裂片の先端は尾状に尖る / 縁には細かい鋭鋸歯がある / 質は厚くて表は光沢があり、無毛

裏 — 裏の脈沿いや脈腋には毛が生える / 葉身は長さ10〜30cm

葉は枝先に集まって互生し、葉身は円形で掌状に5〜9裂する。

葉身の基部は浅い心形
葉柄は長さ10〜30cm

リョウブ【令法】

別名ハタツモリ。丘陵や山地の尾根など、やや乾燥した落葉樹林内に多く見られ、庭木や公園樹などとして植栽される。

学　名	*Clethra barvinervis*		
科属名	リョウブ科リョウブ属	花　期	6〜8月
分　布	北海道（南部）、本州、四国、九州	樹　形	卵形

幼木　若い木の樹皮は灰褐色で、縦に割れて表面が不規則に薄くはがれる。

成木　生長にしたがって、樹皮がはがれて白や褐色、橙色などのまだら模様となる。

　高さ8〜10mになる落葉小高木。北海道の南部、本州、四国、九州に分布する。丘陵や山地の尾根など、やや乾燥した落葉樹林内に多く見られ、庭木や公園樹などとして植栽される。材は割れにくく、建築材や器具材とされ、新芽を山菜として食用する。
　若い樹皮は灰褐色で、表面が不規則に薄くはがれる。生長とともにはがれ落ち、茶褐色のまだら模様となる。
　葉は単葉で互生しやや枝先に集まってつき、葉身は倒卵状長楕円形で、長さ6〜15cm、幅2〜7cm。
　花は両性花で、6〜8月、枝先から白い花を多数つけた、長さ10〜20cmの総状花序を数個出す。花弁は5個、長楕円形で長さ6〜7mm、先端がややへこみ、縁にごく細かい歯牙がある。雄しべは10個。花柱は無毛で、柱頭は3裂する。雄しべと雌しべが花冠から突き出る。果実は直径3〜4mmのたいらで球形の蒴果で、表面に毛が密生する。

花期は6〜8月。総状花序をつくって白色の花を多数枝先につける。

表
- 葉身の先端は短く尖る
- 無毛
- 縁に鋭く尖った鋸歯がある

裏
- 裏の脈上には粗い毛がある
- 側脈の基部には軟毛が生える
- 葉身の基部はくさび形
- 裏は淡緑色
- 葉柄は長さ1〜4cmで、軟毛が密に生える

サツキ【皐月】

| 樹高 常緑低木 | 樹皮 なめらか | 葉形 単葉 | 葉序 互生 |

別名サツキツツジ。深山の渓流沿いの岩の上や砂礫地に自生し、盆栽や庭木として広く植栽される。多くの園芸品種がある。

学名	*Rhododendron indicum*
科属名	ツツジ科ツツジ属
花期	5～7月上旬
樹形	株立ち
分布	本州（神奈川県西部・中部地方～近畿地方、山口県）、九州

成木

樹皮は灰黒色ではじめなめらかだが、生長するにつれ、縦に筋が入る。

花期は5～7月上旬、他のツツジ類よりもわずかに遅く開花する。

高さ0.1～1mになる半常緑低木。本州の神奈川県西部・中部地方から近畿地方、および山口県の主に太平洋側、九州に分布する。深山の渓流沿いの岩の上や砂礫地に自生し、盆栽や庭木として広く植栽される。

樹皮は灰黒色、若枝には扁平なかたい褐色の毛が密生。葉は単葉で互生し、枝先に数個が集まる。葉身は長さ2～3.5cm、幅5～10mmで、春葉は披針形あるいは広披針形、夏葉は倒披針形。質は厚く光沢がある。

花は両性花で、5～7月上旬、枝先に出た1個の花芽に朱赤色の花を1～2個つける。萼片は5個、長さ1～2mmの円形で、長毛が密生する。花冠は漏斗状で直径3.5～5cm、5中裂し、上側の裂片に濃い色の斑点がある。雄しべは5個、葯は黒紫色。子房には長毛が密生し、花柱は長さ3～4cmで毛はない。花柄は長さ1～2cm。果実は長さ7～12mmで長卵形の蒴果で、9～12月に熟して裂開する。

葉は枝先に数個ずつ集まるように互生する。質は厚く、表に光沢がある。

表
- 先は尖り、先端に腺状突起がある
- 葉身は長さ2～3.5cm
- 縁に浅い鋸歯がある
- 質は厚くて表は光沢があり、扁平な褐色の毛が生える

裏
- 裏には扁平な褐色の毛が生えるが、特に脈上に多い
- 葉柄は長さ1～3mm

| 樹高 常緑低木 | 樹皮 なめらか | 葉形 単葉 | 葉序 互生 |

ヤマツツジ【山躑躅】

丘陵〜低山地の疎林内や林縁、草原などに自生する。花の色や形に変化が多く、さまざまな品種が知られている。

学　名	*Rhododendron obtusum* var. *kaempferi*
科属名	ツツジ科ツツジ属
分　布	北海道（南部）、本州、四国、九州
花　期	4〜6月
樹　形	株立ち

成木

樹皮は灰黒色〜黒褐色でなめらか。生長すると表面が細かくはがれる。

花期は4〜6月。枝先に1〜3個の朱色の花をつける。花冠は先が5裂した漏斗状。

　高さ1〜3mになる半常緑低木。北海道南部、本州、四国、九州に分布する。丘陵〜低山地の疎林内や林縁、草原などに自生する。花の色や形に変化が多く、さまざまな品種が知られている。

　樹皮は灰黒色〜黒褐色で、なめらかまたは縦に浅い筋状に裂ける。

　葉は単葉で互生。春に出て秋に落葉する春葉と、夏から秋に出て多くは越冬する夏葉がある。春葉の葉身は形にやや変化が大きく、楕円形や卵状楕円形などで、長さ3〜5cm、幅1〜3cm。夏葉の葉身はやや小形で、長さ1〜2cmの倒披針形または倒披針状長楕円形。

　花は両性花で、4〜6月、枝先の1個の花芽から1〜3個の朱色の花を開く。花冠は漏斗状で直径4〜5cm、先端が5裂し、上面内側に濃い色の斑点がある。雄しべは5個。果実は長さ8〜13mmの長卵形の蒴果、扁平で褐色の毛が生える。8〜10月に熟して裂開する。

葉は互生して枝につく。春に出て秋に落葉する大きい葉と、夏から秋に出て越冬する小さい葉がある。

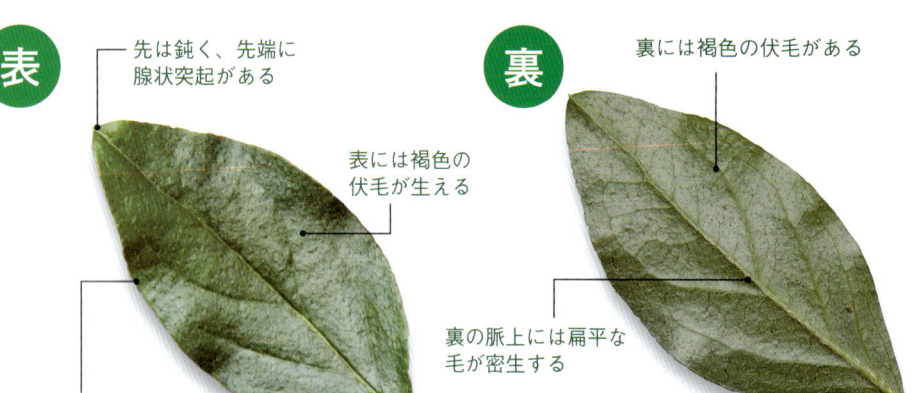

表
- 先は鈍く、先端に腺状突起がある
- 表には褐色の伏毛が生える
- 縁は全縁

裏
- 裏には褐色の伏毛がある
- 裏の脈上には扁平な毛が密生する
- 葉身の基部はくさび形

樹高	樹皮	葉形	葉序
落葉低木	なめらか	単葉	輪生

ミツバツツジ【三つ葉躑躅】

丘陵から山地にかけての林内や岩場に自生し、庭木として植栽される。和名は、葉が枝先に3輪生することからつけられた。

学　名	Rhododendron dilatatum
科属名	ツツジ科ツツジ属
分　布	本州（関東地方～近畿地方東部の太平洋側）
花　期	4～5月
樹　形	株立ち

成木

樹皮は灰黒色でなめらか。若い枝は赤褐色を帯びた灰色で、はじめ毛が生え、後に無毛となる。

花期は4～5月。葉が展開する前、枝先に2～3個の紅紫色の花を開く。

高さ1～3mになる落葉低木。本州の関東地方から近畿地方東部の太平洋側に分布する。丘陵から山地にかけての林内や岩場に自生し、庭木として植栽される。

樹皮は灰黒色。若枝は赤褐色を帯び、はじめ毛が生えるが、後に無毛となる。

葉は単葉で、枝先に3輪生する。葉身は菱形状卵形で、長さ3～7cm、幅2.5～5cm。葉柄は長さ5～12mm。

花は両性花で、4～5月、葉の展開に先立って、枝先の1個の花芽から2～3個の紅紫色の花が開く。花冠は漏斗状で、長さ3.5～4cm、先端は5中裂する。雄しべは5個、花糸は淡紅紫色で無毛、長さは不揃い。雌しべはわずかに雄しべより長い。花柱は紅紫色で毛はなく、子房には白い腺点が密生する。果実は長さ7～12mmの歪んだ円柱形の蒴果で、7～9月に熟し、5個に裂開して種子を出す。種子は長楕円形で、長さ1mmほど。

葉は枝先に3輪生する。葉身は菱形状卵形で、中央より基部に近い部分がもっとも幅広い。

表
- 葉身の先端は鋭く尖る
- 表には腺点が散生する
- 質はややかたい
- はじめ縁には長毛が生えるが、後に無毛
- 縁は全縁でやや波打つ
- 中央より基部に近い部分でもっとも幅が広い

裏
- 裏は通常無毛
- 葉身の基部は円形で、短く葉柄に流れる
- 葉柄は長さ5～12mm

シロヤシオ【白八汐】

別名マツハダ。葉が5個輪生するためゴヨウツツジの別名もある。深山の岩の多い林内や林縁に自生する。和名は花が白いことによる。

学 名	*Rhododendron quinquefolium*
科属名	ツツジ科ツツジ属
分 布	本州（岩手県以南の太平洋側）、四国
花 期	5月下旬〜6月
樹 形	株立ち

成木

樹皮は灰黒褐色でなめらか。生長すると亀甲状に割れ目が入ってはがれる。

花期は5月下旬〜6月、葉が開くのと同時に、枝先に1〜2個の花をつける。

　高さ4〜7mになる落葉小高木。本州の岩手県以南の太平洋側と四国に分布し、深山の岩の多い林内や林縁に自生する。和名は花が白いことによる。別名のゴヨウツツジは、葉が5個輪生するため。

　樹皮は灰黒褐色で、生長すると亀甲状に割れ目が入り、はがれる。若枝は赤褐色で毛はない。

　葉は単葉で枝先に5輪生する。葉身は菱形状卵形で、長さ2〜5cm、幅1.5〜3cm。中央より先に近い部分でもっとも幅が広い。

　花は両性花で、5月下旬〜6月、葉が展開するのとほぼ同時に、枝先の1個の花芽から1〜2個の花が開く。花冠は広い漏斗状で直径3〜4cm、先端は5中裂し、上側内面に緑色のぼかし模様がある。雄しべは10個、花糸の基部に毛が生える。子房は長卵形で花柱との間にくびれがある。果実は長さ1〜1.5cmで歪んだ円柱形の蒴果で、9〜10月に熟して裂開する。

葉は枝先に5輪生する。葉身は菱形状卵形で、中央より先に近い部分で最も幅広となる。

表
- 先はやや鈍く、先端に腺状突起がある
- 縁は紅色を帯びて長毛が生える
- 主脈上に短毛が生えるほかは無毛
- 中央よりやや先に近い部分でもっとも幅が広くなる

裏
- 裏の主脈の下半部の両側に、白い軟毛が密生する
- 葉身の基部はくさび形
- 葉柄は長さ1〜2mmで、無毛または軟らかい短毛が生える

ハクサンシャクナゲ【白山石楠花】

別名ウラゲハクサンシャクナゲ、シロバナシャクナゲ。亜高山の林内に自生する。紅色を帯びた白色、紅色、淡黄色などの花を咲かせる。

学　名	*Rhododendron brachycarpum*		
科属名	ツツジ科ツツジ属	花　期	6〜7月
分　布	北海道、本州（中部地方以北）、四国（石鎚山）	樹　形	株立ち

成木

樹皮は褐色ではじめなめらかだが、成長するにつれ、縦に筋が入りはがれる。

花期は6〜7月。白色、紅色を帯びた白色、紅色、淡黄色などの花が咲く。

　高さ1〜3mになる常緑低木。北海道、本州の中部地方以北、四国の石鎚山に分布し、亜高山の林内に自生する。ハクサンシャクナゲは葉の裏に毛が密生するが、無毛、あるいは毛が散生するものは、ケナシハクサンシャクナゲ（f. fauriae）という。
　樹皮は褐色。若枝には露滴状毛（袋状に肥大した細胞が並んだもの）が散生する。
　葉は単葉で互生し、枝先に集まってつく。葉身は長楕円形〜狭長楕円形で、長さ6〜18cm、幅2.5〜6cm。
　花は両性花で、6〜7月、枝先に5〜15個の花が集まってつく。花冠は白色、紅色を帯びた白色、紅色、淡黄色など多彩であり、漏斗状で直径3〜6cm、縁が5中裂し、上側内面には淡黄緑色の斑点がある。雄しべは10個、花糸の下半部に短毛が密生する。子房は毛が生え、花柱は無毛。果実は長さ1.5〜2.5cmでやや歪んだ円柱形の蒴果で、8〜10月に熟す。

葉は枝先に集まって互生する。葉身は長楕円形〜狭長楕円形。縁が裏側に巻く。

表
- 葉身の先は鈍形または円形で、先端に腺状突起がある
- 質は革質でややかたく表は光沢がある
- 縁は裏へ巻く

裏
- 裏には淡褐色の軟毛が密生する
- 葉身の基部は円形または浅い心形
- 葉柄は長さ5〜20mm

235

アズマシャクナゲ【東石楠花】

別名シャクナゲ。深山の岩場や礫の多い林内や林縁に自生する。紅紫色あるいは淡紅紫色、ときに白色の花を咲かせる。

学 名	*Rhododendron degronianum*		
科属名	ツツジ科ツツジ属	花 期	5～6月
分 布	本州（山形県・宮城県以南～中部地方南部）	樹 形	株立ち

成木

樹皮は灰白色ではじめなめらか。生長すると不規則に割れてはがれる。

花期は5～6月。紅紫色～淡紅紫色、白色の花を枝先に5～12個つける。

　高さ1～6mほどの常緑低木。本州の山形県・宮城県以南から関東地方、中部地方の南部にかけて分布し、深山の岩場や礫の多い林内や林縁に自生する。
　樹皮は灰白色で、若枝には黄褐色でやわらかい毛が生える。
　葉は単葉で互生し、枝先に集まってつく。葉身は倒披針形あるいは楕円状被針形で、長さ5～15cm、幅1.5～3.5cm。先は鋭く尖り、先端に腺状突起がある。革質で、表には光沢がある。裏には淡褐色で綿状の、やわらかい毛が密生する。
　花は両性花で、5～6月、枝先に5～12個の花をつけた短い総状花序を出す。花冠は紅紫色あるいは淡紅紫色、ときに白色。直径4～5cmの漏斗状鐘形で、上部が5裂し、上側内面に濃色の斑点がある。雄しべは10個、花糸の下半部にはやや密に短毛が生える。子房は5室で、長毛が密生。花柱は無毛。果実は長さ1～2.5cmで円柱形の蒴果。

表
- 先は鋭く尖り、先端に腺状突起がある
- 革質で光沢があり、無毛

裏
- 淡褐色で綿状の軟毛が密生
- 基部はくさび形で、短く葉柄に流れる

葉は枝先に集まって互生する。葉身は先が鋭く尖った倒披針形または楕円状披針形。

アセビ【馬酔木】

別名アセボ、アシビ。山地の日当たりのよい場所に自生し、岩の多い風衝地などに多く見られる。庭木や公園樹として植栽される。

学　名	*Pieris japonica*		
科属名	ツツジ科アセビ属	花　期	2月下旬～5月
分　布	本州（山形県・宮城県以南）、四国、九州	樹　形	株立ち

成木
成木の樹皮は灰褐色で、縦にねじれたような細い裂け目ができる。

老木
老木になると、樹皮は薄くリボン状に激しくはがれる。

高さ1～8mになる常緑低木～小高木。幹は直径5～10cmになる。山地の日当たりのよい場所に自生し、岩の多い風衝地などに多く見られる。庭木や公園樹として植栽され、盆栽にも利用される。有毒植物で、葉を煎じて殺虫剤とした。

樹皮は灰褐色で、縦にねじれたような細い裂け目が入る。若枝は緑色で、稜がある。

葉は単葉で互生し、枝先に集まってつく。葉身は倒披針形または長楕円形で、長さ3～10cm、幅1～2cm。

花は両性花で、2月下旬～5月、枝先の葉腋から、白い花を多数つけた、長さ10～15cmの円錐花序を下垂する。花は下向きに開き、萼は5深裂する。花冠は細い壺型で長さ6～8mm、先端は5浅裂する。雄しべは10個、花糸の基部には毛が生える。子房と花柱は無毛。果実は直径5～6mmで扁球形の蒴果で、上向きについて9～10月に褐色に熟して5裂する。

表
- 主脈は隆起する
- 革質で表は光沢があり、深緑色
- 先端は鋭く尖る
- 縁は中央より先に浅く鈍い鋸歯があり、やや波打つ
- 主脈に短毛が生えるほかは無毛

裏
- 淡緑色で無毛
- 基部は細くなり葉柄に流れる
- 葉柄は長さ3～8mm

花期は2月下旬～5月。葉腋から下垂した円錐花序に、多数の白い壺型の花をつける。

樹高	樹皮	葉形	葉序
落葉低木	はがれ・まだら	単葉	互生

ネジキ【捩木】

丘陵から山地にかけてのやや乾燥した疎林内や岩場に自生し、庭木として植栽される。和名は、幹がねじれたようになることに由来する。

学　名	*Lyonia ovalifolia* var. *elliptica*		
科属名	ツツジ科ネジキ属	花　期	5〜7月
分　布	本州（東北地方南部以南）、四国、九州	樹　形	卵形

幼木
若い木の樹皮は淡褐色で、細かく縦に裂け、薄くはがれる。

成木
生長すると樹皮は褐色または灰黒褐色となり、縦に細く裂け目が入り薄くはがれる。

　高さ2〜7mになる落葉低木〜小高木。本州の東北地方南部以南、四国、九州に分布する。丘陵から山地にかけてのやや乾燥した疎林内や岩場に自生し、庭木として植栽される。和名は、幹がねじれたようになることに由来する。

　樹皮は灰黒褐色または褐色。縦方向のらせん状に細く裂け目が入り、薄くはがれる。

　葉は単葉で互生し、葉身は広卵形あるいは卵状楕円形で、長さ5〜10cm、幅2〜6cm。先端は尖り、縁は全縁。

　花は両性花で、5〜7月、前年枝の葉腋から白い花を多数下向きにつけた、長さ4〜6cmの総状花序を出す。花冠は壺型で、長さ8〜10mm、5浅裂し、外面に細毛が叢生する。ときに花冠の先が淡紅色を帯びるものもある。雄しべは10個。萼は鐘形で5深裂する。果実は長さ3〜4mmのやや扁平な球形の蒴果で、上向きについて9〜10月に熟す。

花期は5〜7月。葉腋に総状花序を出し、壺型の白い花を多数下向きにつける。

表
- 縁に鋸歯はない
- 先端は細長く鋭く尖る
- 質は薄く表は伏毛が散生

裏
- 伏毛が散生し、主脈から葉柄上部にかけては白い毛がやや密生する
- 基部は円形または浅い心形
- 葉柄は長さ5〜15mm

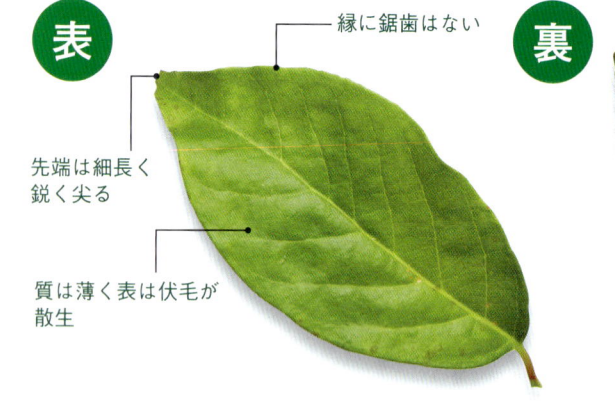

| 樹高 落葉高木 | 樹皮 深・浅裂 | 葉形 単葉 | 葉序 互生 |

カキノキ【柿の木】

別名カキ。中国原産といわれ、古くから果樹として広く栽培される。果実の形や大きさが違う多くの品種がある。

学名	*Diospyros kaki*		
科属名	カキノキ科カキノキ属	花期	5～6月
分布	中国原産	樹形	卵形

成木

幼木の樹皮は褐色で皮目がある。生長すると灰褐色で縦方向の小片に割れ、はがれる。

雌雄同株で、花期は5～6月。新枝の葉腋に、花冠が4裂した鐘形で淡黄色の花をつける。

高さ10mになる落葉高木。中国原産とされる。庭木として広く植栽され、果樹として本州、四国、九州で幅広く栽培されている。果樹として重要で、多くの品種がある。

樹皮は、若木では褐色で皮目がある。生長すると灰褐色になって割れ目が入り、縦方向の小片となりはがれる。

葉は単葉で互生し、葉身は広楕円形～卵状楕円形で、長さ7～17cm、幅4～10cm。先端は急に尖り、縁は全縁。

雌雄同株で、5～6月、新枝の葉腋に淡黄色の花をつける。雄花は数個ずつが集散花序をつくり、長さ約8mmの鐘形で、花冠は4裂して裂片は反り返る。雄しべは16個。雌花は葉腋に単生し、広鐘形で長さ1.2～1.5cm、雌しべが1個、退化した雄しべが8個ある。果実は品種により形や大きさに変化があり、10～11月に黄赤色に熟す。果実は食用となるが、甘いものと渋いものがある。

表
- 先端は急に尖る
- 主脈に毛があるほかは無毛
- 縁に鋸歯はない
- 深緑色で光沢がある

裏
- 全体に短毛が生える
- 基部はくさび形またはやや円形
- 葉柄は長さ1～1.5cm

果実は10～11月に黄赤色に熟す。形や大きさは品種によって変化がある。

エゴノキ【えごの木】

別名チシャノキ、ロクロギ。山地の谷あいや山麓の雑木林などにふつうに見られる。果皮はサポニンを含み有毒。

学名	*Styrax japonica*		
科属名	エゴノキ科エゴノキ属	花期	5〜6月
分布	北海道（日高地方）、本州、四国、九州、沖縄	樹形	卵形

成木

樹皮は暗紫褐色〜淡黒色でなめらか。老木になると縦長の網目模様や幅広の浅い裂け目ができる。

花期は5〜6月。花冠が深く5裂した白色の花を枝先に1〜6個下垂する。

　高さ7〜8mになる落葉小高木。ひこばえを数多く出し、株立ちになるものも多い。北海道の日高地方、本州、四国、九州、沖縄に分布する。山地の谷あいや山麓の雑木林などにふつうに見られる。果皮はサポニンを含み有毒。和名は、果皮を口にするとえぐい（えごい）ためといわれる。

　樹皮は暗紫褐色〜淡黒色でなめらか。老木になると縦長の網目模様や浅く幅広の裂け目ができる。

　葉は単葉で互生し、葉身は卵形で長さ4〜8cm、幅2〜4cm。先端は尖り、縁は全縁または浅い鋸歯がある。

　花は両性花で、5〜6月、新枝の先に白色の花を1〜6個下垂する。花柄は長さ2〜3cm。花冠は直径約2.5cm、5深裂し、裂片の外面に星状毛が生える。雄しべは10個。花柱は直立して雄しべよりわずかに長い。果実は長さ約1cmで卵球形の蒴果で、8〜9月に熟し果皮が縦に割れ、種子を1個出す。

果実は長さ1cmほどの卵球形で、8〜9月に熟すと果皮が縦に割れて種子が出る。

表
- 先端は尖る
- 縁は浅い鋸歯があるか、全縁
- 質はやや薄く、成葉では無毛

裏
- 淡緑色で、脈腋に毛がある
- 基部はくさび形
- 葉柄は長さ3〜7mm

樹高	樹皮	葉形	葉序
落葉小高木	縦模様	単葉	互生

ハクウンボク【白雲木】

別名オオバヂシャ。山地の落葉樹林内に自生する。庭木や公園樹として植栽され、社寺によく植えられる。

学　名	*Styrax obassia*		
科属名	エゴノキ科エゴノキ属	花　期	5～6月
分　布	北海道、本州、四国、九州	樹　形	卵形

成木

樹皮は暗灰褐色で、縦にごく細い筋が入る。老木では灰黒色となり、縦に浅く裂け目が入る。

花期は5～6月。枝先に総状花序を出し、下向きに咲いた20個ほどの白色の花をつける。

高さ6～15mになる落葉小高木。北海道、本州、四国、九州に分布し、山地の落葉樹林内に自生する。庭木や公園樹として植栽され、社寺によく植えられる。材は器具材やろくろ材などに利用される。

樹皮は暗灰褐色で、縦に細い筋が入る。古くなると灰黒色となり、浅く縦に裂け目が入る。若枝は緑色で、細かい星状毛(せいじょうもう)が生える。2年枝は、表皮が縦にはがれ落ち、暗紫褐色になる。

葉は単葉で互生し、葉身は倒卵形で、長さ10～20cm、幅6～20cm。

花は両性花で、5～6月、枝先から白い花を20個ほどつけた、長さ8～17cmの総状花序を下垂する。花は下向きに開く。花冠は長さ17～19mmで5深裂する。雄しべは10個。花柱は花冠より短く、雄しべより長い。果実は直径約1.5cmで卵球形の蒴果(さくか)で、表面に星状毛が密生し、9月頃熟して果皮が裂け、褐色の種子を1個出す。

果実は直径1.5cmほどの卵球形。9月頃熟して果皮が裂け、褐色の種子が1個出る。

表
- 先端は短く尾状に尖る
- 縁には微細で不規則な鋸歯状(きょしじょう)の鋸歯がある

裏
- 灰白色で、星状毛が密生
- 基部は広いくさび形または円形
- 葉柄は1～2cm

サワフタギ【沢蓋木】

別名ルリミノウシコロシ、ニシゴリ。山地の谷あいのやや明るい落葉樹林内や草原に自生する。和名は、沢を蓋のように覆うことから。

学名	*Symplocos chinensis* var. *leucocarpa* f. *pilosa*
科属名	ハイノキ科ハイノキ属
分布	北海道、本州、四国、九州
花期	5〜6月
樹形	卵形

成木

樹皮は灰褐色で、はじめなめらかで縦に細かい裂け目が入り、生長とともにはがれる。

花期は5〜6月。側枝の先に円錐花序を出し、小さな白色の花を咲かせる。

高さ2〜4mになる落葉低木〜小高木。北海道、本州、四国、九州に分布し、山地の谷あいのやや明るい落葉樹林内や草原に自生する。和名は、枝葉をよく茂らせて、沢を蓋のように覆うことがあるためとされる。別名のニシゴリは「錦織木」で、灰汁を紫紺染めの媒染剤（ばいせんざい）に用いたためとされる。

樹皮は灰褐色で、縦に細かい裂け目があり、表面が薄くはがれる。

葉は単葉で互生し、葉身は倒卵形あるいは楕円形で、長さ4〜7cm、幅2〜3.5cm。表は光沢がなく、まばらに毛が生える。先端は急に短く尖り、縁には細かい鋸歯がある。

花は両性花で、5〜6月、側枝の先に、白い小さな花をつけた円錐花序を出す。花序柄には毛が生える。萼は緑色で小さく、5裂する。花冠は直径7〜8mm、5深裂して平開する。雄しべは多数で、花冠よりわずかに長い。果実は長さ6〜7mmで歪んだ卵形の核果（かくか）で、秋に藍色に熟す。

果実は直径7mmほどのゆがんだ卵形で、秋に藍色に熟す。

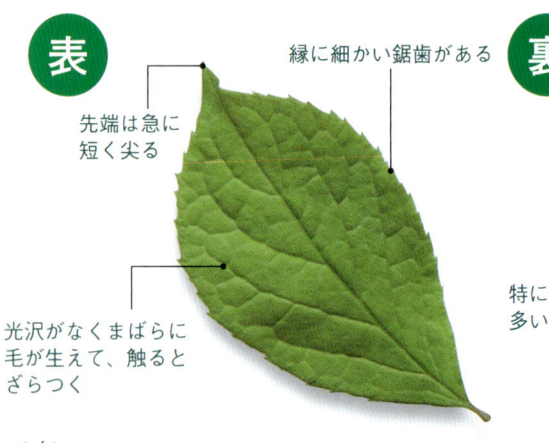

表
- 先端は急に短く尖る
- 縁に細かい鋸歯がある
- 光沢がなくまばらに毛が生えて、触るとざらつく

裏
- 毛が生えて、触るとざらつく
- 特に脈上に毛が多い
- 基部は広いくさび形
- 葉柄は長さ3〜8mm

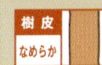

| 樹高 常緑小高木 | 樹皮 なめらか | 葉形 単葉 | 葉序 互生 |

ハイノキ　【灰の木】

別名イノコシバ。やせた山地の適湿な林内に自生する。和名は、染色の媒染剤とするために、枝葉を焼いて灰をとることに由来する。

学　名	*Symplocos myrtacea*		
科属名	ハイノキ科ハイノキ属	花　期	4～5月
分　布	本州（近畿地方以西）、四国、九州	樹　形	卵形

成木

樹皮は暗褐色でなめらか。枝は細く、暗赤褐色をしている。

花期は4～5月。葉腋に3～数個の白い花をつける。

　高さ3～8mになる常緑小高木。本州の近畿地方以西、四国、九州に分布する。やせた山地の適湿な林内に自生する。和名は、染色の媒染剤（ばいせんざい）とするために、枝葉を焼いて灰をとることに由来する。

　樹皮は暗褐色でなめらか。枝は暗赤褐色で、若い枝は細く毛がない。

　葉は単葉で互生し、葉身は狭卵形あるいは広披針形で、長さ3～8cm、幅1～2.5cm。先端は尾状に長く尖り、縁には浅い鈍頭の鋸歯がある。基部は広いくさび形あるいはやや円形。

　花は両性花で、4～5月、前年枝の葉腋に、白い花を3～数個つけた散房花序を出す。小花柄は長さ8～15mmで細い。萼（がく）は5裂し、裂片は先端の尖った三角形。花冠は直径12mmで5深裂する。雄しべは多数あり、花冠とほぼ同じ長さ。果実は長さ7～8mmで狭卵形の核果（かくか）で、8～10月に紫黒色に熟す。

表
- 先端は尾状に長く尖る
- 縁には浅い鋸歯があり、鋸歯の先端は鈍頭
- 薄い革質

裏
- 無毛
- 基部は広いくさび形またはやや円形
- 葉柄は長さ8～15mm

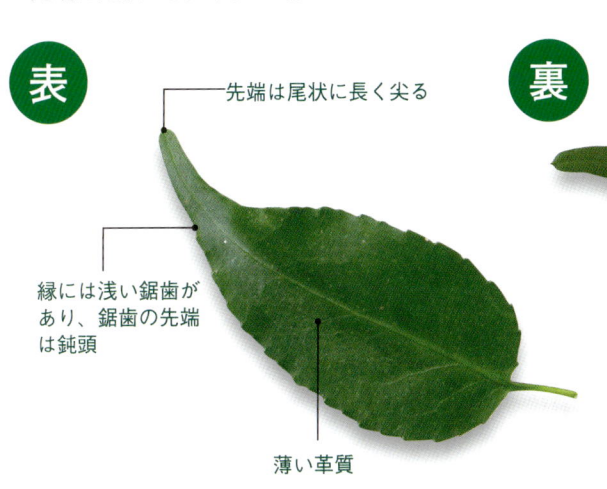

葉は互生して枝につき、葉身は狭卵形または広披針形で先が尾状に尖る。

樹高	樹皮	葉形	葉序
落葉高木	なめらか	複葉	対生

アオダモ【青だも】

別名コバノトネリコ、アオタゴ。山地の尾根や谷沿いに自生する。材は野球のバットなどの材料として知られる。

学名	*Fraxinus lanuginosa* f. *serrata*		
科属名	モクセイ科トネリコ属	花期	4〜5月
分布	北海道、本州、四国、九州	樹形	卵形

成木

樹皮は灰白色でなめらか。地衣類がつくことでまだら模様になるものが多い。

雌雄異株で、花期は4〜5月。枝先や葉腋から円錐花序を出し、白い小さな花を多数つける。

高さ5〜15mになる落葉高木。北海道、本州、四国、九州に分布する。山地の尾根や谷沿いに自生する。ケアオダモ（アラゲアオダモ、*F. lanuginosa*）の品種で、ケアオダモが若枝や冬芽、花序に粗い毛が生えるのに対し、このアオダモにはほとんど毛が生えないが、しばしば両者は混同される。葉に多く毛が生えるものはビロードアオダモ（*F. lanuginose* f. *velutina*）という。

樹皮は灰白色、なめらかで、地衣類がついてまだら模様になることが多い。

葉は奇数羽状複葉で対生し、3〜7個の小葉がつく。小葉は長楕円形で長さ4〜10cm、幅1.5〜3.5cm。

雌雄異株で、4〜5月、新枝の先や葉腋から、白い小さな花を多数つけた円錐花序を出す。花冠は4全裂し、裂片は線形で長さ6〜7mm。雄しべは2個。両性花には1個の雌しべと2個の雄しべがある。果実は長さ2〜2.8cmの翼果。

表
- 小葉の先端は鋭く尖る
- 小葉の縁に細かい鋸歯がある
- 無毛

裏
- 脈に沿ってわずかに毛があるほかは無毛
- 小葉の基部はややくさび形

葉は奇数羽状複葉で、対生して枝につく。長楕円形の小葉が3〜7個つく。

樹高	樹皮	葉形	葉序
落葉高木	深・浅裂	複葉	対生

ヤチダモ【一】

山地の渓流沿いや湿地に自生する。かつては北陸地方で、しばしば稲架木として植栽された。材はかたいが加工しやすく、広く利用される。

学 名	*Fraxinus mandshurica* var. *japonica*		
科属名	モクセイ科トネリコ属	花 期	4～5月
分 布	北海道、本州（岐阜県以北）	樹 形	卵形

成木

樹皮は灰白色。若い木ではなめらかだが、成木になると縦に深い裂け目ができる。

雌雄異株で、花期は4～5月。円錐花序を出して花弁の無い細かい花を多数つける。

大きなものでは高さ30mに達する落葉高木。幹の直径は2mになる。北海道、本州の岐阜県以北に分布し、山地の渓流沿いや湿地に自生する。かつては北陸地方で、しばしば稲架木として植栽されていた。材はかたいが加工しやすく、建築物の内装材をはじめ、野球のバットなどの運動具、家具材などに広く利用される。

樹皮は灰白色で、若木ではなめらか。成木になると縦に深い裂け目が入る。

葉は長さ40cmほどの奇数羽状複葉で、対生する。小葉は7～11個で、小葉の葉身は狭長楕円形で長さ6～15cm、幅2～5cm。

雌雄異株で、4～5月、葉の展開に先立って、前年枝の葉腋から花弁のない花をつけた円錐花序を出す。雄花は2個の雄しべだけからなる。葯は黄色または赤色を帯びる。両性花には、雌しべ1個と短い雄しべ2個がある。花柱は2裂する。果実は長さ2.5cm、幅7～8mmで広倒披針形の翼果。

表
- 小葉の先端は鋭く尖る
- 小葉の縁には細かい鋸歯がある
- 小葉の表は無毛

裏
- 小葉の基部は歪んだくさび形
- 葉は長さ40cmほど

葉は奇数羽状複葉で対生して枝につく。小葉は狭長楕円形で、7～11個。

- 小葉の裏は、脈沿いに毛があるほかは無毛
- 側小葉は無柄で、基部に茶褐色の縮毛がある

245

トネリコ 【梣】

別名サトトネリコ、タモ、タモノキ。かつて稲架木として植栽された。材は野球のバット、器具材として利用される。

学 名	*Fraxinus japonica*		
科属名	モクセイ科トネリコ属	花 期	4～5月
分 布	本州（中部地方以北）	樹 形	卵形

成木

樹皮は暗灰色で、縦に細長くやや浅い裂け目ができる。

雌雄異株で、花期は4～5月。新枝の先や葉腋に円錐花序を出して、花弁のない花を多数つける。

高さ15mになる落葉高木。幹の直径は60cmになる。日本固有種で、本州の中部地方以北に分布する。かつて稲架木として植栽された。材は野球のバット、器具材として利用される。品種・変種として、果実が細長いナガミトネリコ（f. intermedia）や東北地方に分布するデワノトネリコ（var. stenocarpa）がある。

樹皮は暗灰色で、縦にやや浅い割れ目が入る。枝ははじめ縮毛があるがすぐに無毛。

葉は奇数羽状複葉で対生し、小葉は5～7個。小葉は広卵形～長楕円形で長さ5～15cm、幅3～6cm。

雌雄異株で、4～5月、葉の展開と同時に、新枝の先や葉腋に円錐花序を出し、花弁のない花をつける。雄花は雌しべがなく雄しべが2個。雌花には、雌しべだけのものと、雌しべと2個の仮雄しべがつくものがある。果実は長さ3～4cm、幅6～7mmの倒披針形をした翼果。

葉は奇数羽状複葉で、対生して枝につく。小葉は5～7個で、小葉の葉身は広卵形～長楕円形。

表
- 小葉の先端は急に鋭く尖る
- 小葉の縁には浅い鋸歯がある
- 小葉の表は無毛

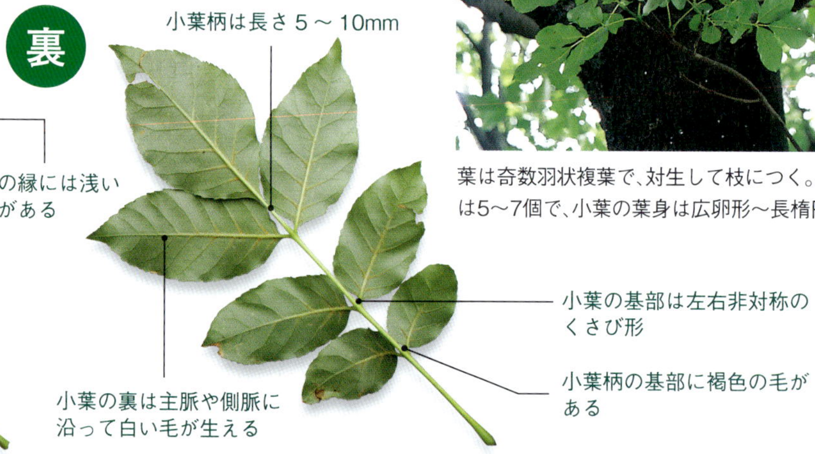

裏
- 小葉柄は長さ5～10mm
- 小葉の裏は主脈や側脈に沿って白い毛が生える
- 小葉の基部は左右非対称のくさび形
- 小葉柄の基部に褐色の毛がある

樹高	樹皮	葉形	葉序
落葉小高木	横模様	単葉	対生

ハシドイ【一】

別名キンツクバネ。山地の林内に自生し、まれに庭木や公園樹、街路樹として植栽される。北海道によく植えられるライラックはヨーロッパ原産。

学 名	*Syringa reticulata*		
科属名	モクセイ科ハシドイ属	花 期	6〜7月
分 布	北海道、本州、四国、九州	樹 形	卵形

幼木

樹皮は灰白色〜暗灰褐色。若い樹皮はなめらかで横長の皮目があり、生長すると不規則な裂け目が入る。

花期は6〜7月。円錐花序を出して、香りのある小さな白い花を多数つける。

高さ6〜7mになる落葉小高木。北海道、本州、四国、九州に分布する。山地の林内に自生し、まれに庭木や公園樹、街路樹として植栽される。北海道によく植えられるムラサキハシドイ（ライラック、S. vulgaris）はヨーロッパ原産。

樹皮は灰白色〜暗灰褐色で、横に並んだ皮目があり、サクラの樹皮に似る。

葉は単葉で対生し、葉身は広卵形〜卵形で、長さ6〜10cm、幅5〜6cm。先端は急に鋭く尖り、縁は全縁で、基部は円形。表は濃緑色で無毛、裏は淡緑色。

花は両性花で、6〜7月、白い花を多数つけた円錐花序を出す。花には芳香があり、花冠は漏斗状で4裂し、直径5mmほど。雄しべは2個で、花冠から突き出る。萼は杯形で、不揃いの歯が4個あり、無毛。果実は長さ1.5〜2cmでやや湾曲した長楕円形の蒴果、熟すと2裂する。種子は扁平な楕円形で、周囲に翼がある。

果実はやや湾曲した長楕円形で長さ2cmほど。10月頃熟して2裂する。

表
- 先端は急に尖る
- に鋸歯がない
- 濃緑色で無毛

裏
- 淡緑色で短毛が生えるが、特に主脈の基部近くに多く生える
- 基部は円形
- 葉柄は長さ1〜2cm

ヒトツバタゴ【一つ葉たご】

別名ナンジャモンジャ。丘陵のやや湿った林に自生する。まれに公園樹として植栽される。自生地では天然記念物に指定されているものもある。

学 名	*Chionanthus retusus*
科属名	モクセイ科ヒトツバタゴ属
花 期	5月
樹 形	卵形
分 布	本州（長野県・岐阜県・愛知県の一部）、九州（長崎県対馬）

樹皮は灰褐色。縦の裂け目と横長の皮目がある。生長すると縦長の網目状に隆起する。

雌雄異株で、花期は5月。新枝の先に円錐花序を出して、清楚な白い花を多数つける。

高さ30mになる落葉高木。幹の直径は70cmになる。希少種で、本州の長野県・岐阜県・愛知県の一部地域に遺存し、九州の長崎県対馬に隔離分布し、自生地では天然記念物に指定されているものもある。丘陵のやや湿った林に自生する。まれに公園樹として植栽される。

樹皮は灰褐色で、若木では横長の皮目と縦の裂け目があり、生長すると縦長の網目状に隆起する。

葉は単葉で対生し、葉身は長楕円形〜広卵形で長さ4〜10cm、幅2.5〜6cm。成葉の縁は全縁。

雌雄異株で、5月、新枝の先に白い花を多数つけた長さ7〜12cmの円錐花序を出す。萼は長さ2〜3mmで4裂する。花冠は4裂し、裂片は長さ1.5〜2cmの線状倒披針形。花柄は長さ7〜10mmで、基部に関節がある。果実は長さ約1cmで楕円形の核果で、秋に黒色に熟す。

葉は対生して枝につき、葉身は長楕円形〜広卵形。長さは4〜10cm。

表
- 先端は鈍頭
- 緑色
- 成木の葉の縁は全縁、若木の葉の縁には細かい鋸歯または重鋸歯がある
- 主脈上に細毛がある

裏
- 淡緑色
- 主脈の基部に淡褐色の軟毛が生える
- 葉柄は長さ1.5〜3cm

| 樹高 常緑小高木 | 樹皮 なめらか | 葉形 単葉 | 葉序 対生 |

ヒイラギ【柊・疼木】

暖地の山地に自生し、庭木としてよく植栽される。古くから邪気を払う植物とされ、枝にイワシの頭を刺したものを節分に戸口に立てる風習がある。

学　名	*Osmanthus heterophyllus*
科属名	モクセイ科ヒイラギ属
分　布	本州（関東地方以西）、四国、九州、沖縄
花　期	11～12月
樹　形	卵形

成木
樹皮は灰白色でなめらか。ごく細かくひび割れ、円形の皮目がある。

老木
老木の樹皮は、細かく不規則な網目状にひび割れてはがれ、イボ状の皮目が散在する。

　高さ4～8mになる常緑小高木。本州の関東地方以西、四国、九州、沖縄に分布する。暖地の山地に自生し、庭木としてよく植栽される。古くから邪気を払う植物とされ、枝にイワシの頭を刺したものを節分に戸口に立てる風習がある。
　樹皮は灰白色。若枝にはごく細かい突起毛がある。
　葉は単葉で対生し、葉身は楕円形で長さ3～7cm、幅2～4cm。厚い革質でかたく、光沢がある。若木の葉では、2～5対の先端がトゲ状になった大形の歯牙があるが、老木の葉では全縁となる。
　雌雄異株で、11～12月、香りのある白い花を葉腋に束生する。花冠は直径5mmほどで、縁は4裂して、裂片は反り返る。雄株の花は雄しべが2個で、雌しべの発達が悪い。雌株の花は花柱がよく発達する。果実は長さ1.2～1.5cmで楕円形の核果で、翌年の6～7月に紫黒色に熟す。

表
- 葉身の先端は、若木では鋭く尖る
- 若木の葉の縁には、先端がトゲに終わる大型の歯牙が2～5対ある
- 暗緑色で光沢がある

裏
- 老木の葉では鈍頭
- 老木の葉の縁は全縁
- 淡緑色または黄緑色
- 基部は鋭形
- 葉柄は長さ0.7～1.2cm

雌雄異株で、花期は11～12月。白色で香りのある花を葉腋に束生する。

樹高	樹皮	葉形	葉序
常緑小高木	深・浅裂	単葉	対生

キンモクセイ【金木犀】

庭木や公園樹として広く植栽される。中国原産とされるが、日本においてウスギモクセイから育成されたという説もある。

学　名	*Osmanthus fragrans* var. *aurantiacus*	
科属名	モクセイ科モクセイ属	花　期　9月下旬〜10月上旬
分　布	中国原産	樹　形　円蓋形

成木
樹皮は淡灰褐色でなめらか。薄い縦筋と皮目があり、所々ごく浅く裂ける。

老木
年数が経つと皮目が菱形に裂けて黒くなり、老木では縦に深く裂け目ができる。

　高さ3〜6mになる常緑小高木。中国原産とされるが、日本においてウスギモクセイ（O. fragrans var. thunbergii）から育成されたという説もある。庭木や公園樹として広く植栽される。

　樹皮は淡灰褐色でなめらかだが、年数が経ったものでは菱形状や縦に浅く裂け、老木では縦に深く裂ける。

　葉は単葉で対生し、葉身は狭長楕円形あるいは長楕円形で、長さ7〜12cm、幅2〜4cm。先端は鋭く尖り、縁は全縁あるいは上部にわずかに細かい鋸歯がある。基部はくさび形。表は深緑色で、裏は黄緑色。

　雌雄異株で、9月下旬〜10月上旬、葉腋に多数の橙黄色の花を散形状につける。花には強い芳香がある。花冠は直径4〜5mmで、4深裂する。雄花には2個の雄しべと不完全な雌しべがある。日本では雄株だけが植栽されているため、通常、結実は見られない。

雌雄異株で花期は9月下旬〜10月上旬。強い芳香のある橙黄色の花をつける。

表
- 先端は鋭く尖る
- 深緑色で無毛
- 縁は全縁、または上部にわずかに細かい鋸歯がある

裏
- 基部はくさび形
- 主脈の基部に淡褐色の軟毛が生える
- 葉柄は長さ1.5〜3cm

ネズミモチ【鼠黐】

別名タマツバキ。暖地の山地に自生し、公園樹や庭木などとして植栽される。和名は、果実がネズミの糞のようで、葉がモチノキに似ることから。

学　名	Ligustrum japonicum
科属名	モクセイ科イボタノキ属
分　布	本州（関東地方以西）、四国、九州、沖縄
花　期	6月
樹　形	卵形

成木

樹皮は灰褐色〜灰白色でなめらか。横長でいぼ状の皮目が目立つ。

花期は6月。新枝の先に円錐花序を出し、白色の小さな花を多数つける。

　高さ5mになる常緑小高木。本州の関東地方以西、四国、九州、沖縄に分布する。暖地の山地に自生し、公園樹や庭木、生け垣として植栽される。和名は、果実の形や色がネズミの糞のようで、葉がモチノキに似ていることに由来する。

　樹皮は灰褐色〜灰白色でなめらか。枝には粒状の皮目がある。

　葉は単葉で対生し、葉身は楕円形で、長さ4〜8cm、幅2〜5cm。葉身の両端はほぼ同じように尖る。縁は全縁。質は厚く、表に光沢がある。

　花は両性花で、6月、新枝の先に、小さな白い花を多数つけた、長さ5〜12cmの円錐花序を出す。花冠は筒状漏斗形で、長さ5〜6mm、中程まで4裂し、裂片は平開する。雄しべは2個。花柱は長さ4〜5mmで、花冠からわずかに突き出る。果実は直径5〜7mm、長さ8〜10mmの楕円形で、10〜12月に紫黒色に熟する。

表
- 先端は尖る
- 革質で厚い
- 暗緑色で光沢があり、無毛
- 縁に鋸歯はない

裏
- 側脈は不明瞭
- 淡黄緑色で無毛
- 基部は先端と同じように尖る
- 葉柄は長さ5〜12mmで、紫褐色を帯びる

果実は長さ8〜10mmの楕円形、10〜12月に熟して紫黒色となる。

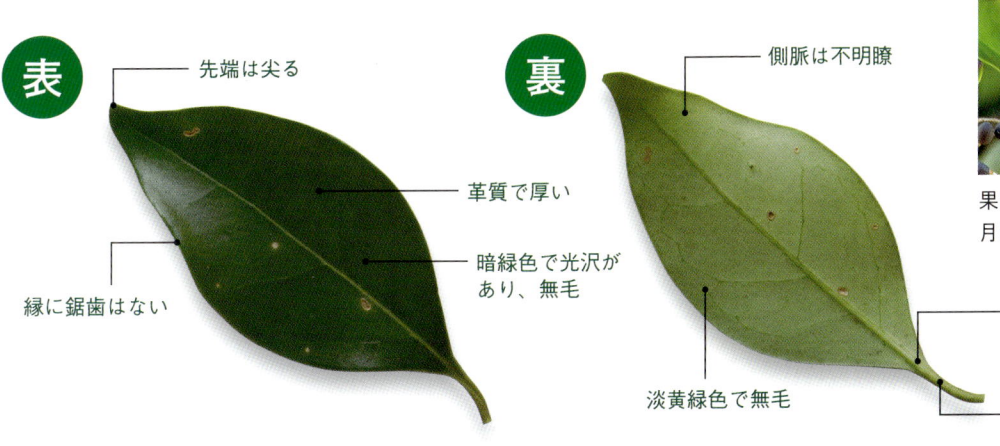

| 樹高 落葉低木 | 樹皮 なめらか | 葉形 単葉 | 葉序 対生 |

イボタノキ【水蠟の木】

山地や平地の林縁にふつうに見られる。刈り込みに強く、生け垣としてよく植栽される。暖地では冬でも葉をつけたままのものもある。

学 名	*Ligustrum obtusifolium*		
科属名	モクセイ科イボタノキ属	花 期	5～6月
分 布	北海道、本州、四国、九州	樹 形	株立ち

成木　樹皮は灰褐色～灰白色でなめらか。横長の皮目が目立つ。

老木　老木になると樹皮は不規則に割れ、はがれて落ちる。

高さ2～4mになる落葉低木。北海道、本州、四国、九州に分布し、山地や平地の林縁にふつうに見られる。刈り込みに強く、生け垣としてよく植栽される。樹皮につくイボタロウムシが分泌する白いロウ質をイボタロウと呼び、かつて薬用やツヤ出し剤として利用した。

樹皮は灰褐色～灰白色で、横長の皮目が目立つ。

葉は単葉で対生し、葉身は長楕円形で長さ2～7cm、幅0.7～2cm。先端は円みを帯びて尖らず、基部はくさび形。

花は両性花で、5～6月、新枝の先に、白い小さな花を多数つけた長さ2～4cmの総状花序を出す。花冠は筒状漏斗形で長さ7～9mm、先は4裂する。雄しべは2個、葯は広披針形で、長さ2～2.5mm。花柱は長さ3～4.5mm。果実は広楕円状球形で、長さ6～7mm、直径5～6mm、10～12月に紫黒色に熟す。

花期は5～6月。枝先に総状花序を出し、たくさんの白い小さな花をつける。

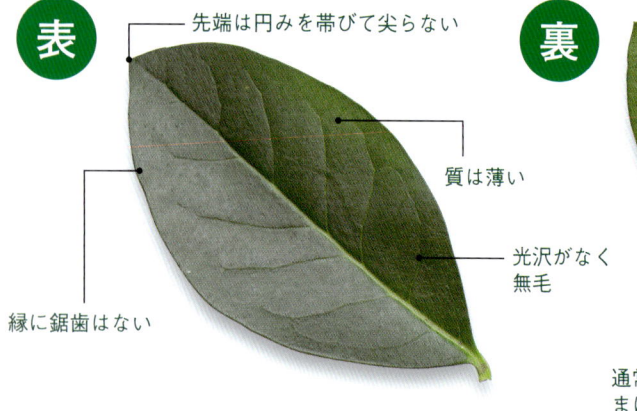

表
- 先端は円みを帯びて尖らない
- 質は薄い
- 縁に鋸歯はない

裏
- 光沢がなく無毛
- 通常は、主脈沿いの基部にまばらに毛が生える
- 基部はくさび形
- 葉柄は長さ1～2mm

252

| 樹高 常緑つる性 | 樹皮 なめらか | 葉形 単葉 | 葉序 対生 |

テイカカズラ【定家葛】

別名マサキノカズラ。山野の常緑樹林内や岩場に自生する。茎や葉を乾燥させたものを薬用とする。

学名	*Trachelospermum asiaticum*
科属名	キョウチクトウ科テイカカズラ属
分布	本州、四国、九州
花期	5～6月
樹形	つる状形

成木

樹皮は生長すると毛がなくなって褐色になり、皮目が目立つようになる。

花期は5～6月。枝先に集散花序を出して、白色～淡黄色の花を多数つける。

茎から気根を出し、他の樹木や岩壁をよじ登るように生育する常緑つる性木本。本州、四国、九州に分布し、山野の常緑樹林内や岩場に自生する。茎や葉を乾燥させたものを薬用とする。

樹皮ははじめ紫褐色で毛が生えるが、生長に伴い無毛となり、褐色で皮目が目立つようになる。

葉は単葉で対生し、葉身は楕円形。成木では、長さ3～7cm、幅1.2～2.5cm。若木では、長さ1～2cm、幅0.5～0.7cmとやや小さく、変異が多い。

花は両性花で、5～6月、枝先に白色～淡黄色の花をつけた集散花序を出す。花冠は高杯形で直径2～3cm。花筒は長さ7～8mmで、上部が5裂する。萼片は5個で小さい。雄しべは5個、葯は矢じり形。果実は長さ15～25cmの細長い円柱形の袋果で、通常は2個が対をなして下垂するが、1個の場合もある。種子は長さ約1.3cmの線形。

表
- 先端は鈍い
- 革質で光沢があり、通常は無毛
- 縁は全縁

裏
- 通常は無毛だが、短毛が生えるものもある
- 光沢がない
- 基部はくさび形
- 葉柄は長さ3～7mm

葉は対生して枝につき、成木の葉身は楕円形。新葉は赤銅色を帯びる。

253

クチナシ 【梔子・巵子】

暖地の山地に自生し、庭木や公園樹などとして広く栽培される。栽培されるものは、野生のものに比べてやや花が大きい。

学名	*Gardenia jasminoides*
科属名	アカネ科クチナシ属
分布	本州（静岡県以南）、四国、九州、沖縄
花期	6〜7月
樹形	株立ち

成木

幼木の樹皮は緑色で、生長すると灰褐色〜淡褐色となり、なめらかで、皮目がある。

花期は6〜7月。強い芳香のある白色の花を枝先につける。

高さ1〜2mになる常緑低木。本州の静岡県以南、四国、九州、沖縄に分布する。暖地の山地に自生し、庭木や公園樹などとして広く栽培される。栽培されるものは、野生のものに比べてやや花が大きい。果実は黄色の染料として用いられる。

樹皮ははじめ緑色で、生長すると灰褐色〜淡褐色。なめらかで、皮目がある。

葉は単葉で対生し、ときに3輪生する。葉身は倒披針形あるいは長楕円形で、長さ5〜12cm、幅2.5〜5cm。

花は両性花で、6〜7月、枝先に白い花を1個ずつつける。花には強い芳香がある。花冠は高杯形で直径5〜6cm、先が5〜7裂し、裂片は広倒披針形で長さ約2.5cm、幅1cmほど。雄しべは花冠の裂片と同じ数だけある。葯は長さ1.5cmほど。果実は長さ2〜3cmの楕円形で、肉質の液果。先端には萼片が残り、11〜12月に橙色に熟す。種子は多数で、扁平な卵形で長さ約4mm。

果実は長さ2〜3cmの楕円形で、先端に萼片が残る。11〜12月に熟して橙色になる。

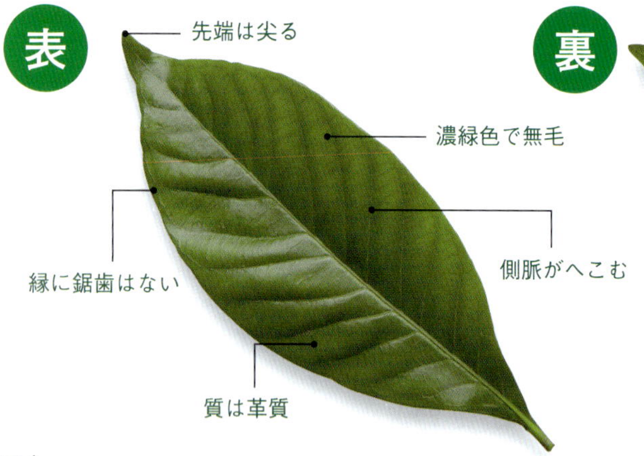

表
- 先端は尖る
- 濃緑色で無毛
- 側脈がへこむ
- 縁に鋸歯はない
- 質は革質

裏
- 側脈は突出
- 無毛
- 基部は広いくさび形で、葉柄に流れる
- 葉柄は長さ5mm以下

| 樹高 落葉小高木 | 樹皮 深・浅裂 | 葉形 単葉 | 葉序 互生 |

マルバチシャノキ 【丸葉萵苣の木】

暖地の海に近い山地の林縁などに自生し、庭木として植栽される。和名は、チシャノキに比べて葉が円くて大きいため。

学 名	*Ehretia dicksonii*		
科属名	ムラサキ科チシャノキ属	花 期	3～7月
分 布	本州（千葉県南部以西）、四国、九州、沖縄	樹 形	卵形

成木

樹皮は灰白色～淡褐色。生長とともにコルク層が発達してやや縦長で短冊形にひび割れる。

果実は直径2cmほどの球形あるいは角のある扁球形。7～11月に黄色く熟す。

高さ7～9mになる落葉小高木。本州の千葉県南部以西、四国、九州、沖縄に分布する。暖地の海に近い山地の林縁などに自生し、庭木として植栽される。和名は、チシャノキに比べて葉が円くて大きいため。

樹皮は灰白色～淡褐色で、コルク層が発達して縦に短冊形に深く裂ける。

葉は単葉で互生し、葉身は広楕円形で長さ6～17cm、幅5～12cm。質は厚く、表には剛毛が生えてざらつく。先端は急に尖り、縁には不規則な鈍い鋸歯がある。

花は両性花で、3～7月、枝先に白い小さな花を多数つけた、長さ12～15cmの散房花序を出す。花冠は直径5mmほどで、5裂し、裂片は平開してやや反り返る。萼は5深裂する。雄しべは5個で、花冠から突き出る。花柱は緑色で、上部が2裂する。果実は直径約2cmの球形あるいは四角状扁球形の核果で、先端に小さな突起があり、7～11月に黄色に熟す。

表
- 先端は急に尖る
- 剛毛が生え、触るとざらつく
- 縁には鈍く不規則な鋸歯がある
- 質は厚い

裏
- 短毛が密生して白色を帯びる

葉は互生して枝につく。葉身は広楕円形で、質は厚く、表に剛毛が生えて触るとざらつく。

- 基部は広いくさび形または浅い心形
- 葉柄は長さ2～4cm

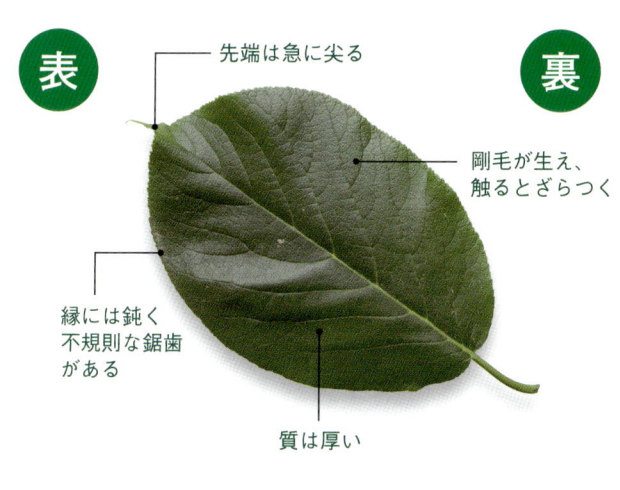

255

ムラサキシキブ【紫式部】

別名ミムラサキ、コメゴメ。平地や低山地の林内や林縁に自生し、果実が美しく、庭木として植栽される。

学 名	*Callicarpa japonica*		
科属名	クマツヅラ科ムラサキシキブ属	花 期	6～8月
分 布	北海道、本州、四国、九州、沖縄	樹 形	株立ち

幼木
若い木の樹皮は淡褐色で、皮目がある以外はなめらか。

成木
樹皮は淡褐色～灰褐色で皮目があり、生長とともに、樹皮は縦に割れてはがれる。

　高さ3mになる落葉低木。北海道、本州、四国、九州、沖縄に分布。平地や低山地の林内や林縁に自生。果実が美しく庭木として植栽される。

　樹皮は、はじめ淡褐色～灰褐色で皮目があり、生長すると縦に割れてはがれる。枝は灰褐色で、はじめ細かい星状毛が生えるが後に無毛。楕円形の皮目がやや多い。

　葉は単葉で対生し、葉身は長楕円形で、長さ6～13cm、幅2.5～6cm。先はやや長く尾状に尖り、縁には細かい鋸歯がある。基部は狭いくさび形。裏に淡黄色の腺点がまばらにある。

　花は両性花で、6～8月、葉腋から淡紅紫色の花をつけた集散花序を出す。花冠は長さ3～5mmで、4裂して平開する。雄しべは4個で、花冠より長く突き出る。雌しべは1個で、柱頭は2裂する。果実は直径約3mm、球形の核果で、秋に光沢のある紫色に熟す。核は長さ2mmほど。

果実は直径3mmほどの球形で、秋になると熟して、つやのある紫色になる。

表
- 先端は尾状に尖る
- 縁には鈍く細かい鋸歯がある
- 無毛でやや薄く洋紙質

裏
- 無毛で、淡黄色の腺点が散在
- 基部は狭いくさび形
- 葉柄は長さ2～7mm

樹高	樹皮	葉形	葉序
落葉小高木	深・浅裂	単葉	対生

クサギ【臭木】

日当たりのよい山野の適湿な場所に生え、庭木として植栽される。若葉は山菜として食用にされる。

学　名	*Clerodendrum trichotomum*
科属名	クマツヅラ科クサギ属
分　布	北海道、本州、四国、九州、沖縄

花　期	8～9月
樹　形	円蓋形

成木

幼木の樹皮は淡褐色で多くの皮目がある。成木は灰色～暗灰色となり、縦に筋が入る。

花期は8～9月。花は枝先やその近くにつき、芳香がある。

　高さ4～8mになる落葉小高木。北海道、本州、四国、九州、沖縄に分布する。日当たりのよい山野の適湿な場所に生え、庭木として植栽される。若葉は山菜として食用にされる。和名は、枝葉を折ると強い臭気があることに由来する。

　樹皮は灰色～暗灰色で、多くの皮目がある。生長すると細かい縦の筋ができる。

　葉は単葉で対生し、葉身は広卵形～三角状心形で長さ8～15cm、幅5～10cm。先端は少しずつ細くなり尖る。縁には低い不明瞭な鋸歯があるか、ほぼ全縁。

　花は両性花で、8～9月、枝先や枝先に近い葉腋から、芳香のある花を多数つけた集散花序を出す。花冠は白色で5裂して平開する。裂片は広線形で、長さ1.1～1.3cm。萼は紅紫色を帯びて5浅裂し、花後に濃紅色になって深裂し、星状に開いて残る。果実は直径6～7mmの球形の核果で、10～11月に光沢のある藍色に熟す。

花後、萼は濃紅色になって開き、10～11月に光沢のある藍色で球形の果実が実る。

表
- 先端は少しずつ細くなり尖る
- 脈上に毛がある
- 縁はほぼ全縁、または不明瞭な低い鋸歯がある

裏
- 脈上には通常、軟毛が生える
- 基部は円形または切形
- 葉柄は長さ5～10cm

キリ 【桐】

別名ハナギリ、ヒトハグサ。古くから各地で広く植栽され、野生化しているものもある。材は、タンスや下駄などに使われる。

学 名	*Paulownia tomentosa*		
科属名	ゴマノハグサ科キリ属	花 期	5〜6月
分 布	中国中部原産	樹 形	楕円形

成木
樹皮は灰褐色でなめらか。皮目が縦に連なって割れたようになることもあり、老木では浅く縦に裂ける。

花期は5〜6月。枝先に大きな円錐花序を出し、多数の淡紫色の花をつける。

　高さ8〜15mになる落葉高木。幹の直径は30〜50cmになる。中国中部の原産とされ、古くから各地で広く植栽され、野生化しているものもあり、東北地方や関東地方北部などでよく見られる。材は、とても軽くて狂いが少なく木目が美しいため、タンスや下駄、琴などに使われる。
　樹皮は灰褐色でなめらか。皮目が縦に連らなってひび割れたようになることもある。老木では縦に浅く裂ける。

　葉は単葉で対生し、葉身は広卵形で、長さ15〜30cm、幅10〜25cm、3〜5浅裂して三角形状、五角形状になるものもある。
　花は両性花で、5〜6月、葉の展開に先立って、淡紫色の花を多数つけた大きな円錐花序を枝先に出す。花冠は筒状鐘形で長さ5〜6cm、上部が5裂し、裂片は平開する。雄しべは4個で、下側の2個が長い。果実は長さ3〜4cmで先端が尖った卵形の蒴果で、熟して2裂する。

葉は対生して枝につき、葉身は長さ15〜30cmの広卵形で、ごく浅く3〜5裂する。

表
- 無毛
- 裂片の先端は尖る
- 縁は全縁、またはしばしば3〜5浅裂して三角形状あるいは五角形状
- 葉身は長さ15〜30cm

裏
- 葉脈に腺毛が密生
- 星状毛が密生
- 基部は心形
- 葉柄は長さ6〜20cm

258

ニワトコ【接骨木】

別名セッコツボク。低地から山地にかけての藪や林に自生する。髄は、顕微鏡観察に使う切片を切り出す際に、試料をはさむために用いられる。

学　名	*Sambucus racemosa* ssp. *sieboldiana*		
科属名	スイカズラ科ニワトコ属	花　期	3～5月
分　布	本州、四国、九州	樹　形	株立ち

成木
幼木の樹皮は淡褐色で皮目が散在し、生長に従って黒灰色となり、縦に裂け目が入るようになる。

老木
老木になるとコルク層が隆起して、裂け目が深くなる。

高さ2～6mになる落葉低木～小高木。下部でよく分枝し、枝は弧を描くように伸びる。本州、四国、九州に分布し、低地から山地にかけての藪や林にふつうに自生する。髄は、顕微鏡観察に使う切片を切り出す際に、試料をはさむために用いられる。

樹皮は黒灰色で、縦に裂け目が入り、コルク層が隆起して、裂け目が深くなる。

葉は奇数羽状複葉で対生し、長さは8～30cm。小葉は、花のつく枝では5～7枚、花のつかない枝では7～13枚。小葉は長楕円形で、長さ3～10cm、幅1～4cm。

花は両性花で、3～5月、小さな花を多数つけた、直径3～10cmの円錐花序を新枝の先に出す。花は直径3～5mm、花冠は淡黄白色、ときに淡紫色で5深裂する。花弁は長さ約2mmの卵形～長楕円状卵形で、花時に反り返る。雄しべは5個。果実は長さ3～5mmの卵球形の核果で、6～8月に暗赤色に熟す。

花期は3～5月。新枝の先に円錐花序を出して、多数の小さな花をつける。

表
- 小葉の先端は鋭く尖る
- 緑色または淡紫色
- 葉の縁には細か鋸歯がある
- 葉の形は変異が多く様である
- 葉は長さ8～30cm

裏
- 小葉の基部は円形～くさび形
- 明るい緑色

カンボク【肝木】

丘陵から標高1,500mほどの山地林に自生し、本州の中部地方以北ではふつうに見られるが、本州西部ではまれ。

学　名	*Viburnum opulus* var. *calvescens*		
科属名	スイカズラ科ガマズミ属	花　期	5〜7月
分　布	北海道、本州	樹　形	株立ち

成木

若い木の樹皮は暗褐色で皮目がある。生長すると暗灰褐色となり、細かくひび割れる。

花期は5〜7月。花序の中心には多数の小さな両性花があり、それを白色の装飾花が囲む。

　高さ6mほどになる落葉小高木。北海道、本州に分布する。丘陵から標高1,500mほどの山地林に自生し、本州の中部地方以北ではふつうに見られるが、本州西部ではまれ。材には香りがあり、楊枝などがつくられる。

　樹皮は暗灰褐色で皮目が目立ち、古くなると細かくひび割れたようになる。

　葉は単葉で対生し、葉身は広卵形で長さ、幅ともに4〜12cmで、中程まで3裂するが、まれに枝先の葉は切れ込まないことがある。裂片の先端は通常尖り、縁の上部には粗い鋸歯がある。

　花は両性花で、5〜7月、短い側枝の先に、直径6〜12cmの散房花序を出す。花序の中心には多数の小さな両性花がつき、その周囲を直径2〜3cmの白い装飾花が囲むようにつく。装飾花は通常5深裂して平開し、裂片は長さ8〜13mmの広倒卵形。果実は長さ6〜9mmの球形の核果で、9〜10月に赤く熟す。

果実は長さ8mmほどの球形で、9〜10月に熟して赤くなる。

表
- 中程まで3裂する
- ほぼ無毛
- 先端は尖る
- 縁には上部に粗い鋸歯がある
- 側脈はへこむ

裏
- 細毛が生える
- 脈上や脈腋に軟らかい開出毛が生える
- 側脈が突出
- 基部は切形または円形〜広いくさび形
- 葉柄は長さ1.5〜5cm

樹高	樹皮	葉形	葉序
常緑高木	なめらか	単葉	対生

サンゴジュ【珊瑚樹】

丘陵から低山地、海に近い谷筋に自生し、庭木や生け垣、街路樹などとして植栽される。和名は、赤く染まった果序をサンゴに見立てたもの。

学 名	*Viburnum odoratissimum* var. *awabuki*		
科属名	スイカズラ科ガマズミ属	花 期	6月
分 布	本州（関東地方南部以西）、四国、九州、沖縄	樹 形	卵形

成木

樹皮は灰褐色、幼木では皮目が散在、生長につれて皮目が密になる。

花期は6月、枝先に円錐花序を出し、白色の花を多数つける。

高さ20mになる常緑高木。本州の関東地方南部から以西、四国、九州、沖縄に分布する。丘陵から低山地、海に近い谷筋に自生し、庭木や生け垣、街路樹、防風林などとして植栽される。和名は、赤く染まった果序の姿をサンゴに見立てたもの。

樹皮は灰褐色で、皮目が目立つ以外はなめらか。表面が細かく割れる場合もある。

葉は単葉で対生する。葉身は楕円形〜長楕円形で、長さ7〜20cm、幅4〜8cm。先端は鋭頭〜円頭、基部はくさび形。革質で表は光沢がある。縁は全縁、またはわずかに波状の鋸歯がある。

花は両性花で、6月、枝先に白い花を多数つけた、長さ5〜16cmの円錐花序を出す。花冠は直径6〜8mmの高杯状で、わずかに芳香があり5裂する。筒部は長さ3〜4mmの鐘形。雄しべは5個。果実は長さ7〜9mmで楕円形〜卵形の核果で、8〜10月に赤くなった後に黒色になり熟す。

表
- 革質で暗緑色、光沢がある
- 先端は尖るかまたは円形
- 縁は全縁またはわずかに波状の鋸歯がある

裏
- 明るい緑色
- 側脈が突出
- 基部はくさび形
- 葉柄は長さ1〜4.5cm

果実は楕円形〜卵形で、8〜10月に赤くなり、その後完熟して黒色になる。

オオカメノキ【大亀の木】

葉が虫に喰われることから別名ムシカリとも呼ばれる。低山地から山地にふつうに見られる。

学　名	Viburnum furcatum		
科属名	スイカズラ科ガマズミ属	花　期	4〜6月
分　布	北海道、本州、四国、九州	樹　形	株立ち

成木

樹皮は暗灰褐色で、皮目がある。生長すると縦に筋が入る。

花は、中心に小さな両性花が集まり、その周囲に装飾花がつく。

　高さ6mになる落葉小高木。よく分枝して、枝を広げて茂る。北海道、本州、四国、九州に分布し、低山地から山地にふつうに見られる。

　樹皮は暗灰褐色で、縦に筋が入る。若枝ははじめ褐色で、後に紫褐色となる。

　葉は単葉で対生し、葉身は円形〜広卵形で長さ、幅ともに6〜20cm。

　花は両性花で、4〜6月、枝先に白い花を多数つけた、直径6〜14cmの散房花序を出す。花序の中心には小さな両性花が集まり、その周囲に直径2〜3cmの装飾花がつく。両性花はわずかな芳香があり、萼は5裂する。花冠は直径6〜8mmで5深裂し、裂片は長さ2.5〜3mmの卵形で、やや反り返るように開く。装飾花は大きく、やや不揃いに5深裂し、裂片は基部がくさび形になった倒卵形。果実は長さ8〜10mmの広楕円形の核果で、8〜10月に赤くなり、完全に熟すと黒くなる。

8〜10月、長さ8〜10mmで広楕円形の赤い果実が実り、完熟して黒くなる。

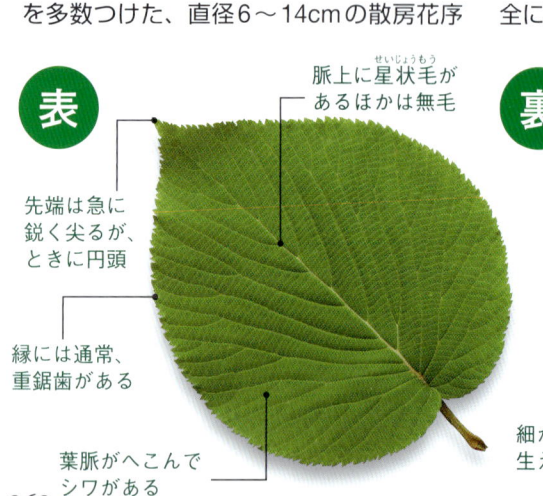

表
- 脈上に星状毛があるほかは無毛
- 先端は急に鋭く尖るが、ときに円頭
- 縁には通常、重鋸歯がある
- 葉脈がへこんでシワがある

裏
- 側脈が突出
- 細かい星状毛が生える
- 基部は心形
- 葉柄は長さ1.5〜4cm

| 樹高 落葉低木 | 樹皮 なめらか | 葉形 単葉 | 葉序 対生 |

ヤブデマリ【藪手毬】

谷筋など、丘陵地や山地のやや湿った林内に自生し、川や渓流沿いに多く見られる。

学名	*Viburnum plicatum* var. *tomentosum*		
科属名	スイカズラ科ガマズミ属	花期	5～6月
分布	本州（太平洋側）、四国、九州	樹形	円蓋形

成木

成木の樹皮は灰褐色でなめらか。まばらに皮目がある。

花期は5～6月。枝先に散房花序を出して、多数の白い花をつける。

高さ2～6mになる落葉低木～小高木。枝を水平に伸ばして広げる。日本固有種で、本州の太平洋側、四国、九州に分布する。谷筋など、丘陵地や山地のやや湿った林内に自生し、川や渓流沿いに多く見られる。

樹皮は灰黒色でなめらか。生長とともに細かな割れ目が入る。

葉は単葉で対生し、葉身は楕円形～広楕円形で、長さ5～12cm、幅3～7cm。

花は両性花で、5～6月、枝先に散房花序を出す。花序は直径5～10cmで、中心部に小さな両性花が集まり、その周囲に直径2～4cmの白い装飾花が囲むようにつく。両性花の花冠はクリーム色を帯びた白色、直径3.5～5mmで、5裂して平開し、やや反り返る。雄しべは5個で、ほぼ直立する。装飾花は不揃いに5深裂し、通常は1個の裂片がとても小さい。果実は長さ5～7mmの楕円形の核果で、8～10月に赤くなった後、黒く完熟する。

表
- 先端は短く尖る
- はじめ毛があるが、後にほぼ無毛
- 縁に鈍い鋸歯がある

裏
- 側脈が突出
- 脈上に星状毛が多く生える
- 基部は広いくさび形～円形
- 葉柄は長さ1.2～2.5cmで星状毛が生える

葉は枝に対生してつき、葉身は楕円形～広楕円形。

樹高	樹皮	葉形	葉序
落葉低木	なめらか	単葉	対生

ガマズミ 【莢蒾】

日当たりのよい丘陵地から山地にふつうに自生し、庭木として植栽される。春に白い花が咲き、秋に果実が赤く熟す。

学 名	*Viburnum dilatatum*		
科属名	スイカズラ科ガマズミ属	花 期	5～6月
分 布	北海道（西南部）、本州、四国、九州	樹 形	株立ち

成木

樹皮は灰褐色でなめらか。皮目が点在する。生長すると細かい裂け目が現れる。

9～11月、直径7mm前後で広卵形の果実が鮮やかな赤に熟す。

　高さ5mになる落葉低木。北海道の西南部、本州、四国、九州に分布する。日当たりのよい丘陵地から山地にふつうに自生し、庭木として植栽される。

　樹皮は灰褐色で、皮目がある以外はなめらか。生長とともに表面が細かく裂けるようになる。若枝は緑色で、開出毛（かいしゅつもう）が密に生え、星状毛（せいじょうもう）が混ざる。

　葉は単葉で対生する。葉身は倒卵形～卵形、あるいは円形で、長さ6～14cm、幅3～13cm。先端は短く鋭く尖り、基部は広いくさび形～円形で、縁には浅い鋸歯がある。

　花は両性花で、5～6月、短枝の先に小さな白い花を多数つけた、直径6～10cmの散房花序を出す。花序軸には開出毛および星状毛が密生する。花冠は直径5～8mmで5裂し、裂片は長さ1.5～2.5mmの広卵形または半円形。果実は長さ6～8mmの広卵形の核果（かくか）で、9～11月に赤く熟す。

葉は対生して枝につく。葉身は卵形～倒卵形、あるいは円形で、長さ6～14cm。

表
- 毛が生え、特に脈上に多い
- 先端は短く鋭く尖る
- 縁に浅い鋸歯がある

裏
- 毛が生え、全体に細かい腺点がある
- 葉柄は長さ1～2.5cm

樹高	樹皮	葉形	葉序
落葉低木	なめらか	単葉	対生

オトコヨウゾメ 【一】

日当たりのよい山地の林や林縁に自生する。4～5月、枝先に、白色の小さな花を3～30個まばらにつける。

学　名	Viburnum phlebotrichum		
科属名	スイカズラ科ガマズミ属	花　期	4～5月
分　布	本州（北陸地方を除く）、四国、九州	樹　形	株立ち

成木

樹皮は灰褐色で、皮目がある。生長すると、縦長の筋が入る。

4～5月、枝先に、小さな花を3～30個まばらにつけた散房花序を出す。花冠は白色。

　高さ3mになる落葉低木。密に分枝してよく茂る。日本固有種で、北陸地方を除く本州、四国、九州に分布する。日当たりのよい山地の林や林縁に自生する。
　樹皮は灰褐色で、皮目が散生する。若枝は赤褐色で無毛。
　葉は単葉で対生し、葉身は卵形～楕円状披針形で、長さ4～9cm、幅2～4cm。先端は鋭く尖り、基部は円形または広いくさび形。縁には三角状で粗く鋭い鋸歯がある。質は薄く表面はなめらか、乾燥させると黒くなる。
　花は両性花で、4～5月、枝先に、小さな花を3～30個まばらにつけた散房花序を出す。花冠は白色で、しばしば紅色を帯び、直径6～9mm、中程まで5裂する。裂片は長さ3～4mmの卵形。雄しべは5個、花冠の裂片より短い。子房は無毛で、長さ約1.2mm。果実は長さ5～8mmの楕円形の核果（かくか）で、9～11月に赤色に熟す。

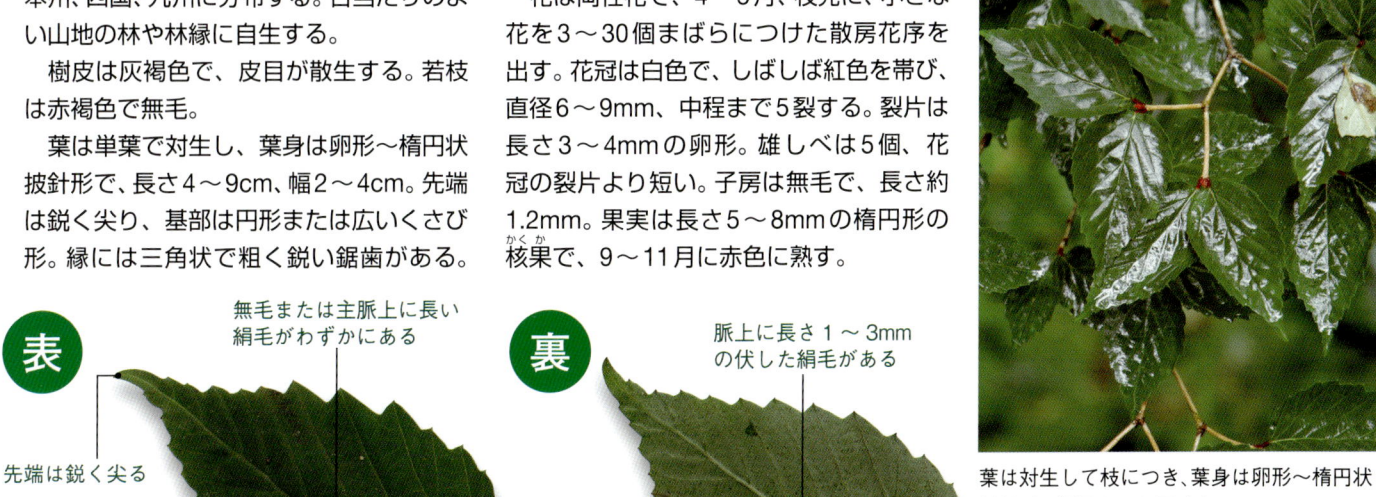

表
- 先端は鋭く尖る
- 無毛または主脈上に長い絹毛がわずかにある
- 縁には三角状で粗く鋭い鋸歯がある
- 側脈はへこむ

裏
- 脈上に長さ1～3mmの伏した絹毛がある
- 側脈が突出
- 裏は淡緑色で腺点がある
- 葉柄は長さ3～8mm

葉は対生して枝につき、葉身は卵形～楕円状披針形。乾燥すると黒くなる。

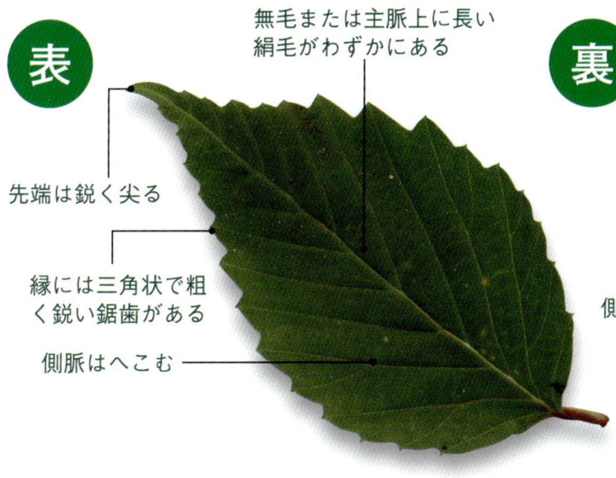

ツクバネウツギ【衝羽根空木】

別名コツクバネ。日当たりのよい山地の林にふつうに見られる。和名は、萼片が残った果実の姿を羽根突きの羽根に見立てたもの。

学名	*Abelia spathulata*		
科属名	スイカズラ科ツクバネウツギ属	花期	5～6月
分布	本州（東北地方の太平洋側、関東地方以西）、四国、九州	樹形	株立ち

幼木
若い木では樹皮は赤みを帯びた褐色で、生長にともなって浅く不規則に割れる。

成木
生長すると樹皮は灰褐色となり、不規則に割れて、浮いたようになってはがれる。

高さ2mになる落葉低木。枝は細く、よく分枝して茂る。日本固有種で、本州の東北地方の太平洋側と関東地方以西、および四国、九州に分布する。日当たりのよい山地の林にふつうに見られる。和名は、萼片が残った果実の姿を羽根突きの羽根（衝羽根）に見立てたもの。

樹皮は灰褐色。若枝はしばしば赤色を帯び、ごくわずかに毛が生える。

葉は広卵形～長楕円状卵形で、長さ2～6cm、幅1～4cm。

花は両性花で、5～6月、短い枝の先に通常は2個つき、長さ0.5～5mmの共通花柄がある。萼片は5個で、長さ5～12mmのへら状線形～へら状倒披針形。花冠は白色～黄白色、まれに黄色あるいは桃色で、長さ2～3cmの鐘状漏斗形。先端はやや唇形で、上唇は2裂、下唇は3裂する。雄しべは4個で花柱は1個。果実は長さ8～14mmの線形の痩果で、9～11月に熟す。

表
- 先端はやや尾状に伸びて尖る
- 短毛がまばらに生えるか無毛
- 縁には不規則な歯牙状の鋸歯がある

裏
- 主脈の基部の両側に、短い開出毛が密生
- 短毛がまばらに生える
- 基部は広いくさび形～円形
- 葉柄は長さ1～3mmで毛が生える

果実は長さ8～14mmの棒状。赤い花びらのように見えるのは、果実の先に残った萼片。

樹高	樹皮	葉形	葉序
落葉小高木	深・浅裂	単葉	対生

ハコネウツギ【箱根空木】

海岸近くの林に自生するが、各地で広く植栽されるため、本来の自生と区別するのが難しいほど。

学　名	*Weigela coraeensis*		
科属名	スイカズラ科タニウツギ属	花　期	5～6月
分　布	北海道（南部）、本州、四国、九州	樹　形	株立ち

成木

樹皮は灰褐色で皮目が散在し、縦に浅く裂ける。生長すると縦にやや深く裂ける。

花期は5～6月。花色ははじめ白色で、やがて紅色に変わる。

高さ5mになる落葉小高木。よく分枝して、こんもりと枝葉を広げる。日本固有種で、北海道の南部、本州、四国、九州に分布する。海岸近くの林に自生し、各地で広く植栽され、本来の自生と区別するのが難しいほど。

樹皮は灰褐色で縦に浅く裂け、皮目が散在する。生長に伴って縦にやや深く裂けるようになる。

葉は単葉で対生し、葉身は楕円形～広卵形で、長さ6～16cm、幅4～8cm。先はやや尾状に伸びて先端は尖り、基部は円形～広いくさび形。

葉は両性花で、5～6月、短枝の葉腋や枝先に2～3個の花をつける。花ははじめ白色だが、次第に紅色に変わる。花冠は直径2.3～3.3cmの漏斗状で、上部が5裂する。花筒は長さ1.5～2cmで、上半部が急に広がって鐘状になる。果実は長さ約3cmの円筒形の蒴果で、11月頃に熟して裂開する。

果実は長さ3cmほどの細長い円筒形。晩秋に熟して裂開する。

表
- 先はやや尾状に伸びて、先端が尖る
- 縁に細かい鋸歯がある
- やや厚く光沢がある

裏
- ほとんど無毛か、脈上にわずかに毛がある
- 基部は円形～広いくさび形
- 葉柄は長さ8～15mm

267

樹高	樹皮	葉形	葉序
落葉小高木	深・浅裂	単葉	対生

タニウツギ【谷空木】

山地の日当たりのよい場所にふつうに自生し、観賞用として庭園や公園などに広く植栽される。

学　名	*Weigela hortensis*		
科属名	スイカズラ科タニウツギ属	花　期	5～6月
分　布	北海道（西部）、本州（主に日本海側）	樹　形	株立ち

幼木
若い木の樹皮は灰褐色で皮目があり、縦にごく浅く裂けて縦筋が目立つ。

成木
生長すると樹皮はやや黒みを増し、縦に不規則に裂けてはがれ落ちる。

　高さ5mになる落葉小高木。日本固有種で、北海道の西部と本州の主に日本海側に分布する。山地の日当たりのよい場所にふつうに自生し、観賞用として庭園や公園などに広く植栽される。
　樹皮は灰褐色で、縦に裂けてはがれ落ちる。若枝は赤褐色で、ほぼ毛は生えない。
　葉は単葉で対生し、葉身は卵状楕円形で、長さ4～10cm、幅2～6cm。先端は鋭く尖り、縁には細かい鋸歯がある。

　花は両性花で、5～6月、桃紅色あるいは紅色の花を、枝先や枝先に近い葉腋に2～3個ずつつける。花冠は先が5裂した漏斗状で、長さ2.5～3.5cm。花筒は基部から次第に膨らむ。雄しべは5個で、花筒とほぼ同じ長さ。子房は長さ8～10mmの細い円筒形。花柱は1個で、花筒からわずかに突き出る。果実は長さ1.2～1.8mmの円筒形の蒴果で、10月頃に成熟し、上部が2裂して多数の種子を出す。

花期は5～6月。桃紅色あるいは紅色の花を枝先や枝先近くにつける。

表
- 先端は鋭く尖る
- はじめ毛が生えるが、後に無毛
- 縁には細かい鋸歯がある

裏
- 白い軟毛が多く生える
- 主脈の両脇に白い綿毛が密に生える
- 基部は広いくさび形～円形
- 葉柄は長さ3～10mm

268

スイカズラ【吸葛】

別名ニンドウ、キンギンカ。山野にふつうに自生する。和名は、花筒基部に蜜があり、子どもたちがその蜜を吸うためとされる。

学　名	*Lonicera japonica*		
科属名	スイカズラ科スイカズラ属	花　期	5〜6月
分　布	北海道（渡島半島南端）、本州、四国、九州	樹　形	つる状形

成木

若い茎の樹皮は赤褐色で、褐色の毛が生える。古くなると縦に裂ける。

花期は5〜6月。花には芳香があり、はじめ白色かわずかに紅色を帯び、やがて黄色になる。

　よく分岐して茂る半常緑性のつる性木本。北海道の渡島半島南端、本州、四国、九州に分布し、山野にふつうに自生する。和名は、花筒基部に蜜があり、子どもたちがその蜜を吸うためとされる。若葉は山菜として食用にする。

　樹皮は灰褐色で、若枝には直立した粗毛が密生する。古い樹皮は縦に裂ける。

　葉は単葉で対生し、葉身は長楕円形で長さ3〜7cm、幅1〜3cm。

　花は両性花で、5〜6月、枝先の葉腋に花を2個ずつつける。花には甘い芳香があり、はじめ白色あるいはわずかに紅色を帯び、やがて黄色となる。芳香は昼より夜の方が強く香る。花筒は細く先が大きく唇状に2裂する。花冠は唇形で、下唇は線形、上唇は4浅裂する。雄しべは5個、花柱は1個で、花冠から長く突き出る。果実は直径5〜6mmの球形の液果で、2個ずつ並び、9〜12月に黒色に熟す。

表
- 先端はやや鈍頭〜円頭
- 縁に鋸歯はない
- 毛は少ない

裏
- 毛が多く生える
- 基部は広いくさび形または切形
- 葉柄は長さ3〜8mmで毛が生える

葉は対生して枝につき、葉身は長楕円形。枝先についた葉が越冬する。

269

| 樹高 落葉低木 | 樹皮 はがれ・まだら | 葉形 単葉 | 葉序 対生 |

ウグイスカグラ【鶯神楽】

別名ウグイスノキ。山野の日当たりのよい場所にふつうに自生し、古くから庭木として植栽されてきた。果実は甘く、食べられる。

学 名	*Lonicera gracilipes* var. *glabra*
科属名	スイカズラ科スイカズラ属
分 布	北海道（南部）、本州、四国、九州
花 期	4〜5月
樹 形	株立ち

成木

樹皮は灰褐色で、縦に裂け目が入って、はがれ落ちる。

花期は4〜5月。枝先の葉腋に1個、まれに2個、淡紅色の花を下向きにつける。

高さ2mになる落葉低木。よく分枝して枝葉を茂らせる。日本固有種で、北海道の南部、本州、四国、九州に分布する。山野の日当たりのよい場所にふつうに自生し、古くから庭木として植栽されてきた。

樹皮は灰褐色で、縦に裂け目が入り、はがれ落ちる。若枝はやや赤色を帯びた褐色で無毛。

葉は単葉で対生し、葉身は広楕円形〜倒卵形で、長さ3〜6cm、幅2〜4cm。先端は鈍頭で、縁は全縁、基部は広いくさび形。裏は緑白色で、葉柄は長さ2〜4mm。

花は両性花で、4〜5月、枝先の葉腋に淡紅色の花を1個、まれに2個下向きにつける。花柄は細く、長さ1〜2cm。花冠は漏斗状で長さ1〜2cm、先が5裂して平開する。花筒の片側が膨らむ。雄しべは5個。果実は長さ1〜1.5cmの楕円形の液果で、6月に赤色に熟す。種子は楕円形で長さ4〜5mm。

表
- 先端は鈍頭
- 通常は無毛
- 縁に鋸歯はない

裏
- 緑白色で、通常は無毛
- 基部は広いくさび形
- 葉柄は長さ2〜4mm

6月、長さ1〜1.5cmで楕円形の果実が鮮やかな赤色に熟す。

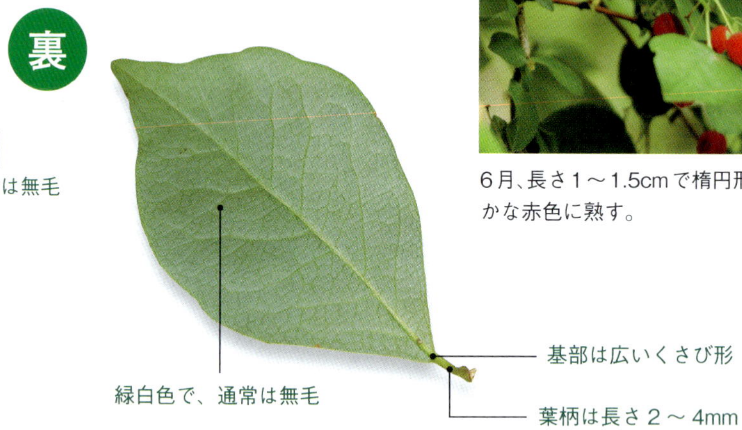

裸子植物

イチョウ【銀杏・公孫樹】

別名ギンギョウ。街路樹や公園樹などとして植栽される。古くから各地の社寺に植えられ、巨木となっているものもある。

学 名	*Ginkgo biloba*		
科属名	イチョウ科イチョウ属	花 期	4～5月
分 布	中国原産	樹 形	卵形

幼木
若い木の樹皮は灰褐色で、縦に長い網目状となる。

成木
成木の樹皮は灰白色で、生長するにしたがって、コルク層が発達し、縦に粗く不揃いに裂ける。

老木
老木になるとコルク層が厚く発達し、深く裂ける。ときに枝から気根が下垂する。

高さ30mになる落葉高木。幹の直径は2mになる。中国原産とされ、日本では室町時代から植栽されているといわれる。街路樹や公園樹などとして植栽される。古くから各地の社寺によく植えられ、巨木となっているものも多い。

樹皮は灰白色で、コルク層が発達して不揃いに粗く、縦に裂ける。

長枝と短枝があり、葉は長枝では互生し、短枝では輪生状に束生する。葉身は扇形で幅5～7cm、薄い革質で無毛。

雌雄異株で、4～5月、葉の展開と同時に、短枝につけた花を開く。雄花は円柱形で長さ約2cm、雄しべがらせん状につく。雌花は細長い柄の先に、通常は胚珠を2個つける。長さ2～3cmの種子はいわゆる「ギンナン」で、10月に熟す。長さ2～3cmの球形～広楕円形で、悪臭のある黄褐色の肉質の外種皮に包まれる。内種皮は2～3稜があり、白くてかたい。

表
上縁は波状で、中央部が浅くまたは深く切れ込むか、あるいは切れ込みがないものもある

無毛でやや薄く洋紙質

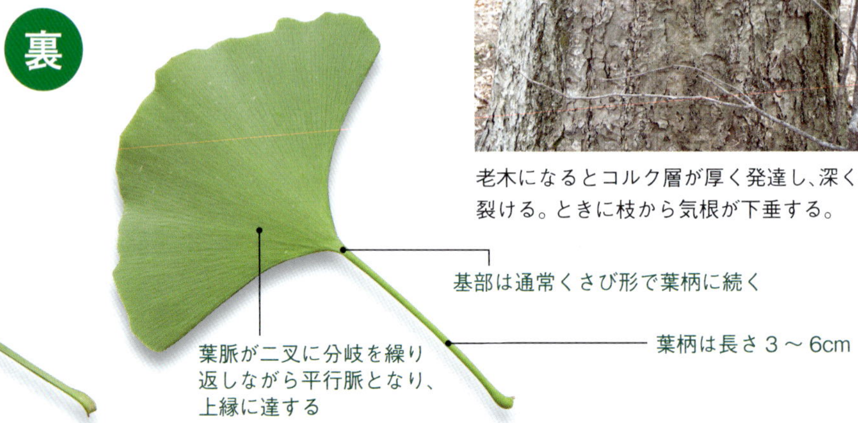

裏
葉脈が二叉に分岐を繰り返しながら平行脈となり、上縁に達する

基部は通常くさび形で葉柄に続く

葉柄は長さ3～6cm

272

カラマツ【唐松・落葉松】

別名フジマツ、ニッコウマツ。日当たりのよい山地に自生するが、各地に造林されるため、自生かどうかの判断が難しい場合がある。

学　名	*Larix kaempferi*		
科属名	マツ科カラマツ属	花　期	5月
分　布	本州（宮城県〜石川県）	樹　形	円錐形

樹皮は褐色で、粗く縦に裂けて長い鱗片状にはがれ落ちる。はがれた跡は赤みを帯びる。

球果は直径2cmほど。開花した年の秋に熟す。

　高さ20mになる落葉高木。森林限界近くでは低木状。幹の直径は60cmになる。日本固有種で、宮城県の蔵王山から石川県の白山までに分布する。日当たりのよい山地に自生するが、各地に造林されるため、自生かどうかの判断が難しい場合がある。材は建築材や器具材、彫刻材などに利用される。

　樹皮は褐色で、縦に粗く裂けて、長い鱗片状にはがれ落ちる。

　葉は長枝にはらせん状に単生し、短枝には20〜30個が束生する。葉身は線形、長さ2〜3cm、幅1〜2mmでやわらかい。

　雌雄同株で、5月頃、雄花、雌花ともに短枝につく。雄花は長さ4mmほどの楕円形〜長卵形、多数の雄しべが互生し、2個の葯室がある。雌花は長さ10mmほどの卵形で紅紫色。球果は直径約2cm、長さ2〜3.5cmの卵状球形で、開花した年の秋に熟す。

葉は線形でやわらかく、短枝では束生してつく。

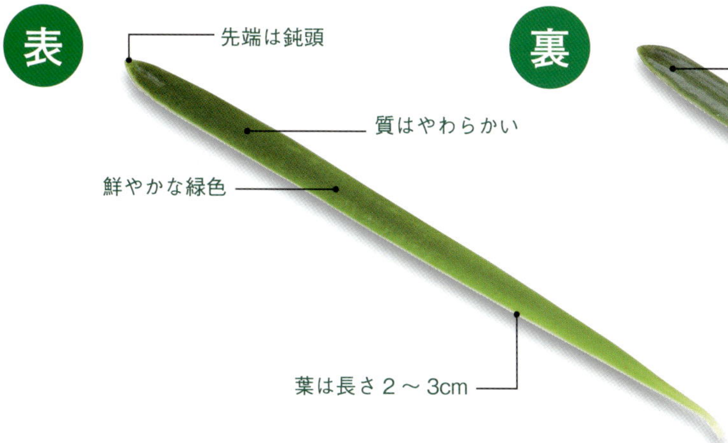

表
- 先端は鈍頭
- 質はやわらかい
- 鮮やかな緑色
- 葉は長さ2〜3cm

裏
- 2条の白い縦線がある
- 下部がわずかに細くなる

クロマツ【黒松】

別名オマツ。日当たりのよい海岸の砂浜や岩の上などに多く自生し、公園樹や庭園樹などとして植栽される。

学　名	*Pinus thunbergii*		
科属名	マツ科マツ属	花　期	5月
分　布	本州、四国、九州、南西諸島（トカラ列島まで）	樹　形	不整形

成木　樹皮は灰黒色で、不規則に裂けて、小片となってはがれ落ちる。

老木　古くなると、樹皮に深い割れ目が入り、亀甲模様となる。

　高さ25mになる常緑高木。幹の直径は1.5mになる。本州、四国、九州、南西諸島のトカラ列島までに分布する。日当たりのよい海岸の砂浜や岩の上などに多く自生し、公園樹や庭園樹などとして植栽される。材は建築材や船舶材、器具材などとして利用される。
　樹皮は灰黒色で、不規則な小片となってはがれ、後に亀甲状の深い割れ目が入るようになる。
　葉は短枝に2個束生し、長さ10～15cm、幅1.5～2mmの針形で、横断面は半円形。先端はかたく尖り、触ると痛い。
　雌雄同株で、5月頃、新枝の基部に多数の雄花が、先端に2～4個の雌花がつく。雄花は長さ14～20mmの楕円形、多数の雄しべがらせん状に密生し、基部には苞がある。雌花は多数の雌鱗片からなり紅紫色で、長さ約3mmの球形。球果は褐色、卵形で長さ4～6cm、開花の翌年の秋に成熟する。種鱗はくさび形で長さ約2.5cm。

球果は褐色の卵形で、開花した翌年の秋に熟し、開いて種子を出す。

葉
- 先端は尖る
- 光沢のない緑色
- 横断面は半円形
- 葉は長さ10～15cm
- 葉は短枝に2個が束生する

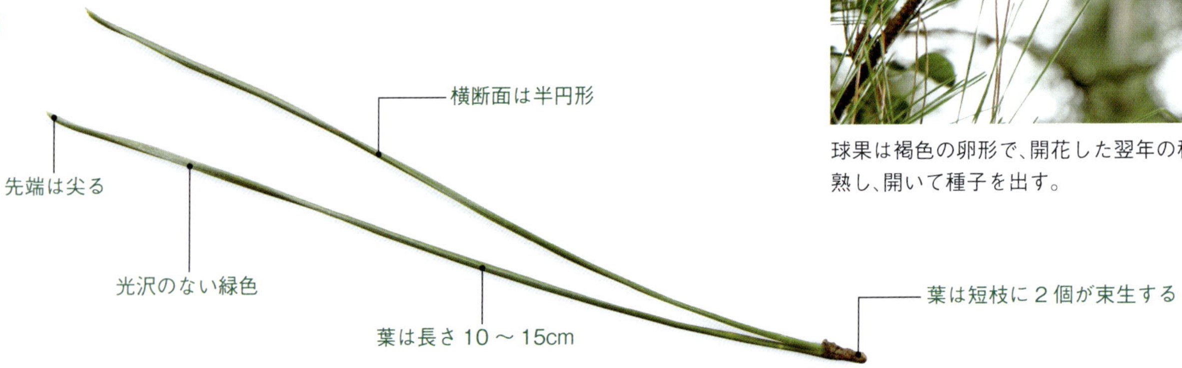

アカマツ【赤松】

別名メマツ、オンナマツ。乾燥したやせ地にもよく耐え、山麓から標高2,000mあたりまでの尾根筋や岩山などに自生する。

学 名	*Pinus densiflora*		
科属名	マツ科マツ属	花 期	4～5月
分 布	北海道（南部）、本州、四国、九州（屋久島まで）	樹 形	不整形

成木
樹皮は赤褐色で不規則な小片となってはがれる。はがれ落ちたところは赤くなり目立つ。

老木
老木では樹皮が赤灰色となり、深く亀甲状に裂けて、うろこ状となる。

高さ25mになる常緑高木。幹の直径は1.2mになる。北海道の南部、本州、四国、九州の屋久島までに分布する。乾燥したやせ地にもよく耐え、山麓から標高2,000mあたりまでの尾根筋や岩山などに自生する。庭木や防風林などとして植栽され、園芸品種も多い。材は粘りがあり、木造建築の梁など構造材などに利用される。

樹皮は赤褐色で、老木になると赤灰色となり、亀甲状に深く裂けて、鱗片状にはがれる。

葉は短枝に2個が束生する。長さ7～10cm、幅1mm程度の針形で、葉の横断面は半円形、クロマツよりやわらかい。

雌雄同株で、4～5月、新枝の基部に淡黄色の雄花を多数つけ、先端に紫紅色の雌花を2～3個つける。球果は卵形で、長さ4～5cm、翌年の秋に熟す。種鱗は長さ約2.5cmのくさび形。種子は灰褐色で、長さ4～5mmの倒卵形、長さ1～1.5cmの翼がある。

球果は卵形で、長さ5cmほど。開花翌年の秋に下向きになって熟す。

葉
- 濃緑色
- 横断面は半円形
- 先端は尖る
- 葉は長さ7～10cm
- 葉は短枝に2個が束生する

275

ゴヨウマツ【五葉松】

別名ヒメコマツ、マルミゴヨウ。山地の尾根筋や岩の上などに多く見られ、庭木や盆栽としても利用される。和名は、葉が5個束生するため。

学 名	*Pinus parviflora*		
科属名	マツ科マツ属	花 期	5〜6月
分 布	北海道（南部）、本州、四国、九州	樹 形	傘形

成木

幼木の樹皮は赤褐色で不規則な小片にはがれ、生長すると赤褐色〜暗褐色となる。

老木

古くなると樹皮は暗褐色〜灰黒色となり、縦に不規則にはがれる。

　高さ20mになる常緑高木。幹の直径は60cmになる。大きなものでは高さ30mほどに達する。北海道の南部、本州、四国、九州に分布する。山地の尾根筋や岩の上などに多く見られ、庭木や盆栽としても利用される。材は狂いが少なく、建築材などに使われる。和名は、葉が5個束生するため。
　樹皮は赤褐色〜暗灰色で、縦方向に不規則な浅い割れ目が入り、はがれる。
　葉は5個が短枝上に束生する。長さ3〜6cmの針形で、わずかにねじれ、横断面は三角形で、縁にはまばらで微細な鋸歯がある。先端は尖るが触っても痛くない。
　雌雄同株で、5〜6月、新枝の基部に多数の雄花がつき、先端に2〜3個の雌花がつく。球果は卵状楕円形で、長さ5〜8cm、直径3.5〜4cm、翌年の秋に熟す。種鱗は先端が円形のくさび形、長さ約2.5cmで質は厚い。種子は長さ1cmほどの倒卵形で、種子本体より短い翼がつく。

短枝上に長さ3〜6cmの針形の葉が、5個束生する。

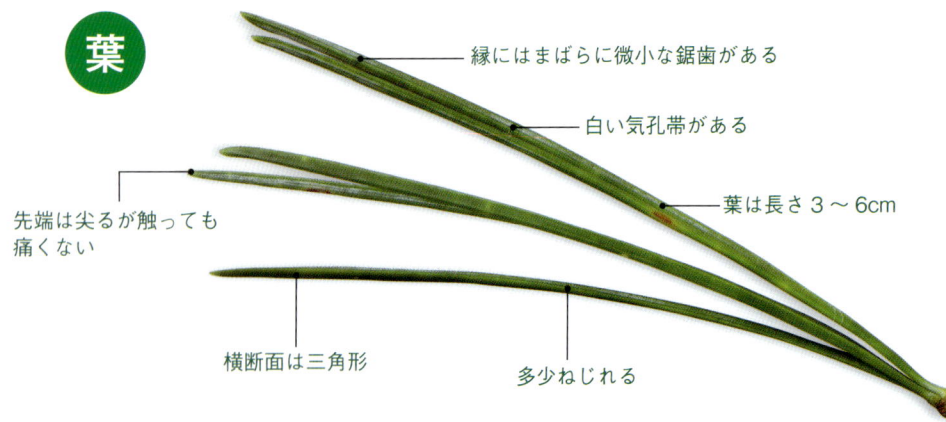

葉

- 縁にはまばらに微小な鋸歯がある
- 白い気孔帯がある
- 葉は長さ3〜6cm
- 先端は尖るが触っても痛くない
- 横断面は三角形
- 多少ねじれる
- 葉は5個が短枝上に束生する

トドマツ【椴松】

別名アカトドマツ。山野に自生し、庭園樹や公園樹として植栽される。材は建築材やパルプ材として利用される。

学 名	*Abies sachalinensis*
科属名	マツ科モミ属
分 布	北海道
花 期	6月
樹 形	円錐形

成木 樹皮は灰褐色でなめらか。地衣類に覆われてまだら模様となるものもある。横長のヤニ袋が散在する。

老木 大木になっても樹皮が裂けることはないが、老木になるとひび割れることもある。

高さ30mになる常緑高木。幹の直径は80cmになる。エゾマツとともに北海道を代表する針葉樹で、山野に自生し、庭園樹や公園樹として植栽される。材は建築材やパルプ材として利用される。

樹皮は灰褐色、なめらかで、地衣類に覆われて灰白色のまだらになるものが多い。

葉はらせん状に互生し、長さ15〜30mmの線形で、幅は約1.5mm。先端は鈍形〜円形、またはわずかにへこむ。

雌雄同株で、6月頃、雄花は前年枝の葉腋に多数つき、雌花は前年枝の葉腋にまばらに直立する。雄花は紅色で、長さ約7mmの卵形。雌花は円柱形で、長さ2〜3cm。球果は長さ約5cm、直径約2cmの円柱形で、はじめ紫色を帯びた緑色で、10月に熟して黒褐色となる。種鱗は扇形、幅1.6cmほどで、外面に褐色の細かい毛が密生する。苞鱗は褐色で、重なった種鱗の合わせ目から突き出て反り返る。

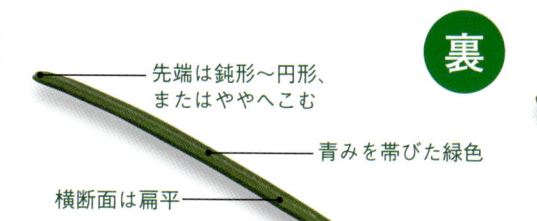

表
- 先端は鈍形〜円形、またはややへこむ 
- 青みを帯びた緑色
- 横断面は扁平

裏
- やや幅が狭く、白い気孔帯が2条ある
- 葉は長さ1.5〜3cm

葉は長さ15〜30mmの線形で、枝にらせん状に互生する。

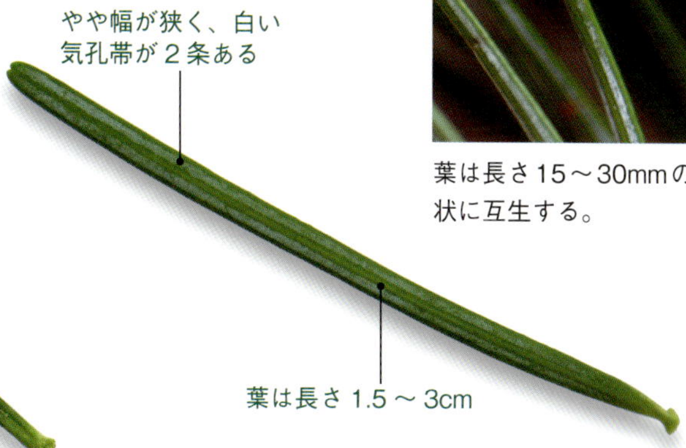

モミ 【樅】

別名モミソ。丘陵から山地に自生して純林を形成したり、あるいはツガやカヤ、アカマツなどと混生する。

学 名	*Abies firma*		
科属名	マツ科モミ属	花 期	5月
分 布	本州、四国、九州（屋久島まで）	樹 形	円錐形

樹皮は灰白色。若木はなめらかで、成木になると割れ目が入るようになる。

葉は枝にらせん状につく。日あたりの悪い枝や若木では2列につく。

高さ25mになる常緑高木。幹の直径は1mになる。日本固有種で、本州、四国、九州の屋久島まで分布する。丘陵から山地に自生して純林を形成したり、あるいはツガやカヤ、アカマツなどと混生する。

樹皮は灰白色、ややなめらかで、鱗片状に割れ目が入り浅くはがれる。

葉はらせん状、あるいは2列に並び、長さ2～3cmの線形で、横断面は扁平。先端はわずかにへこむが、若木の葉では2裂して鋭く尖る。

雌雄同株で、5月、雄花は黄緑色で、多数の雄しべが円筒状に集まり、前年枝の葉腋につく。雌花は多数の雌鱗片からなり、前年枝の葉腋につく。球果は円柱形で、長さ9～13cm、直径4～5cm、灰緑色～灰褐緑色で、その年の10月に熟す。種鱗は半円状扇形で基部はくさび形、長さ2～2.5cm、幅2.5～3.5cmで、熟すと中軸から外れて飛散する。

表 — 先端はわずかにへこみ、若木の葉では2裂して鋭く尖る／横断面は扁平

裏 — 葉は長さ2～3cm／灰白色の気孔帯が2条ある

葉の裏には、2条の白色の気孔帯が目立つ。

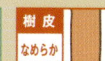

シラビソ【白檜曽】

別名シラベ。亜高山帯に自生し、火山の中腹の火山灰や火山砂が堆積した場所などに多く見られる。材は建築材などとして利用される。

学 名	*Abies veitchii*		
科属名	マツ科モミ属	花 期	5～6月
分 布	本州（福島県～中部地方、紀伊半島）、四国	樹 形	円錐形

成木

樹皮は灰白色で、あるいはやや青みがかった灰色で、なめらか。ところどころに横長のヤニ袋がある。

球果は長さ5cm前後の円柱形。暗青紫色で、開花した年の秋に成熟し、種鱗が外れて飛散する。

高さ20mになる常緑高木。幹の直径は50cmになる。日本固有種で、本州の福島県から中部地方にかけてと紀伊半島、四国に分布する。亜高山帯に自生し、火山の中腹の火山灰や火山砂が堆積した場所などに多く見られる。材はやわらかく、建築材、器具材、パルプ材などとして利用される。

樹皮は灰白色でなめらか。ところどころにヤニが溜まった横長の袋がある。ヤニには芳香がある。

葉はらせん状に密生し、線形で長さ2～2.5cm、先端はへこむ。表は光沢があり、青色を帯びた緑色。裏には白い気孔帯が2条ある。

雌雄同株で、5～6月、雄花は卵状長楕円形で、幹上部の前年枝の葉腋に下垂してつく。雌花は円柱形で赤紫色、前年枝の上に直立する。球果は円柱形で、長さ4～6cm、直径1.5～2cm、暗青紫色を帯び、その年の10月頃に熟し、種鱗が中軸から外れて飛散する。

表
- 先端はへこむ
- 葉は長さ2～2.5cm
- 横断面は扁平
- 青みを帯びた緑色で光沢がある

裏
- 白い気孔帯が2条ある

葉は長さ2～2.5cmの線形で、枝にらせん状に密生する。

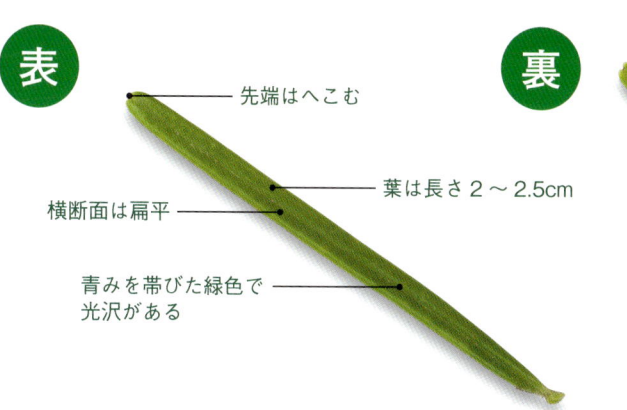

| 樹高 常緑高木 | 樹皮 はがれ・まだら | 葉形 針葉 V | 葉序 互生 |

エゾマツ【蝦夷松】

別名クロエゾ。山地に自生し、寒冷な地方の空中湿度の高い場所を好み、北海道の針葉樹林を構成する主要な樹種となっている。

学　名	*Picea jezoensis*		
科属名	マツ科トウヒ属	花　期	6月
分　布	北海道	樹　形	円錐形

成木　樹皮は灰黒褐色で、ややなめらか。生長すると不規則な鱗片状に割れる。

老木　老木になるとやや厚く不規則で深い鱗片状に裂ける。

　高さ25mになる常緑高木。幹の直径は60cmほど。北海道に分布する。山地に自生し、寒冷な地方の空中湿度の高い場所を好み、北海道の針葉樹林を構成する主要な樹種となっている。材は耐久性が高く、建築材や器具材、パルプ材として利用される。
　樹皮は灰黒褐色で、古くなると、やや厚く不規則で深い鱗片状に裂ける。
　葉はらせん状に互生し、線形で長さ1〜2cm、幅1.5〜2mm。先端は尖り、横断面は扁平。葉枕が発達し、直角に立ち目立つ。
　雌雄同株で、6月頃、前年枝の上端に雄花および雌花がつく。雄花は長さ1.5〜2cmの楕円形で、多数の雄しべがある。雌花は円筒形で長さ約2cm、紅紫色で多数の雌鱗片からなる。球果は長さ4〜8cm、直径2〜3cmの円筒形で下垂し、その年の9〜10月に熟して褐色となる。種鱗は長さ約1cmの卵状長楕円形で、上部の縁にごく細かい鋸歯がある。種子は長さ約3mm。

表
- 先端は尖る
- 横断面は扁平
- 幅広で白い気孔帯が2条ある

裏
- 葉は長さ1〜2cm
- 緑色

葉は長さ1〜2cmの線形で、らせん状に互生して枝につく。

樹高	樹皮	葉形	葉序
常緑高木	はがれ・まだら	針葉 V	互生

ツガ【栂】

別名トガ。丘陵から山地の尾根や尾根から続く斜面などに自生し、庭園樹などとして植栽される。材は建築材として利用される。

学名	*Tsuga sieboldii*
科属名	マツ科ツガ属
分布	本州（福島県以南）、四国、九州（屋久島まで）
花期	4～6月
樹形	円錐形

成木
樹皮は灰褐色～赤褐色で、縦に長い網目状に裂けて、粗い短冊状にはがれる。

老木
老木の樹皮はやや赤みを増し、縦に長く裂けてはがれる。

　高さ20mになる常緑高木。幹の直径は60cmになる。本州の福島県以南、四国、九州の屋久島までに分布する。丘陵から山地の尾根や尾根から続く斜面などに自生し、庭園樹などとして植栽される。材は建築材として利用される。

　樹皮は赤褐色～灰褐色で、縦に裂けて短冊状にはがれる。

　葉はらせん状に互生し、長さ1～2cm、幅1.5～2.5mmの線形で、先端はへこむ。

　雌雄同株で、4～6月、雄花が前年枝に通常1個つき、雌花が若枝の先端につく。雄花は直径約4mmの球形で、柄は長さ5～6mm。雌花は紫褐色の卵形。球果は長さ2～3cm、幅1.0～1.5cmの広卵形～楕円状卵形で、10月頃に褐色に熟して下垂する。種鱗は長さ、幅ともに1cmほどの円形～倒卵形。苞鱗はくさび形で、種鱗より短い。種子は長さ4～6mmの長楕円形で、種子と同じか、やや長い翼がある。

表
- 先端はへこむ  
- やや黄色がかった緑色で光沢がある

裏
- 葉は長さ1～2cm
- 白い気孔帯が2条あって目立つ

葉は長さ1～2cmの線状で、らせん状に互生して枝につく。

281

ヒマラヤスギ【ヒマラヤ杉】

別名ヒマラヤシーダー。日本へは明治時代初期に移入され、公園樹や庭園樹として各地に植栽されている。

学　名	*Cedrus deodara*		
科属名	マツ科ヒマラヤスギ属	花　期	10〜11月
分　布	ヒマラヤ西部〜アフガニスタン原産	樹　形	円錐形

成木　幼木の樹皮は灰色を帯びて皮目以外はなめらか。生長すると灰褐色になって縦長の網目状に深く裂ける。

老木　老木になると、網目状あるいは鱗片状に裂けてはがれる。

　高さ25mになる常緑高木。幹の直径は1mになる。ヒマラヤ西部からアフガニスタンにかけてが原産地で、日本へは明治時代初期に移入され、公園樹や庭園樹として各地に植栽されている。

　樹皮は灰褐色で、縦長の網目状に深く裂け、古くなると鱗片状にはがれる。

　葉は長枝に互生し、短枝に多数が束生する。暗い銀緑色で、長さ3〜4cmのまっすぐな針形で、先端はかたくて尖る。

　雌雄同株で、10〜11月、雄花、雌花ともに短枝につく。雄花はやや曲がった円筒形で、長さ2〜5cm、多数の雄しべがらせん状につく。雌花は円錐形で、枝の上に単生する。球果はやや先の尖った卵形で、長さ6〜13cm。開花した翌年の10〜11月に熟す。種鱗は幅が約5cmの扇形で、完全に熟すと軸から外れて、種子とともに落下する。種子は長さ1〜1.5cmの扁平な半円形で、大きな膜質の翼がある。

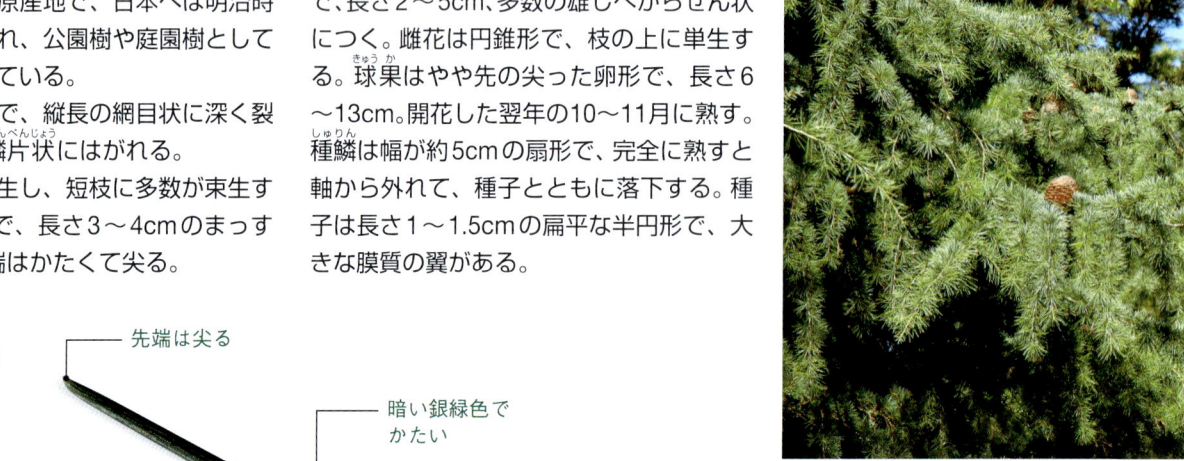

球果は長さ6〜13cmと大形の卵形。開花翌年の秋に熟し、扇形の種鱗が種子とともに落下する。

葉
- 先端は尖る
- 暗い銀緑色でかたい
- 葉は長さ3〜4cm

スギ 【杉】

山地の沢沿いなどに見られ、湿原の周辺や岩上にも生え、各地で広く人工的に植栽される。日本では建築材として重要な樹木のひとつ。

学 名	*Cryptomeria japonica*
科属名	スギ科スギ属　　花 期 3〜4月　　樹 形 円錐形
分 布	本州、四国、九州（屋久島まで）の主に太平洋側

成木　樹皮は赤褐色で、縦に裂けて帯状に薄くはがれる。

老木　老木になっても樹皮にあまり大きな変化は見られない。

　高さ30〜40m、大きなものでは50mに達する常緑高木。幹の直径は1〜2mになる。日本固有種で、本州、四国、九州の屋久島までの主に太平洋側に多く分布する。山地の沢沿いなどに見られ、湿原の周辺や岩上にも生え、各地で広く人工的に植栽される。日本では建築材として重要な樹木のひとつで、人工造林面積はもっとも多い（平成20年度・国有林を除く）。

　樹皮は赤褐色で、縦に裂けて、薄く帯状にはがれる。

　葉はらせん状に互生し、鎌の刃のようにやや湾曲した針形で、長さ約1cm。

　雌雄同株で、3〜4月、雄花は枝先に穂状に集まり、長さ5〜8mm、楕円形で淡黄色。雌花は枝先に1個ずつつき、直径2〜3cm、球形で緑色。球果は木質の果鱗が20〜30個あるやや球形で、直径約2cm、10〜11月に熟す。種子は楕円形で長さ5〜7mm、狭い翼が縁につく。

球果は直径2cmほどの球形で、10〜11月に熟す。

葉
- 先端は鋭く尖る
- 針形で鎌の刃のようにやや湾曲する
- 葉の横断面は縦に長い菱形
- 緑色
- 白い気孔帯がある

枝
- 葉は長さ約1cm
- 葉はらせん状に互生する

283

メタセコイア【一】

別名アケボノスギ、イチイヒノキ。日本には1949年に皇居に植えられたのが最初。それ以降各地で、公園樹や街路樹として広く植栽される。

学 名	Metasequoia glyptostroboides		
科属名	スギ科メタセコイア属	花 期	2～3月
分 布	中国南西部原産	樹 形	円錐形

成木

若木の樹皮は淡褐色で縦に粗く裂け、生長とともに赤褐色となり、短冊状にはがれる。

球果は直径1.5cmほどのやや長い球形。10～11月に熟す。

　高さ20mになる落葉高木。幹の直径は50cmになる。原産地では通常高さ25～30mになる。中国南西部原産で、日本には1949年にカリフォルニア大学のチェネーが天皇に献上し、皇居に植えられたのが最初。それ以降各地で、公園樹や街路樹として広く植栽されている。
　樹皮は赤褐色で縦に粗く裂け、短冊状にはがれ落ちる。
　葉は対生し、葉身は扁平な線形で、長さ2～3cm、幅1mmほど。
　雌雄同株で、2～3月、雄花は楕円形で長さ5mmほど、枝先に集まって長い総状、あるいは円錐花序をつくって下垂する。雌花は緑色で、短枝の先に単生する。球果はやや長い球形で直径約1.5cm、長さ2cmほどの果柄の先につき、10～11月に熟し、果鱗が開いて種子を出す。多くは落下し、一部は枝に残る。種子は長さ4～5mmの倒卵形で、広い翼があり、果鱗に5～9個つく。

表
- 横断面は扁平
- 葉は長さ2～3cm
- 質はやわらかく、秋に赤褐色になって側枝ごと落ちる

裏
- 灰緑色で無毛
- 中央に1条の濃緑色の線が目立つ
- 葉の基部にはごく短い葉柄がある

枝に小枝が対生し、その小枝に葉が2列に対生する。葉身は扁平な線形。

ラクウショウ【落羽松】

別名ヌマスギ。日本では公園樹や庭園樹などとして植栽される。水湿地では膝根と呼ばれる気根を出して育つ。

学 名	*Taxodium distichum*
科属名	スギ科ヌマスギ属
分 布	北米東南部・メキシコ原産

花 期	4月
樹 形	円錐形

樹皮は赤褐色で、網目状に縦に浅く裂けて、生長すると短冊状にはがれて落ちる。

花期は4月。雄花は下垂した花序に多数つき、雌花は緑色で枝の先端につく。

高さ20mになる落葉高木。幹の直径は70cmになる。原産地では高さ50m、幹の直径3mに達するものもある。北米東南部からメキシコにかけてが原産地で、日本では公園樹や庭園樹などとして植栽される。水湿地では膝根と呼ばれる気根を出して育つ。和名は、羽状に互生する葉の様子を鳥の羽に見立て、枝ごと葉が落ちることから。

樹皮は赤褐色で、縦に網目状に浅く裂け、生長とともに短冊状にはがれ落ちる。

葉は、長さ5～10cmの短枝に羽状に互生し、長さ1～2cm、幅1mmほどの線形。横断面は扁平。

雌雄同株で、4月、雄花は枝先から出た長さ10～20cmの花序に多数がつく。雌花は緑色で、枝の先端に単生あるいは双生する。球果は直径2.5～3cmの球形で、10～11月に緑白色～褐色となって熟し、果鱗が開いて種子を出す。果鱗は10～12個で、それぞれの果鱗に2個ずつ種子がつく。

球果は直径3cmほどの球形で、10～11月に緑白色～褐色に熟す。

表
- 先端は鋭く尖る
- 横断面は扁平
- 灰緑色でやわらかく、無毛

裏
- 中央に1条の濃緑色の線がある
- 葉は長さ1～2cm
- 葉の基部にはごく短い葉柄がある

コウヤマキ【高野槇】

別名マキ。山地の岩場に自生し、庭園や社寺などに植栽される。材には甘い香りがあり、上質で建築材や風呂桶などに利用される。

学　名	*Sciadopitys verticillata*		
科属名	コウヤマキ科コウヤマキ属	花　期	4月
分　布	本州（福島県以南）、四国、九州（宮崎県以北）	樹　形	円錐形

樹皮は灰褐色～赤褐色で、縦に裂けて、表面が長い薄片状にはがれる。

花期は4月。雄花は枝先に20～30個密生し、雌花は長枝の先につく。写真は雄花。

高さ30mになる常緑高木。幹の直径は80cmになる。本州の福島県以南、四国、九州の宮崎県以北に分布する。山地の岩場に自生し、庭園や社寺などに植栽される。材には甘い香りがあり、上質で建築材や風呂桶などに利用される。和名は、和歌山県の高野山に多いことから。

樹皮は灰褐色～赤褐色で、縦に裂け、表面が薄片状にはがれる。

葉は、長枝に小さな褐色の鱗片葉がらせん状につき、短枝の先端には、長さ6～12cm、幅2～4mmの針葉が輪生する。短枝は長枝の節部に多数輪生するため、長枝の節に針葉が輪生するように見える。

雌雄同株で、4月、枝先に長さ7mmほどの楕円形の雄花が20～30個密生する。雌花は楕円形で、長枝の先に1～2個つく。球果は長さ8～12cm、直径8cmほどの楕円形で、翌年の10～11月に熟す。種鱗は扇形で長さ2.5cmほど。

表
- 先端は少しへこむ。しなやかで、先に触れても痛くない
- 針葉は2個の葉が合着したもの
- 深緑色で光沢がある
- 中央には縦にくぼみがある

裏
- 葉は長さ6～12cm
- 淡緑色
- 中央には縦のくぼみがあり、くぼみには白い気孔帯がある

球果は長さ8～12cmほどの楕円形。開花した翌年の10～11月に熟す。

樹高	樹皮	葉形	葉序
常緑低木	はがれ・まだら	針葉 V	輪生

ネズミサシ 【鼠刺】

別名ネズ、ムロ。丘陵から山地の砂地や尾根など、やせた場所に自生し、庭木として植栽される。

学名	*Juniperus rigida*		
科属名	ヒノキ科ビャクシン属	花期	4月
分布	本州、四国、九州	樹形	円錐形

成木
樹皮は灰褐色〜灰赤褐色で、縦に長く裂け、薄くはがれる。

老木
老木ではさらに細かく裂けて、薄くはがれ落ちる。

高さ5〜6m、大きなものでは10mに達する常緑低木〜小高木。本州、四国、九州に分布する。丘陵から山地の砂地や尾根など、やせた場所に自生し、庭木として植栽される。材は緻密で光沢があり、床柱などの建築材や彫刻材に利用される。和名は、葉がかたくて鋭く尖るため、ネズミの通り道に置いて、ネズミを刺して通れないようにするために用いたことによる。

樹皮は灰褐色〜灰色を帯びた赤褐色で、生長すると裂け目が入り、薄くはがれる。

葉は針形で3輪生し、長さ1〜2.5cm、幅約1mm。先端はかたくて尖る。

雌雄異株で、4月頃、雄花、雌花ともに前年枝の葉腋につく。雄花は長さ約4mmの楕円形で、雄しべが3輪生する。雌花は3個の種鱗からなる。球果は直径8〜10mmの球形の液果状で、はじめ緑色だが、翌年または翌々年の秋に黒紫色になって熟し、表面が白いロウ質で覆われる。

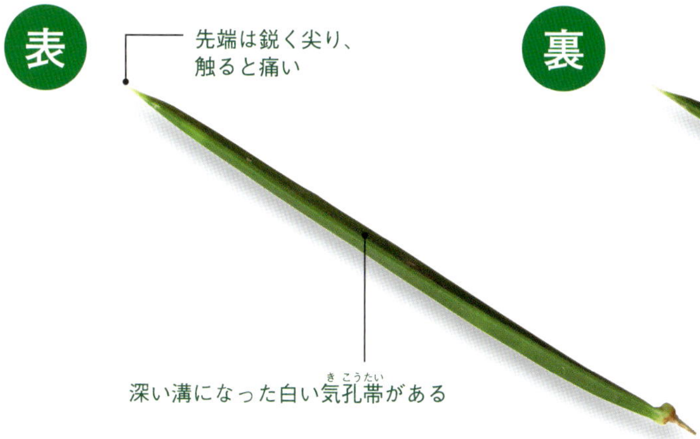

表
- 先端は鋭く尖り、触ると痛い
- 深い溝になった白い気孔帯がある

裏
- 横断面は鈍逆三角形
- 葉は長さ1〜2.5cm

葉は長さ1〜2.5cmの針状で、先は尖ってかたく、3輪生する。

ヒノキ【檜】

山地に自生し、山腹や尾根など乾燥する場所を好む。材は建築材などとして利用価値が高く、各地で広く植林されている。

学名	*Chamaecyparis obtusa*		
科属名	ヒノキ科ヒノキ属	花期	4月
分布	本州（福島県以南）、四国、九州（屋久島まで）	樹形	傘形

幼木 樹皮は赤褐色で、幼木では縦に粗く裂けてはがれる。

成木 生長するにつれ、縦に長い帯状になってはがれてくる。

老木 老木では樹皮がさらに細かくはがれるが、それほど変化はない。

高さ30mになる常緑高木。幹の直径は60cmほどになる。日本固有種で、本州の福島県以南、四国、九州の屋久島までに分布する。山地に自生し、山腹や尾根など乾燥する場所を好む。材は建築材などとして利用価値が高く、各地で広く植林されている。多くの園芸品種があり、公園樹や庭木などとしても植栽される。

樹皮は赤褐色で、縦にやや粗く裂けて、やがて長い帯状になってはがれる。

葉は鱗片状で十字対生し、長さ1〜3mm、先端は尖らない。

雌雄同株で、4月、雄花、雌花ともに枝先につく。雄花は赤みを帯び、長さ2〜3mmの楕円形、雄しべは十字対生して、葯室は3個。雌花は球形で直径3〜5mm。球果は直径1cmほどの球形で、開花した年の10〜11月に赤褐色に熟し、果鱗を開いて種子を出す。果鱗は通常8〜10個で、それぞれに2〜4個の種子がつく。

枝表
- 葉は十字対生する
- 細枝の側部につく葉は鎌形
- 緑色で光沢がある
- 先端は尖らない
- 細枝の表裏につく葉は菱形

枝裏
- 淡緑色
- 葉と葉の合わせ目に、Y字形に見える白い気孔帯がある

鱗片葉は葉裏の気孔帯で見分けることができる。ヒノキはY字形、サワラはX字または蝶形、ネズコはほとんど目立たず、アスナロはよく目立つ。

ヒノキは古くから建築材などに利用された。天然林の残る木曾では、サワラ、ネズコ、アスナロ、コウヤマキを加え「木曾の五木」と呼ばれ江戸時代には保護の対象となった。

サワラ【椹】

山地の沢沿いに多く自生し、園芸品種も多く、庭木や生け垣などにも利用される。材は建築材、風呂桶、曲物などに用いられる。

学名	*Chamaecyparis pisifera*		
科属名	ヒノキ科ヒノキ属	花期	4月
分布	本州（岩手県以南）、九州	樹形	傘形

幼木
樹皮は灰色がかった赤褐色で、薄く帯状にはがれる。

成木
生長すると、樹皮は縦に浅く帯状に裂け、表面がはがれるようになる。

大きいものでは高さ30mに達する常緑高木。幹の直径は60cmになる。日本固有種で、本州の岩手県以南、九州に分布する。山地の沢沿いに多く自生し、園芸品種も多く、庭木や生け垣などにも利用される。材は建築材、風呂桶、曲物などに用いられる。

樹皮は灰色がかった赤褐色で、縦に浅く帯状に裂けてはがれる。

葉は十字対生し、長さ約3mmの鱗片状で、多くは先端が針状に尖る。

雌雄同株で、4月頃、雄花も雌花も枝先につく。雄花は黄褐色で楕円形、小枝の端に1個つく。雄しべは十字対生し、葯室が3個ある。雌花は球形で、鱗片内に2個の胚珠がある。球果は直径7mmほどの球形。はじめ緑色で、開花した年の10月頃に熟して黄褐色となる。果鱗は10～12個、盾形でやや小形、裂開して乾燥すると外面の端部が杯状にくぼむ。種子は長さ2～2.5mmの腎形で、両側にやや広い翼がある。

枝表
- 先端は針状に尖ることが多い
- 葉は十字対生してつく
- ヒノキに比べて質が薄く光沢がない
- 濃緑色

枝裏
- 淡緑色
- 基部にはＸ字形に見える白い気孔群がある

葉は長さ3mmほどの鱗片状で先が尖り、十字対生して、枝を羽状に広げる。

ネズコ【鼠子】

別名クロベ。やや標高の高い山地の尾根筋などに自生する。材は建築材などとして利用される。木曾の五木のひとつ。

学　名	*Thuja standishii*		
科属名	ヒノキ科ネズコ属	花　期	5月
分　布	本州（秋田県～中部地方）、四国	樹　形	円錐形

成木　樹皮は赤褐色で、表面が縦に浅く繊維状に裂けてはがれるが、その表面は比較的なめらか。

老木　老木になっても大きな樹皮の変化はないが、地衣類が着生していることがある。

　大きなものでは、高さ25～30mに達する常緑高木。幹の直径は60cmになる。日本固有種で、本州の秋田県～中部地方、四国に分布する。やや標高の高い山地の尾根筋などに自生する。

　樹皮は赤褐色でなめらか、表面が縦に浅く繊維状に裂けてはがれる。

　葉は鱗片状で十字対生する。長さ2～4mmで、先端は尖らない。

　雌雄同株で、5月頃、雄花、雌花ともに枝先に1個ずつつく。雄花は紫黒色の楕円形で長さ約2mm。雄しべは十字対生して葯室は4個。雌花は黄緑色の卵円形で、十字対生する3～4対の鱗片からなる。球果は長さ約1cmの卵形で、枝先に上向きにつき、開花した年の10～11月に熟す。果鱗は広楕円形またはくさび形で6～8個、それぞれの果鱗に3個ずつ種子がつく。種子は長さ5mmほどの狭楕円状線形で、縁に狭い翼がある。

葉は長さ2～4mmの鱗片状で先は尖らず、枝に十字対生する。

枝表　先端は尖らない／深緑色で光沢がある

枝裏　葉は十字対生する／灰白色の気孔帯があるが、あまり目立たない

291

アスナロ【翌檜】

別名アスヒ、ヒバ。山地の適湿地や湿原などに自生し、ときに純林に近い林をつくることがある。庭木や生け垣として植栽される。

学名	*Thujopsis dolabrata*		
科属名	ヒノキ科アスナロ属	花期	5月
分布	本州、四国、九州	樹形	傘形

幼木 若い木の樹皮は赤茶色で、不規則に割れて大きくはがれる。

成木 生長すると樹皮は赤褐色、老木では黒褐色となり、縦に浅く裂けて、薄くはがれる。

　大きなものでは高さ30mに達する常緑高木。幹の直径は80cmになる。日本固有種で、本州、四国、九州に分布する。山地の適湿地や湿原などに自生し、ときに純林に近い林をつくることがある。庭木や生け垣として植栽され、材は耐久性が高く、建築材などとして利用される。
　樹皮は赤褐色で、老木では黒褐色となり、縦に浅く裂けて、薄く繊維状にはがれる。
　葉は十字対生し、鱗片状で長さ5～7mm。表は濃緑色で光沢があり、裏は白い気孔帯が目立つ。
　雌雄同株で、5月頃、雄花、雌花ともに小枝の先に1個ずつつく。雄花は長さ1.5～2mmの球形～楕円形で、雄しべは十字対生し、葯室は4個。雌花は卵円形で、十字対生する3～4対の鱗片からなる。球果は球形で直径1～1.5cm、開花した年の10～11月に熟す。果鱗は広卵形で、長さ6～11mm、先端近くが角状突起となる。

枝表 葉は鱗片状で十字対生する／先端は鈍頭／濃緑色で光沢がある

枝裏 白色の気孔帯が目立つ

葉は鱗片状で、枝に十字対生する。葉の裏には白色の気孔帯が目立つ。

イヌマキ【犬槇】

別名クサマキ、マキ、ホンマキ。海岸に近い山地の林内に自生し、庭木として植栽され、暖地の海岸沿いでは防風用の生け垣としても利用される。

学　名	*Podocarpus macrophyllus*		
科属名	マキ科マキ属	花　期	5〜6月
分　布	本州（関東地方以西）、四国、九州、沖縄	樹　形	卵形

幼木　樹皮は灰白色で、若い木の樹皮は、縦にごく細く裂ける。

成木　生長すると、樹皮は縦に細く裂けてはがれる。老木は幹表面に凹凸が多い。

　高さ20mになる常緑高木。幹の直径は50cmになる。本州の関東地方以西、四国、九州、沖縄に分布する。海岸に近い山地の林内に自生し、庭木として植栽され、暖地の海岸沿いでは防風用の生け垣としても利用される。材は建築材などに利用される。
　樹皮は灰白色で、縦に細く裂け、帯状に薄くはがれる。
　葉はらせん状に互生し、葉身は広線形で長さ10〜15cm、幅5〜10mm。革質で、表は深緑色、裏は淡緑色。
　雌雄異株で、5〜6月に開花する。雄花は多数の雄しべが集まった円柱形で、長さ3cmほど、葉腋に数個が束生する。雌花は前年枝の葉腋に1個つき、緑の果托がある。果実は直径1cmほどのやや歪んだ球形で、基部に肉質の果托（かたく）がつく。10〜11月、熟すと果托は肥厚（ひこう）して赤紫色の液質となり、甘味があって食用にされる。種子は緑白色で、直径8〜10mmの広卵状球形。

表
- 革質で深緑色
- 主脈が目立つ
- 縁に鋸歯はない

裏
- 淡緑色
- 主脈が突出

葉は長さ10〜15cmの広線形、らせん状に互生して枝につく。

葉は広線形で長さ10〜15cm

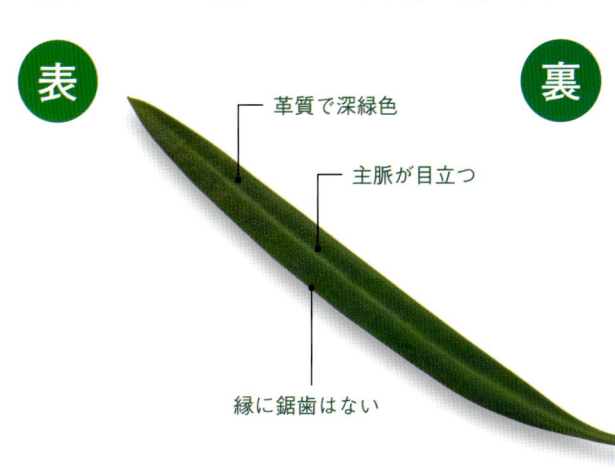

ナギ【梛】

別名コゾウナカセ、チカラシバ。山地に自生する。庭木として植栽されるほか、神木として神社の境内に植えられることも多い。

学　名	Podocarpus nagi		
科属名	マキ科マキ属	花　期	5〜6月
分　布	本州（一部地域）、四国、九州（南部）、沖縄	樹　形	円蓋形

成木

樹皮は暗い紫褐色で、表面が薄く不規則にはがれて赤褐色の肌が表れ、まだら模様になる。

花期は5〜6月。雄花は円柱状で数個が束生する。

　高さ20mになる常緑高木。幹の直径は60cmになる。本州の伊豆諸島式根島、和歌山県、山口県、および四国、九州の南部、沖縄に分布し、山地に自生する。庭木として植栽されるほか、神木として神社の境内に植えられることも多い。
　樹皮は暗紫褐色で、表面が不規則に薄くはがれ、赤褐色の肌が露出してまだら模様になる。
　葉は対生し、葉身は革質で厚く、長さ4〜6cm、幅1〜3cmの楕円形で、先端は鈍く、基部はくさび形。表は濃緑色で光沢があり、裏はやや白色を帯びた緑色。
　雌雄異株で、5〜6月、前年枝の葉腋に花がつく。雄花は円柱状で、数個が束生し、雄しべには2個の葯室がある。雌花は単生し、数個の鱗片と1個の胚珠がつく。種子は、花後に肥厚した雌花の鱗片に包まれ、白緑色で直径1〜1.5cmの球形となり、10月に熟す。

葉は対生して枝につき、葉身は革質で厚く、長さ5cm前後のやや細長い楕円形。

表
- 先端は鈍頭
- 革質で厚く、濃緑色
- 縁に鋸歯はない
- 細い平行脈があり主脈はない

裏
- やや白色を帯びた緑色
- 葉は長さ4〜6cm
- 基部はくさび形

樹高	樹皮	葉形	葉序
常緑高木	はがれ・まだら	針葉 V	互生

イチイ【一位】

別名オンコ、アララギ。寒冷地や亜高山帯で、シラビソ、コメツガ、エゾマツなどと混生する。寒冷地では庭木や生け垣として植栽される。

学　名	*Taxus cuspidata*		
科属名	イチイ科イチイ属	花　期	3〜5月
分　布	北海道、本州、四国、九州	樹　形	円錐形

成木

樹皮は赤褐色で、縦に浅く裂けて、長い短冊状にはがれる。

種子が肥大した仮種皮に包まれ、10月頃、仮種皮は美しい紅色になる。

　高さ20mになる常緑高木。幹の直径は1mになる。北海道、本州、四国、九州に分布し、寒冷地や亜高山帯で、シラビソ、コメツガ、エゾマツなどと混生する。寒冷地では庭木や生け垣として植栽される。材は緻密で、建築材や彫刻材として利用される。

　樹皮は赤褐色で、縦に浅く裂け、薄くはがれて落ちる。

　葉は通常らせん状に互生し、側枝ではときに基部でねじれて、左右2列に並ぶようになる。長さ約2cm、幅約2mmの線形で、先端は尖り、表は深緑色、裏は淡緑色の気孔帯が2条ある。

　雌雄異株で、花期は3〜5月。雄花は球形で鱗片に覆われ、葉腋に1個つく。雄しべには5〜6個の葯室がある。雌花も通常は葉腋に1個つき、2〜3対の小さな鱗片が基部に対生する。花後に仮種皮が肥大して杯状になり、種子を包む。種子は長さ約5mmの卵球形で、10月に熟す。

表
- 先端は尖るが、触れても痛くない 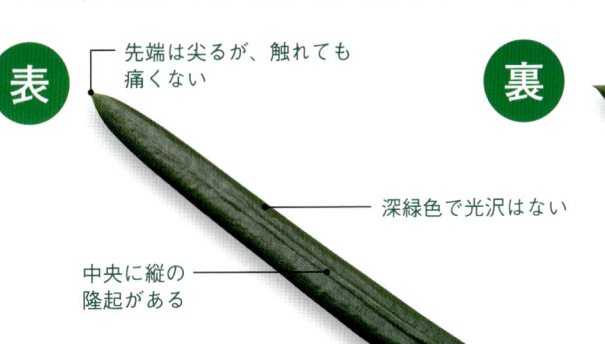
- 深緑色で光沢はない
- 中央に縦の隆起がある

裏
- 葉は長さ約2cm
- 淡緑色の気孔帯が2条ある

葉は線形で、らせん状に互生して枝につく。側枝ではときに左右2列状となる。

樹高	樹皮	葉形	葉序
常緑高木	深・浅裂	針葉 V	互生

カヤ【榧】

別名ホンガヤ。山地に自生し、庭木や公園樹などとして植栽される。材は緻密で光沢があり耐久性が高く、建築材や風呂桶などに使われる。

学　名	*Torreya nucifera*		
科属名	イチイ科カヤ属	花　期	5月
分　布	本州（宮城県以南）、四国、九州	樹　形	円錐形

幼木
幼木の樹皮は淡灰色でなめらか。ときに縦に浅く裂ける。

成木
生長とともに樹皮は灰褐色あるいは灰白色となり、縦に裂けて、短冊状にはがれる。

　高さ25mになる常緑高木。幹の直径は2mになる。本州の宮城県以南、四国、九州に分布する。山地に自生し、庭木や公園樹などとして植栽される。材は緻密で光沢があり耐久性が高く、建築材や風呂桶などに使われるが、碁盤の材料としても珍重される。
　樹皮は灰白色あるいは灰褐色で、縦に浅く裂け、薄い短冊状にはがれる。
　葉はらせん状に互生し、側枝ではねじれて羽状に2列に並び、長さ2〜3cm、幅2〜3mmほどの線形で扁平。
　雌雄異株で、5月頃、前年枝の葉腋に雄花が、前年枝の先の葉腋に雌花がつく。雄花は長さ1cmほどの長楕円形で、基部に鱗片が十字対生する。雄しべには4つの葯室がある。前年枝の先に数個の雌花がつき、そのうちの1個が翌年の10月に熟す。種子は仮種皮に包まれる。仮種皮は緑色で香りがあり、熟しても色は変わらず、仮種皮が裂けて種子が現れる。

種子を包む仮種皮は、緑色で熟しても色はほぼ変わらず、落下して種子を出す。

表
- 先端は鋭く尖って、触ると痛い
- 葉は長さ2〜3cm
- 深緑色

裏
- 淡緑色
- 淡黄色の気孔帯が2条ある

学名・和名さくいん

学名さくいん

A

Abelia spathulata..................266
Abies firma 278
Abies sachalinensis...............277
Abies veitchii....................279
Acanthopanax sciadophylloides...228
Acanthopanax spinosus..........227
Acer amoenum 174
Acer amoenum var. matsumurae ..175
Acer buergerianum 183
Acer carpinifolium 181
Acer cissifolium 185
Acer distylum....................180
Acer japonicum 177
Acer mono var. marmoratum f.
　dissectum....................182
Acer nikoense 184
Acer palmatum 172
Acer rufinerve 179
Acer shirasawanum...............176
Acer sieboldianum................178
Actinidia polygama 112
Aesculus turbinata................187
Akebia quinata...................110
Akebia trifoliata 111
Albizia julibrissin 152
Alnus firma......................44
Alnus hirsuta 43
Alnus japonica...................42
Alnus sieboldiana 45
Ampelopsis brevipedunculata.....203
Aphananthe aspera...............76
Aralia elata......................223
Aucuba japonica 216

B

Benthamidia florida..............222
Benthamidia japonica 220
Berberis thunbergii 107
Betula ermanii 47
Betula grossa 50
Betula maximowicziana..........46
Betula platyphylla var. japonica.....48
Broussonetia kazinoki............85
Broussonetia papyrifera 84
Buxus microphylla var. japonica ...201

C

Callicarpa japonica...............256
Camellia japonica 113
Carpinus cordata................54

Carpinus japonica 55
Carpinus laxiflora.................56
Carpinus tschonoskii.............57
Castanea crenata 73
Castanopsis sieboldii 74
Cedrus deodara.................282
Celastrus orbiculatus............199
Celtis sinensis var. japonica 77
Cercidiphyllum japonicum........106
Chamaecyparis obtusa..........288
Chamaecyparis pisifera..........290
Chionanthus retusus 248
Cinnamomun camphora..........96
Cinnamomum japonicum 95
Clerodendrum trichotomum 257
Clethra barvinervis...............230
Cleyera japonica 118
Cornus officinalis................219
Corylus heterophylla var. thunbergii...51
Corylus sieboldiana..............52
Cryptomeria japonica 283

D

Daphniphyllum macropodum 161
Dendropanax trifidus............225
Deutzia crenata 127
Diospyros kaki...................239
Disanthus cercidifolius 121
Distylium racemosum 123

E

Ehretia dicksonii 255
Elaeagnus multiflora 209
Elaeagnus pungens.............210
Elaeocarpus sylvestris var.
　ellipticus 205
Euonymus alatus................195
Euonymus japonicus............196
Euonymus oxyphyllus 198
Euonymus sieboldianus 197
Euptelea polyandra..............105
Eurya japonica...................119
Euscaphis japonica..............200

F

Fagus crenata 58
Fagus japonica 60
Fatsia japonica 226
Ficus erecta....................86
Firmiana simplex................208
Fraxinus japonica 246

Fraxinus lanuginosa f. serrata.....244
Fraxinus mandshurica var. japonica ..245

G

Gardenia jasminoides 254
Ginkgo biloba 272
Gleditsia japonica 153

H

Hamamelis japonica 122
Hedera rhombea................224
Helwingia japonica 215
Hydrangea macrophylla f.
　normalis 125
Hydrangea paniculata...........124
Hydrangea serrata...............126

I

Idesia polycarpa 211
Ilex crenata 189
Ilex integra......................191
Ilex latifolia.....................192
Ilex macropoda 193
Ilex rotunda....................190
Ilex serrata.....................194
Illicium anisatum 94

J

Juglans mandshurica var. sachalinensis...33
Juniperus rigida.................287

K

Kalopanax pictus................229
Kerria japonica 142

L

Lagerstroemia indica............213
Larix kaempferi 273
Laurus nobilis 102
Lespedeza bicolor...............157
Lespedeza cyrtobotrya..........158
Ligustrum japonicum...........251
Ligustrum obtusifolium..........252
Lindera obtusiloba..............101
Lindera praecox 100
Lindera umbellata 99
Liriodendron tulipifera..........93
Lithocarpus edulis..............75

298

Litsea coreana....................104
Lonicera gracilipes var. glabra.....270
Lonicera japonica 269
Lyonia ovalifolia var. elliptica......238

M

Machilus thunbergii...............98
Magnolia grandiflora 92
Magnolia heptapeta...............89
Magnolia obovata 87
Magnolia praecocissima 90
Magnolia salicifolia 91
Magnolia sieboldii ssp. japonica....88
Mallotus japonicus 160
Malus toringo....................151
Melia azedarach var. subtripinnata ..166
Meliosma myriantha 188
Metasequoia glyptostroboides 284
Morus alba......................82
Morus australis 83
Myrica rubra 32

N

Nandina domestica..............108
Neolitsea sericea................103

O

Orixa japonica...................162
Osmanthus fragrans var.
　aurantiacus..................250
Osmanthus heterophyllus 249
Ostrya japonica..................53

P

Parthenocissus tricuspidata 204
Paulownia tomentosa 258
Phellodendron amurense 164
Photinia glabra 149
Picea jezoensis 280
Pieris japonica...................237
Pinus densiflora.................275
Pinus parviflora 276
Pinus thunbergii.................274
Pittosporum tobira...............128
Platanus orientalis................120
Podocarpus macrophyllus 293
Podocarpus nagi................294
Poncirus trifoliata.................165
Populus maximowiczii............35
Pourthiaea villosa var. laevis 150
Prunus × yedoensis...............136
Prunus buergeriana.............131
Prunus cerasoides var.
　campanulata..................134

Prunus grayana.................132
Prunus jamasakura 141
Prunus mume 130
Prunus pendula f. ascendens 135
Prunus sargentii..................139
Prunus speciosa 138
Prunus spinulosa................133
Prunus verecunda 140
Pterocarya rhoifolia 34
Punica granatum................214

Q

Quercus acuta....................68
Quercus acutissima...............62
Quercus crispula 65
Quercus dentata 64
Quercus gilva.....................69
Quercus glauca...................70
Quercus myrsinaefolia.............72
Quercus phillyraeoides 61
Quercus salicina 71
Quercus serrata...................66
Quercus variabilis 63

R

Rhaphiolepis indica var. umbellata..148
Rhododendron brachycarpum 235
Rhododendron degronianum 236
Rhododendron dilatatum 233
Rhododendron indicum..........231
Rhododendron obtusum var.
　kaemperi....................232
Rhododendron quinquefolium.....234
Rhus ambigua 167
Rhus javanica var. roxburghii......168
Rhus succedanea 170
Rhus sylvestris 171
Rhus trichocarpa.................169
Robinia pseudoacacia............155
Rosa multiflora 143
Rosa rugosa 144
Rubus palmatus var. coptophyllus ..145

S

Salix babylonica 39
Salix bakko 37
Salix gracilistyla...................41
Salix integra.....................40
Salix jessoensis...................36
Salix serissaefolia 38
Sambucus racemosa ssp.
　sieboldiana...................259
Sapindus mukorossi 186
Sapium japonicum................159
Sciadopitys verticillata............286

Sophora japonica 154
Sorbus alnifolia 147
Sorbus commixta 146
Spiraea japonica 129
Stachyurus praecox 212
Stauntonia hexaphylla...........109
Stewartia monadelpha 116
Stewartia pseudo-camellia 114
Styrax japonica 240
Styrax obassia...................241
Swida controversa...............218
Swida macrophylla 217
Symplocos chinensis var.
　leucocarpa f. pilosa 242
Symplocos myrtacea.............243
Syringa reticulata.................247

T

Taxodium distichum 285
Taxus cuspidata 295
Ternstroemia gymnanthera.......117
Thuja standishii 291
Thujopsis dolabrata..............292
Tilia japonica....................206
Tilia miqueliana 207
Torreya nucifera..................296
Trachelospermum asiaticum 253
Tsuga sieboldii...................281

U

Ulmus davidiana var. japonica......79
Ulmus laciniata 80
Ulmus parvifolia..................81

V

Viburnum dilatatum..............264
Viburnum furcatum 262
Viburnum odoratissimum
　var. awabuki 261
Viburnum opulus var. calvescens ..260
Viburnum phlebotrichum.........265
Viburnum plicatum var.
　tomentosum..................263
Vitis coignetiae 202

W

Weigela coraeensis 267
Weigela hortensis 268
Wisteria floribunda 156

Z

Zanthoxylum piperitum 163
Zelkova serrata 78

299

和名さくいん

黒色の文字は本書で取り上げた項目名、青色の文字は別名です。

ア

アオキ	216
アオギリ	208
アオタゴ	244
アオダモ	244
アオノキ	208
アオハダ	193
アオハダニシキギ	195
アカガシ	68
アカシデ	56
アカダモ	79
アカトドマツ	277
アカマツ	275
アカミノキ	117
アカメガシワ	160
アカメモチ	149
アキニレ	81
アケビ	110
アケビカズラ	110
アケビヅル	110
アケボノスギ	284
アサダ	53
アサヒカエデ	182
アサマツゲ	201
アシビ	237
アズキナシ	147
アズサ	50
アズサカンバ	50
アスナロ	292
アスヒ	292
アズマシャクナゲ	236
アズマヒガン	135
アセビ	237
アセボ	237
アツ	80
アツシ	80
アブラチャン	100
アベマキ	63
アメリカヤマボウシ	222
アラカシ	70
アララギ	295
アワブキ	188
イイギリ	211
イシゲヤキ	81
イシシデ	55
イスノキ	123
イタジイ	74
イタビ	86
イタヤカエデ	182
イタヤメイゲツ	178
イチイ	295
イチイガシ	69
イチイヒノキ	284
イチョウ	272
イトヤナギ	39
イヌグス	98
イヌコリヤナギ	40
イヌザクラ	131
イヌシデ	57
イヌツゲ	189
イヌビワ	86
イヌブナ	60
イヌマキ	293
イノコシバ	243
イボタノキ	252
イマメガシ	61
イロハカエデ	172
イロハモミジ	172
ウグイスカグラ	270
ウグイスノキ	270
ウコギ	227
ウコンバナ	101
ウシコロシ	150
ウダイカンバ	46
ウツギ	127
ウノハナ	127
ウバヒガン	135
ウバメガシ	61
ウベ	109
ウマメガシ	61
ウムベ	109
ウメ	130
ウメモドキ	194
ウラゲハクサンシャクナゲ	235
ウラジロガシ	71
ウリハダカエデ	179
ウワミズザクラ	132
エ	77
エゴノキ	240
エゾノダケカンバ	47
エゾマツ	280
エゾヤマザクラ	139
エドヒガン	135
エノキ	77
エノコロヤナギ	41
エルム	79
エンコウカエデ	182
エンジュ	154
オウチ	166
オオイタヤメイゲツ	176
オオガシ	68
オオカメノキ	262
オオシマザクラ	138
オオナラ	65
オオバガシ	68
オオハシバミ	51
オオバヂシャ	241
オオバマサキ	196
オオバヤシャブシ	45
オオモミジ	174
オオヤマザクラ	139
オオヤマレンゲ	88
オトコヨウゾメ	265
オニグルミ	33
オヒョウ	80
オヒョウハシバミ	51
オマツ	274
オンコ	295
オンナマツ	275

カ

カキ	239
カキノキ	239
ガク	125
ガクアジサイ	125
ガクバナ	125
カクレミノ	225
カゴガシ	104
カゴノキ	104
カシ	70
カジノキ	84
カシワ	64
カシワギ	64

カスミザクラ	140	ゲッケイジュ	102	サワシデ	54
カタシデ	55	ケヤキ	78	サワシバ	54
カツラ	106	ケヤマザクラ	140	サワフタギ	242
カナメモチ	149	ケヤマハンノキ	43	サワラ	290
ガマズミ	264	コウゾ	85	サンゴジュ	261
カマツカ	150	コウヤマキ	286	サンシュユ	219
カムシバ	91	コガノキ	104	サンショウ	163
カヤ	296	コクサギ	162	シイ	74
カラタチ	165	コゴメヤナギ	38	シキミ	94
カラマツ	273	ゴサイバ	160	シダリヤナギ	39
カラヤマグワ	82	コシアブラ	228	シダレヤナギ	39
カワグルミ	34	ゴゼノキ	200	シデノキ	56
カワヤナギ	41	コゾウナカセ	294	シナノキ	206
カワラゲヤキ	81	コソネ	56	シバグリ	73
カワラフジノキ	153	コツクバネ	266	シマグワ	83
カンヒザクラ	134	コトリトマラズ	107	シマヒサカキ	119
カンボク	260	コナシ	151	シモツケ	129
キコク	165	コナラ	66	シャクナゲ	236
キシモツケ	129	コハウチワカエデ	178	シャラノキ	114
キヅタ	224	コバノトネリコ	244	シャリンバイ	148
キハダ	164	コブシ	90	シラカシ	72
キブシ	212	コメゴメ	256	シラカバ	48
キリ	258	コメヤナギ	38	シラカンバ	48
ギンギョウ	272	ゴヨウツツジ	234	シラキ	159
キンギンカ	269	ゴヨウマツ	276	シラビソ	279
キンツクバネ	247	コリンゴ	151	シラベ	279
キンモクセイ	250	コルククヌギ	63	シロキ	159
クサギ	257	ゴンズイ	200	シロザクラ	131
クサマキ	293	ゴンゼツ	228	シロシデ	57
クス	96	ゴンゼツノキ	228	シロタブ	103
クスタブ	95			シロダモ	103
クスノキ	96			シロヂシャ	101
クチナシ	254	**サ**		シロバナシャクナゲ	235
クヌギ	62	サイカイシ	153	シロブナ	58
クマシデ	55	サイカシ	153	シロヤシオ	234
クマノミズキ	217	サイカチ	153	シロヤナギ	36
クリ	73	サイハダカンバ	46	スイカズラ	269
クルマミズキ	218	サイモリバ	160	スギ	283
クルミ	33	サカキ	118	ズサ	100
クロエゾ	280	ザクロ	214	スズカケノキ	120
クロカシ	70	サツキ	231	スダジイ	74
クロガネモチ	190	サツキツツジ	231	ズミ	151
クロダモ	95	サツマジイ	75	セッコツボク	259
クロブナ	60	サトウシバ	91	センダン	166
クロベ	291	サトトネリコ	246	センノキ	229
クロマツ	274	サビタ	124	ソウシカンバ	47
クロモジ	99	サルスベリ	213	ソネ	57
クワ	82	サワアジサイ	126	ソバグリ	58
クワ	83	サワグルミ	34	ソメイヨシノ	136

301

ソロ 56	トドマツ 277	**ハ**
ソロ 57	トネリコ 246	ハイノキ 243
	トビラ 128	ハウチワカエデ 177
タ	トビラノキ 128	ハカリノメ 147
タイサンボク 92	トベラ 128	ハギ 157
タウチザクラ 90	ドロノキ 35	ハクウンボク 241
タカオカエデ 172	ドロヤナギ 35	ハクサンシャクナゲ 235
ダケカンバ 47		ハクモクレン 89
タチシャリンバイ 148	**ナ**	ハクレン 89
タニウツギ 268	ナガジイ 74	ハクレンボク 92
タニガワヤナギ 41	ナガハシバミ 52	ハコネウツギ 267
タニグワ 105	ナガバマサキ 196	ハジカミ 163
タブ 98	ナギ 294	ハシドイ 247
タブノキ 98	ナツグミ 209	ハシバミ 51
タマガラ 103	ナツヅタ 204	ハゼ 170
タマグス 98	ナツツバキ 114	ハゼ 171
タマツバキ 251	ナナカマド 146	ハゼノキ 170
タムシバ 91	ナナバケイタヤ 182	ハタツモリ 230
タモ 246	ナラ 66	バッコヤナギ 37
タモノキ 246	ナラバカシ 70	ハナイカダ 215
タラノキ 223	ナワシログミ 210	ハナギリ 258
タラヨウ 192	ナンジャモンジャ 248	ハナノキ 94
タランボ 223	ナンテン 108	ハナミズキ 222
タレヤナギ 39	ナンテンギリ 211	ハネカワ 53
ダンコウバイ 101	ニオイコブシ 91	ハハカ 132
チカラシバ 294	ニシキギ 195	ハハソ 66
ヂシャ 100	ニシゴリ 242	ハマナシ 144
チシャノキ 240	ニセアカシア 155	ハマナス 144
チドリノキ 181	ニッコウマツ 273	ハリエンジュ 155
チューリップツリー 93	ニレ 79	ハリギリ 229
チョウジャノキ 184	ニワトコ 259	ハリノキ 42
ツガ 281	ニンドウ 269	ハルコガネバナ 219
ツキ 78	ヌマスギ 285	ハルニレ 79
ツクバネウツギ 266	ヌルデ 168	ハンテンボク 93
ツゲ 201	ネコヤナギ 41	ハンノキ 42
ツタ 204	ネジキ 238	ヒイラギ 249
ツタウルシ 167	ネジリバナ 80	ヒイラギガシ 133
ツノハシバミ 52	ネズ 287	ヒカンザクラ 134
ツバキ 113	ネズコ 291	ヒサカキ 119
ツリバナ 198	ネズミサシ 287	ヒトツバカエデ 180
ツルウメモドキ 199	ネズミモチ 251	ヒトツバタゴ 248
テイカカズラ 253	ネムノキ 152	ヒトハグサ 258
デロ 35	ノイバラ 143	ヒノキ 288
テングノハウチワ 226	ノダフジ 156	ヒバ 292
トウカエデ 183	ノバラ 143	ヒマラヤシーダー 282
トガ 281	ノブドウ 203	ヒマラヤスギ 282
トキワアケビ 109	ノリウツギ 124	ヒメコウゾ 85
トチノキ 187	ノリノキ 124	ヒメコマツ 276

ヒメサワシバ..................54	ミグルミ..................33	ヤマウコギ..................227
ヒメシャラ..................116	ミズキ..................218	ヤマウルシ..................169
ヒャクジッコウ..................213	ミズナラ..................65	ヤマグルミ..................33
ヒョンノキ..................123	ミズメ..................50	ヤマグワ..................83
ヒロハノキハダ..................164	ミツデカエデ..................185	ヤマグワ..................220
ヒロハモミジ..................174	ミツバアケビ..................111	ヤマザクラ..................141
フサザクラ..................105	ミツバカイドウ..................151	ヤマシバカエデ..................181
フジ..................156	ミツバツツジ..................233	ヤマツツジ..................232
フジグルミ..................34	ミネバリ..................44	ヤマツバキ..................113
フシノキ..................168	ミノカブリ..................53	ヤマネコヤナギ..................37
フジマツ..................273	ミムラサキ..................256	ヤマハギ..................157
ブナ..................58	ミヤマレンゲ..................88	ヤマハゼ..................171
フユヅタ..................224	ムク..................76	ヤマブキ..................142
プラタナス..................120	ムクエノキ..................76	ヤマブドウ..................202
ベニマンサク..................121	ムクノキ..................76	ヤマボウシ..................220
ベニヤマザクラ..................139	ムクロジ..................186	ヤマモミジ..................175
ホウソ..................66	ムシカリ..................262	ヤマモモ..................32
ホオ..................87	ムベ..................109	ユズリハ..................161
ホオノキ..................87	ムラサキシキブ..................256	ユリノキ..................93
ホガシワ..................87	ムラダチ..................100	ヨグソミネバリ..................50
ボダイジュ..................207	ムロ..................287	ヨノキ..................77
ホルトノキ..................205	メイゲツカエデ..................177	ヨメノナミダ..................215
ホンガヤ..................296	メギ..................107	
ホンツゲ..................201	メグスリノキ..................184	## ラ・ワ
ホンマキ..................293	メタセコイア..................284	
	メマツ..................275	ラクウショウ..................285
## マ	モガシ..................205	リュウキュウハゼ..................170
	モク..................76	リョウブ..................230
マカバ..................46	モクエノキ..................76	リンボク..................133
マカンバ..................46	モチガシワ..................64	ルリミノウシコロシ..................242
マキ..................286	モチノキ..................191	ローレル..................102
マキ..................293	モッコク..................117	ロクロギ..................240
マグワ..................82	モミ..................278	ワタクヌギ..................63
マサカキ..................118	モミジイチゴ..................145	
マサキ..................196	モミソ..................278	
マサキノカズラ..................253	モンツキシバ..................192	
マタジイ..................75		
マタタビ..................112	## ヤ	
マツハダ..................234		
マツラニッケイ..................95	ヤジナ..................80	
マテバシイ..................75	ヤシャハンノキ..................44	
ママッコ..................215	ヤシャブシ..................44	
マユミ..................197	ヤチダモ..................245	
マルバカエデ..................180	ヤツデ..................226	
マルバチシャノキ..................255	ヤナギ..................39	
マルバノキ..................121	ヤブツバキ..................113	
マルバハギ..................158	ヤブデマリ..................263	
マルミゴヨウ..................276	ヤブニッケイ..................95	
マンサク..................122	ヤマアジサイ..................126	

303

監修

菱山 忠三郎　ひしやま ちゅうざぶろう

東京都八王子市生まれ。成蹊大学政治経済学部、東京農工大学林学科卒。八王子市立高尾自然科学館(現在閉館)研究嘱託、八王子高校講師を経て、林業を自営。八王子自然友の会副会長。日本植物友の会理事。環境省自然公園指導員。朝日カルチャーセンター講師。主な著書に「ワイド図鑑　里山・山地の身近な山野草」「ワイド図鑑　身近な樹木」(主婦の友社)、「樹木　講談社ネイチャー図鑑」(講談社)などがある。

写真協力：アルスフォト企画、田中つとむ、馬場多久男、茂木透
執筆協力：田中つとむ
イラスト：坂川知秋（AD・CHIAKI）
本文デザイン：オカニワトモコデザイン
カバーデザイン：スーパーシステム
編集制作：雅麗
企画・編集：成美堂出版編集部（駒見宗唯直）

参考文献
原色樹木大図鑑 (北隆館)
日本の野生植物　木本Ⅰ・Ⅱ (平凡社)
山渓ハンディ図鑑3 樹に咲く花 離弁花1 (山と渓谷社)
山渓ハンディ図鑑4 樹に咲く花 離弁花2 (山と渓谷社)
山渓ハンディ図鑑5 樹に咲く花 合弁花・単子葉・裸子植物 (山と渓谷社)
樹皮ハンディ図鑑(梅本浩史　永岡書店)
樹皮ハンドブック(林将之　文一総合出版)
国語大辞典 (小学館)
電子ブック版 日本大百科全書 (小学館)
世界大百科事典 第2版 (CD-ROM収録) (平凡社) (発売元：日立システムアンドサービス)
葉でわかる樹木 (馬場多久男著　信濃毎日新聞社)

樹皮・葉でわかる 樹木図鑑

監　修　菱山忠三郎
発行者　深見公子
発行所　成美堂出版
　　　　〒162-8445　東京都新宿区新小川町1-7
　　　　電話(03)5206-8151　FAX(03)5206-8159
印　刷　凸版印刷株式会社

ⒸSEIBIDO SHUPPAN 2011　PRINTED IN JAPAN
ISBN978-4-415-31018-3
落丁・乱丁などの不良本はお取り替えします
定価はカバーに表示してあります

・本書および本書の付属物を無断で複写、複製(コピー)、引用することは著作権法上での例外を除き禁じられています。また代行業者等の第三者に依頼してスキャンやデジタル化することは、たとえ個人や家庭内の利用であっても一切認められておりません。